KB074835

좀 이상하지만
재미있는 녀석들

YOU LOOK LIKE A THING
AND I LOVE YOU

인공지능에 대한 아주 쉽고 친절한 안내서

좀 이상하지만
재미있는 녀석들

저넬 셰인 지음 | 이지연 옮김

RHK
알에이치코리아

온갖 바보 같은 실험에도 웃어주고, 이상한 동물들을 같이 그려보고,

갖가지 기린을 목격하고, 인공 신경망이 만든 쿠키를 직접 구워보았던

나의 블로그 구독자들에게 바칩니다.

고추냉이 브라우니까지 참아주셔서 감사합니다.

나의 가장 큰 팬이 되어준 가족에게 바칩니다.

PROLOGUE

AI는 어디에나 있다

'인공지능artificial intelligence, AI에게 이성한테 수작 거는 법을 가르치는
것'이 내가 꼭 하고 싶었던 프로젝트는 아니다.

물론 나는 전에도 괴상한 인공지능 프로젝트를 많이 해봤다. 내 블로
그 〈AI 위어드니스AI Weirdness〉를 보면, 나는 AI에게 고양이 이름을 짓
게 훈련시킨 적도 있다. 그렇게 나온 이름 중에는 '짤랑이 아저씨Mr.
Tinkles'나 '왝왝이Retchion'보다 괜찮은 것들도 여럿 있었다. AI에게 새로
운 조리법을 만들어보라고 시켰더니, 재료에 '껍질을 벗긴 로즈마리'나

'깨진 유리 한 줌'이 나오기도 했다. 그러나 AI에게 사람한테 낯간지러운 소리를 하게끔 가르치는 것은 완전히 차원이 다른 문제였다.

　AI는 사례를 통해 배운다. 지금 같은 경우라면, 기존에 우리가 날리는 '작업 멘트'의 목록을 연구해서 새로운 작업 멘트를 만들어내야 한다. 문제는 내 모니터에 떠 있는 훈련용 데이터세트dataset —내가 인터넷을 돌아다니며 수집한 작업 멘트들—가 하나같이 끔찍했다는 점이다. 형편없는 말장난부터 넌지시 던지는 무례한 암시까지, 별의별 것이다 있었다. 일단 내가 그것들을 흉내 내도록 AI를 훈련시키고 나면, 그때부터 AI는 버튼만 누르면 수천 개라도 작업 멘트를 만들어낼 것이다. 그리고 어른들의 영향을 쉽게 받는 어린아이처럼, AI는 무엇은 따라 해도 되고, 무엇은 따라 하면 안 되는지 분간하지 못할 것이다. AI는 백지상태로 시작해서 '작업 멘트'라는 게 뭔지도 모른 채(심지어 그게 영어인지도 모른 채) 사례들을 학습하며, 최선을 다해 자신이 찾아낸 온갖 패턴을 흉내 낼 것이다. 그 역겨움까지도. 다른 방법은 없을 것이다.

　나는 이 프로젝트를 포기할까도 생각했지만, 블로그에 게시물을 올려야 했다. 또 이 작업 멘트들을 모으느라 이미 상당한 시간을 쓰기도 했다. 그래서 나는 AI를 훈련시키기 시작했다. AI는 사례에서 패턴을 찾아보면서, 작업 멘트에서 어떤 글자가 어떤 순서로 나타나야 하는지 예측하는 데 도움이 되는 규칙을 만들고, 스스로 테스트하기 시작했다. 마침내 훈련이 끝났다. 나는 두려움이 앞서는 마음으로 AI에게 작업 멘트를 만들어내라고 했다.

커튼 봉이시죠? 보이는 거라곤 당신뿐이네요.

자기야, 건반할래? 빽빽거려도 나는 참을 수 있는데.

양초세요? 아주 뜨거운 외모를 가지고 게시네요.

너무 아름다워서 야단법석을 떠시는군요.

물건이실 것 같네요. 사랑합니다.

나는 놀랍기도 하고 기쁘기도 했다. 곤충 뇌 정도의 복잡성을 가진 AI의 가상 뇌는 데이터세트에 들어 있는 미묘함을 읽어내지 못했다. 그 안의 여성 혐오나 느끼함도 눈치채지 못했고 말이다. AI는 싹싹 긁어모은 패턴을 가지고 최선을 다했다…. 그리고 처음 보는 사람을 미소 짓게 만들라는 과제에 대해 다른 방식의 해결책, 어쩌면 더 나은 해결책에 도달했다.

AI가 내놓은 작업 멘트들이 나에게는 대성공이었다. 하지만 'AI' 하면 뉴스 헤드라인이나 SF영화에서 본 것밖에 알지 못하는 사람이라면, 내 파트너 AI가 이토록 감도 잡지 못한다는 사실에 깜짝 놀랄지도 모르겠다. AI가 인간 언어의 뉘앙스를 인간만큼, 또는 인간보다 더 잘 판단할 수 있다고 주장하는 회사들이 많이 있다. 또 AI가 대부분의 직업에서 금세 인간을 대체할 수 있을 거라고 주장하는 회사도 흔하다. 머지않아 사방에서 AI를 볼 수 있을 것이라고 각종 매체들은 주장한다. 그들의 말은 맞기도 하고, 아주 틀리기도 하다.

사실 AI는 '이미' 사방에 있다. AI는 온라인에서의 우리 경험을 결정한다. 우리가 보게 될 광고를 결정하고, 영상을 추천하며, 소셜미디어

봇bots이나 악성 웹 사이트를 감지한다. 기업들은 AI를 활용한 이력서 검토기로 면접 볼 지원자를 정하고, 대출 승인 여부를 결정한다. 자율주행 자동차에 탑재된 AI는 이미 수백만 킬로미터를 운행했다(종종 AI가 헤맬 때는 인간이 나서서 AI를 구조하기도 한다). AI는 스마트폰 안에서도 작동 중이다. 음성 명령을 인식하고, 사진에 있는 얼굴에 자동으로 태그를 달고, 영상 필터를 사용해 우리가 근사한 토끼 귀를 가진 것처럼 보이게도 만든다.

하지만 일상에서 우리는 AI에게 흠이 없지는 않다는 것을, 절대로 그렇지는 않다는 것을 경험으로 알고 있다. 인터넷 브라우저는 내가 이미 가지고 있는 신발의 광고를 끊임없이 보여준다. 스팸 필터는 뻔한 사기성 광고를 통과시키기도 하고, 결정적인 순간에 중요한 이메일을 차단해 버리기도 한다.

알고리즘이 우리의 일상을 더 많이 지배할수록, AI가 가진 작은 결함들은 단순히 불편한 차원을 넘어 심각한 결과들을 낳고 있다. 유튜브에 내장된 추천 알고리즘은 사람들을 자꾸만 더 양극화된 콘텐츠로 끌고 간다. 클릭 몇 번이면 주요 뉴스를 보던 사람도 금세 혐오 집단이나 음모론자들이 만들어놓은 영상을 보게 된다.[1] 가석방 여부, 대출 심사, 이력서 검토 등에서, 인간의 의사 결정을 대체하려고 도입한 인공지능은 불편부당하기는커녕 인간 못지않게, 때로는 더 심한 선입견을 가질 수 있다. AI를 이용한 보안 시스템은 뇌물에 넘어가지는 않겠지만, 우리가 어떤 요구를 하든 도덕적인 이유로 반대하지도 않을 것이다. 또한 오용되고 남용되거나 심지어 해킹을 당한다면, AI 보안 시스템도 잘못을 저지를 수 있다. 연구자들은 조그만 스티커처럼 별것 아닌 것으로도 이미지 인식 AI가 총을 토스터라고 판단하게 만들 수 있다는 걸 발견했다. 또한 보안 수준이 낮은 지문 인식기의 경우, 마스터 지문 하나로 지문 인식기를 77퍼센트나 속일 수 있었다.

사람들은 종종 AI를 실제보다 유능한 것처럼 선전한다. 자기네 AI가 이것저것 다 할 수 있다며 순전히 공상 과학에 불과한 얘기들을 늘어놓는다. 눈에 띄게 편향된 행동을 보이는데도 자기네 AI는 공정하다고 광고한다. 그리고 AI가 했다는 일들이 알고 보면 종종 커튼 뒤에서 인간이 해놓은 일인 경우도 있다. 이 땅에 사는 소비자와 시민으로서, 우리는 AI에 속아 넘어가지 말아야 한다. 우리는 우리의 데이터가 어떻게 사용되고 있는지, 지금 사용하고 있는 AI가 실제로 무엇이고, 무엇이 아닌지를 똑바로 알아야 한다.

〈AI 위어드니스〉에서 나는 AI를 가지고 재미난 실험들을 하고 있다. 어떤 때는 일상적이지 않은 것들을 AI에게 흉내 내라고 시킨다. 작업 멘트를 만들어보라는 과제처럼 말이다. 또 어떤 때는 AI에게 익숙하지 않은 것을 해보라고 시킨다. 이미지 인식 알고리즘에게 다스 베이더 Darth

Vader의 사진을 보여주고 이게 뭐냐고 물었던 때처럼 말이다. AI는 그게 '나무'라고 선언하고는 나와 공방을 이어갔다. 여러 실험을 통해 나는 내가 아무리 단순한 과제를 주어도 AI는 해내지 못할 수 있다는 사실을 발견했다. 마치 내가 장난이라도 친 것 같은 결과가 나오기도 했다. 그런데 알고 보니 AI를 곯려먹는 게, 그러니까 AI에게 과제를 주고 AI가 우왕좌왕하는 모습을 지켜보는 게 실제로는 AI에 관해 많은 것을 배울 수 있는 아주 훌륭한 방법이었다.

앞으로 보겠지만, 사실 AI 알고리즘의 내부 작동 원리는 너무나 이상하게 얽혀 있는 경우가 많다. 그래서 AI가 내놓은 결과를 잘 살펴보는 것이, AI가 무엇을 알아듣고 무엇은 끔찍하게 오해하는지 우리가 알아낼 수 있는 유일한 방법일지도 모른다. 우리가 고양이를 그려보라거나 농담을 써보라고 했을 때 AI가 저지르는 실수는, 지문을 처리하거나 의료용 이미지를 분류할 때 저지르는 실수와 그 유형이 다르지 않다. 물론 숨도 못 쉴 만큼 웃길 때도 있지만, 고양이에게 발이 여섯 개라거나 농담 속에 웃기는 구절이 하나도 없다면 무언가 잘못된 것이 분명하다.

AI에게 익숙하지 않은 것들을 시켜보려고 이런저런 시도를 하면서, 나는 AI에게 소설의 첫 문장을 써보라고도 하고, 의외의 장소에 놓인 양sheep을 인식해 보라고도 했다. 또 조리법을 만들라고도 하고, 기니피그에 이름을 붙여보라고도 했으며, 그 밖에도 괴상한 요구를 많이 했다. 하지만 이런 실험들을 해보면 AI가 무엇은 잘하고 무엇에는 애를 먹는지 많은 것을 알게 된다. 또 나나 여러분이 눈감기 전에는 AI가 절대로 하지 못할 일이 무엇인지도 알게 된다.

내가 알아낸 사실들은 이렇다. 이는 'AI의 괴상한 5대 원칙'이다.

- AI가 위험한 이유는 AI가 너무 똑똑해서가 아니라, 충분히 똑똑하지 않기 때문이다.
- AI는 대략 곤충 수준의 지능을 갖고 있다.
- 우리가 무슨 문제를 해결해 주길 바라는지 AI는 제대로 이해하지 못한다.
- 그러나 AI는 우리가 시키는 그대로 할 것이다. 또는 적어도 그렇게 하려고 최선을 다할 것이다.
- 그리고 AI는 저항이 가장 적은 길을 택할 것이다.

자, 그러면 이제 AI가 사는 낯선 세상으로 들어가 보자. 우리는 AI가 무엇인지, 또 무엇이 아닌지를 살펴볼 것이다. 무엇을 잘하고 무엇에 실패할 수밖에 없는지 알게 될 것이다. 미래의 AI가 C-3PO(영화 〈스타워즈 Star Wars〉에 나오는 금색 휴머노이드 로봇-옮긴이)보다는 곤충 떼에 가까운 이유를 알아볼 것이다. 좀비 세상이 와서 우리가 탈출해야 할 때 왜 자율주행차는 좋은 선택이 아닌지도 살펴볼 것이다. 샌드위치 분류 AI를 테스트하는 일에 왜 자원해서는 안 되는지 보게 될 것이다. 걷는 것만 빼고 뭐든 다 하려고 하는 '걷기 로봇'도 만나볼 것이다. 그리고 이 모든 것을 통해 AI의 작동 원리와 사고방식을 알아보고, 세상이 왜 AI 때문에 점점 더 이상한 곳이 되고 있는지 살펴볼 것이다.

CONTENTS

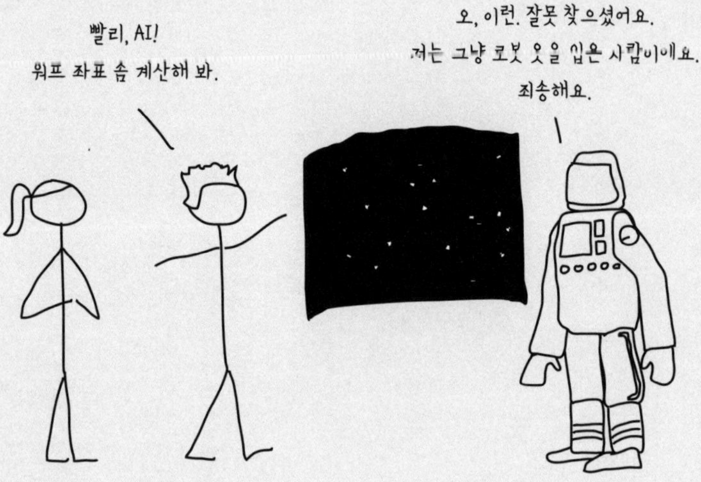
빨리, AI!
워프 좌표 좀 계산해 봐.
오, 이런. 잘못 찾으셨어요.
저는 그냥 로봇 옷을 입은 사람이에요.
죄송해요.

AI는 뭘까?

어딜 가나 사방에 AI가 있는 것처럼 보인다면, 이것은 '인공지능'이라는 단어가 가리키는 의미가 너무 많은 탓도 있다. 지금 SF 소설을 읽는 중인지, 새로 나온 애플리케이션을 판매 중인지, 대학에서 연구를 진행하는 중인지에 따라 AI의 뜻은 그때그때 달라진다. 누가 AI 챗봇chatbot이 있다고 하면, 그게 과연 C-3PO처럼 감정을 느끼고 의견을 가진다는 뜻일까? 아니면 그냥 주어진 문장에 대해서, 인간이 보일 것 같은 반응을 추측하는 알고리즘이라는 뜻일까? 그도 아니면 미리 정해진 답변 리스트와 질문 속 단어를 서로 맞춰보는 스프레드시트라는 뜻일까? 혹시 저 어디 시골에서 열악한 시급을 받으며 답변을 일일이 타이핑하고 있는 어느 인간을 가리키는 것은 아닐까? 심지어, 인간이 써놓은 완성된 대본을 인간과 AI가 마치 연극 속 캐릭터처럼 그냥 죽 읽고 있다는 뜻은 아닐까? 때에 따라 이 모든 게 AI라고 불리기 때문에 우리는 혼란스럽다.

이 책에서 나는 AI라는 단어를 오늘날 프로그래머들이 가장 많이 쓰는 뜻으로 사용할 것이다. 즉 '기계학습 알고리즘machine learning algorithm'이라고 하는 특정 유형의 컴퓨터 프로그램을 지칭하는 뜻으로 사용할 것이다. 다음에 나오는 표는 내가 이 책에서 취급할 단어들과 위의 정의에 따를 때 각 단어가 어디에 속하는지를 나타낸 것이다.

AI라고 불리는 것들

이 책에서 AI라고 부르는 것들	이 책에 나오지만 AI가 아닌 것들
기계학습 알고리즘	SF에 나오는 AI
딥러닝	규칙 기반 프로그램
인공 신경망	로봇 옷을 입은 인간
순환 신경망	대본을 읽고 있는 로봇
마르코프 체인	AI인 척하도록 고용된 인간
랜덤 포리스트	지각이 있는 바퀴벌레
유전 알고리즘	
GAN	
강화 학습	
예측 문자	
마법의 샌드위치 분류기	
예기치 못한 살인 로봇	

엇!

우—

이 책에서 내가 AI라고 부르는 것들은 모두 기계학습 알고리즘이다. 그러면, 이제 그게 뭔지부터 이야기해 보자.

똑똑, 누구십니까?

실생활에서 AI를 감별하려면, **기계학습 알고리즘**과 전통적인 프로그램 (프로그래머들이 '**규칙 기반 프로그램**rules-based program'이라고 부르는 것) 사이의 차이부터 알아야 한다. 기초적인 프로그래밍이라도 해봤거나 웹사이트를 만들려고 HTML이라도 써본 적이 있는 사람이라면, 이미 규칙 기반 프로그램을 사용해 본 셈이다. 규칙 기반 프로그램은 컴퓨터가 이해할 수 있는 언어로 명령 목록이나 규칙 목록을 만들면 컴퓨터가 그대로 실행하는 식으로 작동한다. 규칙 기반 프로그램으로 문제를 해결하기 위해서는 과제 완수에 필요한 모든 단계와 각각의 단계를 어떻게 묘사할지를 이미 알고 있어야 한다.

하지만 기계학습 알고리즘은 프로그래머가 특정해 둔 목표에 대한 자신의 성공률을 계속해서 측정하는 방식으로, 시행착오를 통해 규칙을 스스로 알아낸다. 그 목표란 자료 목록에 있는 사례들을 흉내 내보라는 것일 수도 있고, 게임 점수를 높이는 것일 수도 있고, 그 밖에 무엇이든 될 수 있다. 이 목표에 도달하려고 애쓰는 과정에서 AI는, 심지어 프로그래머는 그런 게 존재하는지조차 알지 못했던, 어떤 규칙이나 상관성을 발견할 수도 있다. AI를 프로그래밍한다는 것은 컴퓨터를 프로그래밍한다기보다는 오히려 어린아이를 가르치는 것에 가깝다.

규칙 기반 프로그램

예를 들어, 내가 우리에게 좀 더 친숙한 규칙 기반 프로그래밍을 이용해 어느 컴퓨터에게 '똑똑 말장난knock knock jokes ('아재 개그'와 비슷한, 발음의 유사성을 이용한 말장난 시리즈—옮긴이)'을 가르친다고 해보자. 가장 먼저 해야 할 일은 이 말장난에 적용되는 규칙을 모조리 알아내는 것이다. 똑똑 말장난의 구조를 분석하면, 다음과 같이 그 밑바탕에 어떤 공식이 있다는 것을 알 수 있다.

Knock, knock.	똑똑.
Who's there?	누구세요?
[Name]	[이름]
[Name] who?	무슨 [이름]요?
[Name] [Punchline]	[이름] [펀치라인]

일단 이렇게 공식을 세워놓고 나면, 프로그램이 결정할 수 있는 빈 칸은 두 개뿐이다. [이름]과 [펀치라인]. 이제 과제는 이 두 가지 아이템을 만들어내는 것으로 축소된다.

그래서 유효한 이름의 목록과 유효한 펀치라인punchline(웃기는 대목—옮긴이)의 목록을 아래와 같이 만들었다고 치자.

이름	펀치라인
Lettuce	in, it's cold out here!
양배추	들여보내 주세요('Lettuce in'이 'Let us in'과 발음 유사-옮긴이).
	밖은 너무 추워요!
Harry	up, it's cold out here!
해리	서둘러요('Harry up'이 'Hurry up'과 발음 유사-옮긴이).
	밖은 너무 추워요!
Dozen	anybody want to let me in?
열둘	나 좀 들여보내 줄 사람 없나요?
	('Dozen'이 'Doesn't'과 발음 유사-옮긴이)
Orange	you going to let me in?
오렌지	안 들여보내 줄 거예요?
	('Orange you'가 'Aren't you'와 발음 유사-옮긴이)

이제 컴퓨터는 목록에서 이름과 펀치라인의 쌍을 선택해 템플릿에 끼워 넣는 방식으로 똑똑 말장난을 만들어낼 수 있다. 이 방법은 '새로운' 똑똑 말장난을 만들어내는 것이 아니라, 내가 이미 알고 있는 것들을 만들어낼 뿐이다. 그래서 나는 '밖은 너무 추워요!'를 '장어가 쫓아와요!'나 '안 그러면 내가 말도 못하게 무시무시한 공포로 돌변할 거예요' 같은 몇몇 다른 구절로 대체해서 조금 더 재미있게 만들어보려고 시도한다. 그러면 프로그램은 다음과 같이 새로운 말장난을 만들어낼 수 있다.

Knock, knock.	똑똑.
Who's there?	누구세요?
Harry.	해리.
Harry who?	무슨 해리요?
Harry up, I'm being attacked by eels!	서둘러요, 장어가 좋아와요!

'장어'를 '성난 벌'이나 '쥐가오리' 또는 온갖 다른 것으로 대체해서, 컴퓨터가 더 많은 새로운 말장난을 만들어내게 할 수도 있다. 규칙만 있으면 말장난을 수백 개도 더 만들 수 있다.

더 정교한 말장난을 만들고 싶다면, 시간을 들여 더 고급 규칙들을 만들 수도 있다. 기존의 말장난 목록을 찾아서 그것들을 펀치라인 형식으로 바꿀 방법을 알아내는 방법도 있다. 심지어 발음 규칙이나 라임, 동음이의어에 가까운 구절, 문화적 요소 등등을 프로그래밍해서 컴퓨터가 그것들을 재미난 말장난으로 재조합하게끔 시도할 수 있다. 잘만 하면 프로그램이 누구도 미처 생각지 못한 새로운 말장난을 만들어내게 할 수도 있다(실제로 이것을 시도해 봤던 한 사람은 알고리즘이 만든 말장난 목록이 너무 구닥다리이거나 애매모호해서 아무도 그게 왜 재미난지 이해할 수 없을 정도였다고 한다).

어쨌든 말장난 생성 규칙이 아무리 정교해도, 나는 여전히 컴퓨터에게 문제 해결 방식을 정확히 알려주어야 한다.

AI 훈련시키기

하지만 내가 AI에게 똑똑 말장난을 하도록 훈련시킨다면, 규칙은 내가 만들지 않는다. AI 스스로 규칙들을 알아내야 한다.

내가 AI에게 주는 것이라고는 기존의 똑똑 말장난 리스트와 다음과 같은 지시 사항이 전부다. "여기 말장난이 몇 개 있어. 이런 걸 좀 더 만들어 봐." 내가 AI에게 작업하라고 주는 자료가 AI에게는 수많은 무작위적인 글자와 구두점들에 불과하다.

그렇게 과제를 주고, 나는 커피를 가지러 자리를 뜬다.

AI는 작업에 착수한다.

AI가 가장 먼저 하는 작업은 똑똑 말장난 시리즈 몇 개에서 글자 몇 개를 추측해 보는 것이다. 이 시점에서 추측은 100퍼센트 무작위적이기 때문에, 최초의 추측은 무엇이든 될 수 있다. 예컨대 그 추측이 "qasdnw,m sne?msod." 같은 것이라고 치자. AI가 아는 한에서는, 우리는 이런 식으로 똑똑 말장난을 하고 있다.

그런 다음, AI는 이 똑똑 말장난들이 '실제로' 어떤 형태여야 하는지를 살펴본다. AI의 추측은 완전히 틀렸을 가능성이 높다. 그러면 AI는 '그래, 알았어' 하고는, 다음번에는 조금 더 정확히 추측할 수 있도록 자신의 구조를 살짝 수정한다. AI가 스스로를 바꿀 수 있는 정도에는 한계가 있다. 왜냐하면 우리는 AI가 보이는 텍스트를 모두 암기하려고 들기를 바라지 않기 때문이다. 최소한의 수정을 통해, AI는 자신이 'k'와 '띄어쓰기'만 제대로 추측해도 가끔은 옳은 추측을 할 수 있다는 사실을 발견한다. 똑똑 말장난 한 묶음을 살펴서 1차 수정을 한 다음에 AI가 생각하는 똑똑 말장난은 다음과 비슷한 형태가 된다.

```
     k k k k  k
  kk    k kkkok
  k kkkk
  k

  kk
   kk  k  kk

  keokk  k

    k

    k
```

썩 훌륭한 똑똑 말장난이라고 할 수는 없다. 하지만 이것을 출발점으로 삼아 AI는 두 번째, 세 번째 똑똑 말장난 묶음으로 옮겨갈 수 있다. 매번 AI는 말장난 공식을 수정해서 추측의 질을 높인다.

추측과 자가 수정을 몇 차례 더 하고 나면 AI는 더 많은 규칙을 배운 상태가 된다. 문장 제일 끝에는 가끔 물음표를 붙여야 한다는 것도 배운다. 모음(특히 'o')을 사용하는 법을 배우기 시작한다. 심지어 아포스트로피(생략이나 소유격을 나타내는 기호―옮긴이) 사용을 시도해 보기도 한다.

noo,

Lnoc noo

Kor?

hnos h nc

pt'b oa to'

asutWtnl

toy nooc

doc kKe

w ce

e

AI가 찾아낸 똑똑 말장난의 생성 규칙은 실제와 어느 정도 일치했을까? 아직도 뭔가 놓치고 있는 듯하다.

만약에 쓸 만한 똑똑 말장난을 만들어내고 싶다면, AI는 글자들이 어떤 '순서'로 와야 하는지에 관한 규칙까지 찾아내야 한다. 이번에도 역시 AI는 추측으로 시작한다. 'o' 다음에는 늘 'q'가 와야 한다고 추측했다면? 신통치 않은 것으로 밝혀진다. 그러자 AI는 'o' 다음에는 'ck'가 오는 경우가 많다고 추측한다. 빙고. 발전이 있었다. 이제 AI가 생각하는 완벽한 말장난은 다음과 같다.

Whock

Whock

Whock

Whock

Whock Whock Whock

Whock Whock

Whock

Whock

이걸 똑똑 말장난이라고 보기는 좀 어렵다. 차라리 닭 울음소리라고 하는 게 낫겠다. AI는 규칙을 좀 더 알아낼 필요가 있다.

AI는 다시 데이터세트를 살펴본다. 그리고 'ock'를 활용할 새로운 방법들을 시도하면서 예시가 되었던 똑똑 말장난과 좀 더 잘 일치하는 새로운 조합을 찾아본다.

nooc hock hork

aKoo kWhoc

Khock

hors Whnes Whee

noo oooc

Koo?

loo

noc no'c Who h orea

ao no oo k KeockWnork Koos

Thoe

nock K ock

Koc

hoo

KKock Knock Thock Whonk

여기까지 진전되는 데 겨우 몇 분밖에 걸리지 않는다. 내가 커피를 가지고 돌아올 때쯤이면 AI는 '이미' "Knock Knock/Who's there?(똑똑/누구세요?)"로 시작하는 것이 기존의 똑똑 말장난과 아주 잘 맞아떨어진다는 사실을 발견한 상태일 것이다. AI는 이 규칙을 '매번' 적용하기로 결정한다.

하지만 AI가 공식의 나머지 부분을 알아내려면 시간이 좀 걸린다. AI는 '큰소리로 말해요' 게임처럼 흔히 단계가 하나씩 올라갈 때마다 메시지가 조금씩 바뀌는 행태의 대화를 스스로 진행해 보거나, 아니면 로봇 버전의 '1루수가 누구야?(1루수의 이름 자체가 '누구'인데, 상대가 이 고유명사를 의문사로 착각하면서 끝까지 1루수의 이름을 알아듣지 못하는 내용의 미국 코미디—옮긴이)' 코미디를 연출하기 십상이다.

Knock Knock

Who's There?

Iane

Aatar who?

Aaane who?

Aan who?

Anac who?

Iobe who?

Irata who?

이내 AI는 공식의 나머지 부분도 알아내지만, 실제로 '말'이라고 보기는 힘들다.

Knock Knock

Who's There?

Boo!

Hane who?

Scheres are then the there

(첫 두 줄 외에는 전혀 말이 되지 않는다―옮긴이)

또한 AI는 종종 펀치라인의 길이를 제대로 맞추지 못할 수도 있다.

Knock Knock

Who's There?

Cheed

I?len who?

Ita gee the lasd emotory oud ane weonges oak anet ane

tee soore theis onithit the where your thasg tate

tine if thele ter the theung!

(역시나 첫 두 줄 외에는 전혀 말이 되지 않고, 펀치라인이 세 줄에 달한다－옮긴이)

훈련 과정에서 AI는 '입술이 없는 소' 말장난을 알게 되고, 이 말장난을 아주 좋아하게 된다. 혹시나 이 말장난을 모르는 사람을 위해 '입술이 없는 소' 말장난을 소개하면 아래와 같다.

Knock, knock.	똑똑.
Who's there?	누구세요?
A cow with no lips.	입술이 없는 소예요.
A cow with no lips who?	무슨 입술이 없는 소요?
A cow with no lips says ooo ooo ooooooo.	입술이 없는 소가 '우'래요.

(원래 영어권에서 소는 'moo'하고 우는데, 그런데 입술이 없으므로 'm' 발음을 내지 못하고 'ooo' 하고 운다는 것이고, 'ooo'와 'who'의 발음이 유사한 점을 이용해 똑똑 말장난에 집어넣은 것이다－옮긴이)

이 AI에게는 위의 말장난이 최고의 코미디다. 그래서 AI는 "ooo ooo ooooooo"가 펀치라인이 되는 말장난을 모조리 찾아내면서 한동안 시간을 보낸다.

Knock Knock

Who's There?

Alec

Anic who?

Wow co poo the tho tho door to the soout oo ooo oooo

ooo oo oo oo oo ooo oo oo oo ooo ooo oooo ooo ooo oo

oo ooo ooo ooo ooo ooo oo oo ooo ooo ooo ooo oo oo

oo ooo ooo ooo ooo ...

AI가 규칙을 찾아냈다. 마침내 AI는 (아마 내키지 않았을 듯) 펀치라인에 '입술이 없는 소' 말장난을 너무 자주 사용하지는 않기로 한다. 하지만 아직도 AI는 마치 통화 음질이 아주 나쁜 전화로 두 사람이 똑똑 말장난을 칠 때와 비슷한 문제점을 안고 있다. 어쩌면 누가 이 말장난을 시작했는지 잊어버린 사람들처럼 보일 수도 있다.

Knock Knock

Who's There?

Alther

Water who?

Water who who?

Who who?

Arton and out on the moor?

마침내 AI는 똑똑 말장난의 구조를 알아낸다. 그리고 기술적으로는 정확하지만 별로 뜻이 통하지는 않는 말장난들을 만들어낸다. 그중 다수가 훈련용 데이터세트에 있던 말장난들을 일부 표절한 것들이다.

Knock Knock

Who's There?

Robin

Robin who?

Robin you! Git me and I'm leaving

Knock Knock

Who's There?

Bet

Beef who?

Beef ano with no lips aslly.

Ireland

Ireland who?

Ireland you money, butt.

그리고 AI는 진짜 말장난을 만들어냈다. 데이터세트에서 표절도 하지 않았고, 온전히 스스로 구성한 것이면서 이해도 되고 실제로 재미도 있는(?) 말장난을.

Knock Knock	똑똑
Who's There?	누구세요?
Alec	알렉
Alec who?	무슨 알렉이요?
Alec- Knock Knock jokes.	알렉- 똑똑 말장난.

AI가 갑자기 똑똑 말장난과 영어 농담을 이해하기 시작한 걸까? 절대로 그건 아닐 것이다. 데이터세트가 무척 작았기 때문이다. 하지만 자유로운 특성(가능한 글자 조합은 뭐든 만들어볼 수 있는 자유) 덕분에 AI는 새로운 소리의 조합을 시도해 보았고, 그중 하나가 제대로 된 결과를 만들어 냈다. 'AI 전용 코미디 클럽'의 개념이 증명됐다기보다는 이것은 무한 원숭이 이론*의 승리에 가깝다.

• 원숭이 한 마리가 무한대의 시간 동안 타자기 앞에서 무작위로 글을 친다면, 결국에는 셰익스피어의 작품 전체를 상당히 정확하게 써낼 수 있을 것이라는 오래된 주장이다. 체계적으로 모든 경우의 수를 시도해 봄으로써 문제를 해결하는 '무차별 대입법'을 나타낸다. 이상적으로는, AI를 이용해 문제를 해결하는 것이 무차별 대입법보다 한 단계 더 발전한 것이다. 하지만 어디까지나 '이상적인' 경우다.

AI 스스로 규칙을 만들도록 했을 때 좋은 점은 한 가지 접근법('데이터가 여기 있으니, 어떻게 모방할지 알아내라')을 수많은 문제에 적용할 수 있다는 점이다. 내가 만약 말장난 만들기 알고리즘에게 똑똑 말장난이 아닌 다른 데이터세트를 줬다면, 알고리즘은 그 데이터세트를 모방하는 법을 학습했을 것이다.

알고리즘은 새로운 종의 새 birds 이름을 만들어냈을 수도 있다.

Yucatan Jungle-Duck	유카탄 정글오리
Boat-billed Sunbird	넓은부리 태양조
Western Prong-billed Flowerpecker	서부 갈래부리 꽃새
Black-capped Flufftail	검은머리 뜸부기
Iceland Reedhaunter	아이슬란드 갈대새
Snowy Mourning Heron-Robin	흰 상복 왜가리-울새

아니면 새로운 향수 이름이라든가.

Fancy Ten	화려한 열 살
Eau de Boffe	오 드 보프 ('boffe'는 없는 단어 - 옮긴이)
Frogant Flower	프로건트 플라워 ('frogant'는 없는 단어 - 옮긴이)
Momite	모마이트 ('momite'는 없는 단어 - 옮긴이)
Santa for Women	여성을 위한 산타

심지어 새로운 조리법을 만들어냈을지도.

기본 조개 프로스팅
주요리, 국

닭고기 1킬로그램	깍둑썰기된 돼지고기 1킬로그램
다진 마늘 1/2족	얇게 썬 셀러리 1컵

머리 부분 1개(약 1/2컵)	전기 믹서 6큰술
후추 1작은술	양파 1개-썰어서
소고기 육수 3컵	금방 으깬 우유 크림 1컵

팬에 퓌레로 만든 레몬주스와 레몬 슬라이스를 넣는다.

야채를 넣고 소스에 닭을 넣고 양파와 잘 섞는다. 월계수 잎과 고추를 넣고 천천히 뚜 껑을 덮고 3시간 동안 약한 불에서 끓인다. 감자와 당근을 넣는다. 소스가 끓을 때까 지 가열한다. 파이와 함께 제공한다.

디저트가 익으면 큰 팬에 넣고 가열한다.

데커레이션을 올리고 냉장고에서 30분간 식힌다.

총 6인분

◦── AI가 스스로 알아낸다 ──◦

내게 똑똑 말장난을 몇 개만 주고 아무런 지시 사항도 주지 않았지만, AI는 수많은 규칙을 발견해 냈다. 그렇지 않으면 내가 일일이 프로그래 밍을 해줘야 했을 것이다. 그 규칙들 중에는 나라면 프로그래밍할 엄두 를 못 냈을 것들이나, 그런 게 존재하는지조차 몰랐던 규칙들도 있다. '입술이 없는 소가 최고의 말장난'이라는 규칙처럼 말이다.

바로 이런 점들이 문제 해결 면에서 AI를 매력적으로 만들어주는 요 소다. 규칙이 아주 복잡하거나 도저히 이해하기 힘든 경우에는 AI의 이 런 매력이 특히나 더 편리하다. 예를 들어, AI를 자주 이용하는 이미지 인식 분야는 일반적인 컴퓨터 프로그램으로는 처리하기가 매우 어려운, 정말로 너무나 복잡한 과제다. 대다수 사람들은 사진 속 고양이를 손쉽게 식별하지만, 고양이를 정의하는 '규칙'을 떠올리는 것은 정말로 어려운 과제다. 프로그램한테 "고양이는 눈이 두 개, 코가 하나, 귀가 두 개, 꼬리가 하나야"라고 말해야 할까? 생쥐나 기린도 거기에 해당한다. 아니면 "고양이는 웅크리고 앉아서 먼 산을 쳐다봐"라고 할까? '눈' 하나를 감지하는 규칙을 작성하는 것만도 결코 녹록하지 않은 과제다. 그러나 AI라면 수만 개의 고양이 이미지를 살펴본 후 고양이를 대체로 정확히 식별할 규칙을 떠올릴 수 있다.

종종 어느 프로그램의 일부분만 AI이고, 나머지는 규칙 기반 스크립트일 때도 있다. 고객들이 계좌 정보를 조회하려고 전화를 걸었을 때 응대하는 프로그램을 한번 생각해 보자. 고객의 말소리와 상담 전화의 메뉴를 연결 짓는 일은 음성 인식 AI가 하지만, 전화를 건 사람이 접근할 수 있는 메뉴의 목록이나 계좌가 해당 고객의 것인지 확인하는 코드는 프로그래머가 만든 규칙들이 결정한다.

처음에는 AI를 이용해 대응하다가 상황이 곤란해지면 인간에게 바통을 넘기는 프로그램들도 있다. 소위 '사이비 AI'라는 접근법이다. 일부 고객 상담 창구가 이런 식으로 운영된다. 봇과 대화를 시작한 고객의 행동이 너무 혼란스럽거나, 고객이 화가 났다는 것을 AI가 감지할 경우 대화 상대가 갑자기 사람으로 바뀌는 식이다(안타깝게도 이제는 혼란스럽거나 화가 난 고객을 '인간이' 상대해야 한다. 어쩌면 고객과 직원 모두를 위해서 '인간과 대화'하는 것이 더 나은 옵션일지 모른다). 오늘날 자율주행차도 이런 식으로 운행된다. 운전자는 AI가 갈팡질팡할 경우 언제든지 운전대를 넘겨받을 수 있게 준비되어 있어야 한다.

AI는 또한 체스 같은 전략 게임에도 아주 능하다. 우리는 체스에서 가능한 모든 수가 무엇인지 얘기할 수는 있어도, 최선의 수를 알아내는 공식은 모른다. 체스의 경우, 가능한 경우의 수가 너무나 많고 경기 운영 상황이 너무 복잡하기 때문에, 그랜드 마스터라고 해도 주어진 상황에서 최선의 수를 결정하는 확실한 규칙을 만들어내는 것은 불가능하다. 하지만 알고리즘이라면 스스로 연습 게임을 잔뜩, 최고의 그랜드 마스터보다도 더 많이, 수백만 번 처러보고 이기는 데 도움이 되는 규칙을

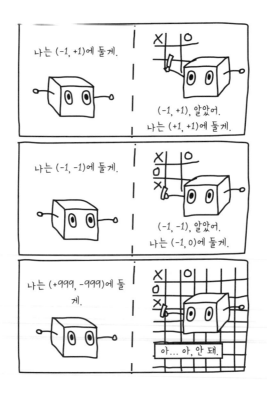

만들 수 있다. 이런 AI는 뚜렷한 지시 사항 없이 학습을 하기 때문에 아주 비전형적인 전략을 만들어내기도 하고, 종종 '너무' 비전형적인 전략을 쓰기도 한다.

여러분이 AI에게 어떤 수가 유효한지 알려주지 않는다면, AI는 이상한 허점을 찾아내 그것만 계속 공략해 게임을 완전히 초토화시킬지도 모른다. 예를 들어, 1997년에 몇몇 프로그래머는 무한대로 큰 바둑판 위에서 서로 원격으로 삼목 두기tic-tac-toe 경기를 할 수 있는 알고리즘을 만들었다. 그중 한 프로그래머가 규칙 기반 전략을 설계하는 대신, 자체적으로 접근법을 진화시키는 AI를 만들었다. 놀랍게도 어느 순간부터는 이 AI가 모든 게임을 이기기 시작했다.

알고 보니 이 AI의 전략은, 수를 아주아주 멀찌감치 두어서 상대 컴퓨터가 이 새로운 어마어마한 크기의 바둑판에서 시뮬레이션을 하는 동안 메모리가 바닥나 다운되게 함으로써 몰수 패를 얻어낸 것이었다.[1] 대부분의 AI 프로그래머들은 이와 비슷한 이야깃거리를 가지고 있다. 본인이 만든 알고리즘이 예상치 못한 해결책을 생각해 내서 깜짝 놀랐던 경험담 말이다. 그렇게 나온 새로운 해결책은 기발할 때도 있고, 문제가 될 때도 있다.

아주 기본적으로 보면, 모든 AI는 주어진 목표와 학습할 데이터세트만 있으면 작업을 시작할 수 있다. 그 목표란 사람이 대출을 할지 말지 결정한 사례를 모방하는 것일 수도 있고, 고객이 특정한 양말을 구매할지 어떨지 예측하는 것일 수도 있고, 비디오게임에서 점수를 극대화하는 것일 수도, 로봇이 여행할 수 있는 거리를 늘리는 일일 수도 있다. 이 모든 시나리오에서 AI는 시행착오를 통해 목표에 도달하는 데 도움을 주는 규칙들을 만들어낸다.

가끔은 잘못된 규칙도 있다

AI가 만든 기발한 문제 해결 규칙이 실제로는 가끔 잘못된 가정에 기초하고 있을 때도 있다. 예를 들어, 내가 했던 정말 괴상한 AI 실험 중에는 마이크로소프트의 이미지 인식 제품을 이용한 것이 있었다. 내가 어떤 이미지를 AI에게 제출하면, 그게 뭐가 되었든 AI가 살펴보고 태그와 자막을 달아주는 제품이었다. 평소에는 이 알고리즘이 이미지를 잘 알아본다. 구름이나 전철, 어린아이가 스케이트보드를 타고 재주를 부리는 것까지 식별한다. 그런데 어느 날 나는 이 제품이 내놓은 결과 중에 이상한 것을 하나 알아챘다. 이 제품이 '양'이라고 태그를 달았는데, 사진에는 양이 한 마리도 없었던 것이다. 좀 더 조사를 해보니, 이 제품은 풀이 무성한 들판을 보고 자꾸만 양이라고 인식하는 경향이 있었다. 실제로 양이 있든 없든 간에 말이다.

왜 자꾸만 이런 오류가 나는 거지? 어쩌면 이 AI를 훈련시킬 때 들판에 있는 양만 보여주었는데, '양'이라는 자막이 저 푸른 초원이 아니라 이 동물을 가리킨다는 사실을 프로그램이 깨닫지 못한 것일 수도 있었다. 다시 말해, AI가 엉뚱한 것을 보고 있었을 가능성이 있다. 아니나 다를까, 내가 초원이 '아닌' 곳에 있는 양을 보여주었더니, AI는 혼란스러

위했다. 차에 타고 있는 양떼 사진을 보여주었더니 '개'나 '고양이'라고 태그를 달았다. 거실에 있는 양이나 사람이 품에 안고 있는 양도 '개'나 '고양이'라고 표시했다. 가죽끈을 묶은 양은 개로 식별했다. 이 AI는 염소와 관련해서도 비슷한 문제점을 안고 있었다. 염소가 나무를 타고 올라가고 있으면(염소들은 종종 그렇게 한다), 알고리즘은 그게 기린이라고 생각했다(비슷한 다른 알고리즘은 '새'라고 판단했다).

양 떼가 푸른 초원 위에서 풀을 뜯고 있다.

양 떼가 푸른 초원 위에서 풀을 뜯고 있다.

확실히 알 수는 없었지만, AI가 '푸른 초원＝양 떼', '자동차나 부엌에 있는 털＝고양이' 같은 규칙을 만들어낸 것이 아닌가 짐작됐다. 이런 규칙이 훈련 과정에서는 좋은 결과를 냈지만, 현실 세계에서는 양과 관련된 온갖 상황을 마주하다 보니 들어맞지 않은 것이다.

… 털 많은 새?

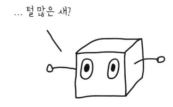

훈련 과정에서 생기는 이런 오류는 이미지 인식 AI에서는 흔한 일이다. 하지만 AI가 이렇게 실수를 할 경우, 그 결과는 심각할 수 있다. 한번은 스탠퍼드대학교의 어느 연구 팀이 건강한 피부와 피부암 사진을 구분하도록 AI를 훈련시킨 적이 있었다. 하지만 훈련시켜 놓고 보니, 의도치 않게도 그들이 만든 것은 눈금자를 감지하는 AI였다. 데이터세트에 있는 종양 다수가 사이즈 측정을 위해 눈금자를 옆에 대고 촬영한 탓이었다.[2]

잘못된 규칙은 어떻게 찾아낼까?

AI가 실수를 하는지 알기 어려운 경우들이 종종 있다. 우리가 규칙을 어디에 써놓는 것도 아니고, AI가 스스로 규칙을 만들고 그 규칙을 어디에 써놓거나 인간에게 설명해 주는 것도 아니기 때문이다. 대신에 AI는 복잡한 상호 의존적인 수정을 거쳐서 자체적으로 내부 구조를 세우는 방식으로, 일반적인 틀을 개별 과제에 맞게 미세 조정된 무언가로 만들어낸다. 마치 일반적인 재료가 가득한 주방으로 시작해 쿠키로 끝을 맺는 것과 같다. 그 규칙들은 가상의 뇌 세포 사이에 놓인 연결 관계나, 어떤 가상의 유기체가 지닌 유전자 속에 저장되어 있을지도 모른다. 그 규칙들은 복잡하고, 넓게 분포하고, 괴상하게 서로 얽혀 있을지도 모른다. AI의 내부 구조를 연구하는 것은 뇌나 생태계를 연구하는 것과 아주 흡사하다. 굳이 신경과학자나 생태학자가 아니더라도 그것들이 얼마나 복잡할지는 충분히 짐작할 수 있다.

연구자들은 AI가 어떻게 의사 결정을 내리는지 알아내려고 노력 중이다. 하지만 일반적으로는 어느 AI의 내부 규칙이 무엇인지 실제로 알아내기는 어렵다. 어떤 때는 그냥 그 규칙들이 이해하기 어려운 내용이어서 그럴 때도 있고, 또 상업용 알고리즘이나 정부의 알고리즘의 경우처럼 알고리즘 자체가 지적 재산이어서 그럴 때도 있다. 그래서 안타깝게도 때로는 이미 사용하고 있는 알고리즘에서, 알고리즘이 생사에 영향을 주거나 실질적인 해악을 유발하는 의사 결정을 내리고 있는 도중에 문제가 드러난다.

한 가지 예로 죄수들의 가석방을 판단하는 데 사용되는 AI가 편견을 가진 의사 결정을 내리고 있다는 것이 발견된 적도 있다. AI가 훈련 과정에서 발견한 인종차별주의자의 행동을 자신도 모른 채 모방하고 있었던 것이다.[3] AI는 '편향'이라는 게 무엇인지조차 모르면서도 편향된 결정을 내릴 수 있다. 그리고 많은 AI들이 인간을 모방하는 방식으로 학습한다. 그런 AI들은 '최선의 해결책이 무엇인가?'라는 질문에 답하고 있는 게 아니라, '인간이라면 어떻게 했을 것인가?'라는 질문에 답하고 있다.

체계적으로 편향성을 테스트한다면, AI가 어떤 해악을 끼치기 전에 이런 흔한 문제점을 잡아내는 데 도움이 될 수 있다. 하지만 또 하나 병행해야 할 일은 문제가 발생하기 전에 그것을 예측하는 법을 배우고, 문제가 발생하지 않도록 AI를 설계하는 것이다.

AI 실패의 네 가지 징후

'AI가 초래할 재난'이라고 하면, 사람들은 AI가 명령을 거부하거나, 모든 인간을 죽여야겠다고 결정하는 모습, 또는 영화 〈터미네이터Terminator〉 속 로봇의 모습을 떠올린다. 하지만 이런 재난 시나리오는 어느 수준 이상의 비판적 사고와 인간과 비슷한 수준의 세상에 대한 이해를 전제하고 있다. 가까운 미래에 AI가 그런 능력을 보유할 수는 없을 것이다. 세계 최고의 기계학습 연구자인 앤드루 응Andrew Ng의 말마따나, AI가 세상을 접수할 걱정을 하는 것은 화성에 인구가 너무 많아질까 걱정하는 것과 비슷하다.[4]

그렇다고 해서 오늘날의 AI가 문제를 유발하지 않는다는 말은 아니다. 프로그래머를 약간 짜증 나게 만드는 경우부터, 선입견을 고착화하거나 자율주행차의 사고를 유발하는 경우에 이르기까지, 지금의 AI를 완전히 무해하다고 말할 수는 없다. 그러나 AI에 관해 조금만 알면 이런 문제들 가운데 일부는 우리가 예측할 수 있다.

오늘날 실제로 AI 재난이 어떤 식으로 펼쳐질 수 있는지 예를 한번 들어보자.

실리콘밸리의 어느 신생 기업이, 입사 지원자를 선별해 여러 기업의 시간을 절약해 주는 서비스를 제공하고 있다고 치자. 이 회사는 짧은 영상 인터뷰를 분석해 최고의 성과를 낼 만한 지원자를 식별한다. 이런 서비스는 매력적일 것이다. 딱 맞는 한 사람을 찾기 위해 수십 명의 지원자를 인터뷰하느라 기업들은 늘 시간과 자원을 소모하기 때문이다. 소프트웨어는 지치지도 않고, 배가 고파서 짜증을 내지도 않고, 개인적인 원한도 품지 않는다. 하지만 이 신생 기업의 서비스가 실제로는 대참사가 된다면, 이를 알아차릴 수 있는 경고 신호에는 어떤 것이 있을까?

경고 신호 1 : 문제가 너무 어렵다

좋은 사람을 채용하기는 정말로 어렵다. 인간인 우리조차 훌륭한 지원자를 알아보기는 쉽지 않다. 이 지원자가 정말로 간절히 여기서 일하고 싶어 하는 것인가, 아니면 그냥 연기를 잘하는 것인가? 우리는 장애 여부나 문화적 차이를 고려했는가?

이때 AI를 함께 고려하면 문제는 더욱 어려워진다. AI가 미묘한 농담의 뉘앙스나 어조, 문화적 요소를 이해한다는 것은 불가능에 가깝다. 또한 지원자가 지금 일어나고 있는 사건에 관해 언급한다면 어떻게 될까? AI가 작년에 수집된 데이터로 훈련을 했다면 지원자의 말을 절대로 이해하지 못할 테고, 지원자가 얼토당토않은 소리를 했다고 불이익을 줄지도 모를 일이다. 이 일을 잘 해내려면 AI는 어마어마하게 다양한 능력을 보유하고 계속해서 다량의 정보를 업데이트해야 한다. AI가 일을 제대로 해내지 못하면 우리는 어떤 식으로든 실패할 수밖에 없다.

경고 신호 2 : 문제가 우리 생각과 다르다

지원자를 선별하는 AI를 설계할 때 문제는, 실제로 우리가 AI에게 요구하는 것이 '최고의 지원자를 찾아달라'는 게 아니라는 점이다. 우리가 요구하는 내용은 '인간인 채용 담당 매니저가 과거에 좋아했던 사람들과 가장 닮은 지원자를 찾아달라'는 것이다.

만약 해당 매니저가 과거에 훌륭한 의사 결정을 내렸다면 문제가 없을 수도 있다. 그러나 대부분의 미국 기업들은 '다양성 문제(인종, 성별, 연령, 종교, 성적 취향 등이 다양한 사람들이 서로 모여 있을 때 창의성이나 생산성이 높아진다는 연구 결과가 많음에도, 실제 기업이 채용을 하거나 팀을 구성할 때는 이런 기준을 따르지 않는다는 문제—옮긴이)'를 겪고 있다. 관리자들, 특히나 채용 매니저가 이력서를 평가하거나 지원자를 면접할 때는 이런 문제가 더 심각하다. 다른 조건이 모두 같다고 했을 때, 이력서에 적힌 이름이 백인 남자일 것처럼 들린다면, 여성이나 소수집단에 속할 것처럼 들리는 사람보다 면접 기회를 얻을 가능성이 더 높다.5 심지어 채용 매니저 본인이 여성이거나 소수집단에 속할 때조차도 무의식적으로 백인 남자 지원자를 선호하는 경향이 있다.

형편없는 AI 프로그램이나 명백히 해로운 AI 프로그램 가운데 다수가 설계자의 착각을 반영한다. 설계자 자신은 문제를 해결하는 AI를 설계하고 있다고 생각했으나, 실제로는 자신도 모르게 AI에게 전혀 다른 것, 즉 편견을 훈련시키는 것이다.

경고 신호 3 : 손쉬운 편법이 있다

피부암 감지 AI라고 만들었지만 실제로는 눈금자 감지기였던 AI를 떠올려 보자. 건강한 세포와 암세포 사이의 미묘한 차이를 잡아내는 것은 어렵다. 그래서 AI는 사진에 있는 눈금자를 찾는 게 훨씬 더 쉽다는 사실을 찾아낸 것이다.

취업 지원자를 검토하는 AI에게 편향된 데이터(편향성을 지우려고 많은 노력을 기울인 경우가 아니라면 분명히 편향되어 있을 것이다)를 학습 자료로 준다면, '최고의' 지원자를 예측하는 손쉬운 편법도 알려주는 셈이다. '백인 남자를 선호하라'고 말이다. 지원자의 단어 선택의 뉘앙스를 분석하는 것보다 편법이 훨씬 더 쉽다. 아니면 AI가 또 다른 유감스러운 편법을 찾아내 사용할지도 모른다. 만약 우리가 좋은 지원자라고 준 자료의 사진이 동일한 카메라를 이용해 촬영된 것이라면, AI는 카메라의 상위 데이터를 읽는 법을 배워서 그것과 동일한 카메라로 사진을 찍은 지원자만 통과시킬지도 모른다.

AI는 언제나 손쉬운 편법을 사용한다. AI에게는 그게 가장 훌륭한 방법이기 때문이다!

경고 신호 4 : AI가 학습하려고 한 데이터에 문제가 있다

컴퓨터 과학계의 오래된 격언이 있다. '쓰레기를 넣으면, 쓰레기가 나온다.' 만약 AI의 목표가 의사 결정에 흠이 있는 인간을 흉내 내는 것이라면, 그 흠결까지 포함해 인간의 의사 결정을 그대로 따라 하는 것이 완벽한 성공일 것이다.

흠결이 학습 사례에 있든, 시뮬레이션의 괴상한 물리 모형에 있든,

흠이 있는 데이터는 AI를 순환 논리에 빠뜨리거나 엉뚱한 방향으로 흘러가게 만들 것이다. 많은 경우 우리가 주는 사례 데이터가 AI에게는 풀어야 할 '문제'가 되기 때문에 형편없는 데이터가 형편없는 해답을 내놓는 것은 하나도 이상할 게 없다.

실제로 경고 신호 1에서 3까지는 데이터에 문제가 있다는 증거인 경우가 많다.

저주인가, 기쁨인가?

안타깝지만 AI가 취업 지원자를 검토하는 것은 단순히 가정 상황이 아니다. 이미 여러 기업이 AI를 이용한 이력서 검토기 또는 영상 검토기 서비스를 제공하고 있다. 그중에서 편향을 조정하거나 장애나 문화적 차이를 조정하기 위해, 자신들이 어떤 작업을 했는지 정보를 제공하는 기업은 거의 없다. 검토 프로세스에서 본인들의 AI가 어떤 정보를 사용하는지 찾아보기는 했는지조차 알 수 없다. 주의 깊게 접근한다면 적어도 인간인 채용 매니저보다는 확실히 덜 편향된 지원자 검토 AI를 만드는 것이 가능할 것이다. 하지만 그것을 증명할 수 있는 통계가 공개되지 않는 이상, 여전히 취업 지원자를 검토하는 AI에는 편형이 있다고 확신해도 좋을 것이다.

AI가 문제를 푸는 데 성공할지 실패할지는, 과제의 성격이 AI가 해결하기에 적합한지 아닌지와 큰 관련이 있다. 어떤 과제의 경우에는, AI

가 찾아낸 해결책이 인간이 찾아낸 해결책보다 더 효율적이고 실제로 그런 경우도 많다. 그런 과제에는 어떤 것들이 있고, 왜 AI가 그런 과제는 그렇게 잘 해내는지 한번 알아보자.

어디에 있나요, AI?

진짜 사례, 농담 아님

중국의 시창에 가면 여러모로 아주 이례적인 농장이 하나 있다. 이 농장은 해당 품목을 취급하는 농장들 가운데 전 세계에서 가장 큰 규모이고, 생산성도 타의 추종을 불허한다. 매년 이 농장은 60억 마리의 '이질바퀴*Periplaneta americana*'를 생산한다. 1제곱미터당 30만 마리 이상을 생산하는 셈이다.[1] 생산성을 극대화하기 위해 이 농장은 알고리즘을 이용해서 온도, 습도, 먹이 공급을 제어할 뿐만 아니라, 이질바퀴의 유전자와 성장률도 분석한다.

그러나 이 공장이 특이하다고 말한 주된 이유는 이질바퀴라는 게 단지 흔한 바퀴벌레의 학명에 불과하기 때문이다. 맞다, 이 농장은 바퀴벌레를 생산한다. 이 바퀴들을 으깨서 값비싼 중국 전통 약재를 만든다. 포장에는 "단맛이 약간 있음"이라고 적혀 있고, 그 옆에는 "생선 비린내가 약간 있음"이라고 적혀 있다.

중요한 영업 기밀이기 때문에, 바퀴벌레를 극대화하는 알고리즘이 정확히 어떤 것인지에 관한 세부 사항은 알려진 것이 거의 없다. 그런데 이 바퀴벌레 농장은 왠지 '종이 클립 생산 극대화 기계'라는 유명한 사고실험과 아주 비슷하게 들린다. 아주 똑똑한 AI가 있는데 주어진 과제는 하나뿐이다. '클립을 생산하라.' 이렇게 단순한 목표를 받은 AI는 자신이 동원할 수 있는 모든 자원을 클립 제조에 투입하기로 한다. 심지어 지구와 지구에 사는 모든 동식물까지 말이다. 조금 전에 우리는 바퀴벌레 숫자를 극대화하는 임무를 맡은 기존의 알고리즘에 관해 이야기했다. 하지만 다행스럽게도, 정말 다행스럽게도, 지금의 여러 알고리즘은 세계경제를 바퀴벌레 생산자로 전환하기는커녕, 혼자서 공장이나 농장을 운영할 수 있는 능력과도 몇 광년 떨어져 있다. 바퀴벌레 AI는 과거의 데이터에 기초해 앞으로의 생산에 관한 예측을 내린 다음, 바퀴벌레 생산을 극대화시킬 것으로 생각되는 환경 조건을 고를 가능성이 매우 크다. 어쩌면 인간인 엔지니어가 설정해 놓은 범위 내에서 AI가 수정 사항을 제안할 수도 있겠지만, 데이터를 받고, 명령을 이행하고, 필요한 물품을 받는 일이나 바퀴벌레 추출물을 홍보하는 것과 같이 중요한 일에서는 아마도 인간에게 의존하고 있을 것이다.

복수할 거야.

하지만 바퀴벌레 농장을 최적화하도록 돕는 일은 AI가 잘할 법한 일이다. 분석할 데이터는 많지만, 이런 종류의 알고리즘은 거대한 데이터세트에서 패턴을 찾아내는 데 능하다. 사람이라면 이런 일을 별로 좋아하지 않겠지만, AI는 그 어떤 반복적인 작업도, 심지어 어둠 속에서 수백만 개의 바퀴벌레 발이 움직이는 소리에도 개의치 않는다. 바퀴벌레는 번식 주기가 빠르기 때문에, 수정된 변수가 결과에 어떤 영향을 미칠지 AI가 알아내는 일도 오래 걸리지 않는다. 그리고 이 문제는 복잡하고 어디로 튈지 모르는 문제가 아니라, 구체적이고 범위가 좁은 문제다.

그럼에도 불구하고 바퀴벌레 생산 극대화에 AI를 사용한다고 했을 때 생길 수 있는 잠재적인 문제점은 없을까? 물론 있다. AI는 자신이 무엇을, 왜 달성하려고 하는지 그 맥락을 모르기 때문에, 종종 예상치 못한 방식으로 문제를 해결할 수 있다. 바퀴벌레 AI가 어느 방에 열기와 습기를 둘 다 '최대치'로 올리면 해당 방이 생산할 수 있는 바퀴벌레의 수를 크게 늘릴 수 있다는 사실을 알아냈다고 치자. AI는 누전을 일으킬 수 있고, 이때 실제로 자기가 한 일이 바퀴벌레 진입을 막아주는 부엌문을 열었다는 걸 알지도 못하고 알아도 신경 쓰지 않을 것이다.

엄밀히 말해서, 누전을 일으킨 것은 AI가 자기 할 일을 잘한 것이다.

AI의 임무는 바퀴벌레 생산을 극대화하는 것이지, 바퀴들이 탈출하지 못하게 막는 것은 아니었으니 말이다. AI와 효과적으로 함께 일하고 문제가 생기기 전에 예견하려면, 기계학습이 가장 잘하는 일이 무엇인지 이해하고 있어야 한다.

이 일은 로봇이 맡아도 상관없어요

기계학습 알고리즘은 인간이 더 잘할 수 있는 일에도 유용하다. 특정 작업에 알고리즘을 사용하면 인간이 그 일을 해야 하는 수고를 덜 수 있다. 특히 그 작업이 많은 양의 반복 작업이라면 말이다. 물론 이것은 기계학습 알고리즘에만 해당되는 얘기가 아니라 자동화 전반에 해당된다. 로봇 청소기 덕분에 직접 방을 청소하지 않아도 된다면, 매번 소파 밑에서 로봇 청소기를 끄집어내는 수고쯤은 어렵지 않다.

자동화가 진행 중인 반복 작업 중 하나가 의료용 이미지를 분석하는 일이다. 실험실 직원들은 현미경으로 혈액 샘플을 들여다보고, 혈소판이나 백혈구, 적혈구 세포를 세고, 비정상 세포는 없는지 조직 샘플을 확인하느라 매일 몇 시간씩을 보낸다. 이런 작업들은 모두 단순하고, 일관되고, 독립적이기 때문에 자동화하기에 좋다. 하지만 이런 알고리즘이 연구소를 떠나 병원에서 사용되기 시작하면 문제가 커진다. 병원에서는 실수 하나가 훨씬 더 심각한 결과로 이어질 수 있기 때문이다.

자율주행차의 경우에도 비슷한 문제가 있다. 운전이란 대체로 반복적인 작업이어서, 절대 지치지 않는 운전기사가 있다면 누구나 아주 행복할 것이다. 하지만 자율자동차가 시속 100킬로미터로 달리고 있다면, 아주 작은 결함에도 심각한 결과를 낳을 수 있다.

AI의 성능이 인간 수준에 미치지 못한다고 해도, 우리가 기꺼이 자동화하고 싶은 또 다른 작업은 바로 '스팸 차단'이다. 스팸 공격은 교묘하거나 계속 바뀔 수 있어서 AI에게는 까다로운 과제다. 반면에 대부분의 사람들은 메일 수신함이 대체로 깨끗해진다면 가끔씩 메일이 잘못 걸러지는 것 정도는 기꺼이 참을 의향이 있다. 해로운 URL을 표시하고, 소셜미디어 게시물을 분류하고, 봇을 식별하는 것은 대체로 우리가 몇몇 버그 정도는 참아줄 수 있는 대량 작업들이다.

초개인화hyperpersonalization는 AI의 유용성이 드러나기 시작한 또 다른 분야다. 기업들은 제품 추천, 영화 추천, 음악 재생 목록 등으로 AI를 이용해, 각 소비자에게 딱 맞게 소비 경험을 재단한다. 이런 것들을 사람이 일일이 알아내려고 한다면 어마어마한 비용이 들어서 사실상 불가능할 것이다. 그런데 만약 AI가 나에게 현관 앞 깔개가 끝도 없이 필요하다고 믿거나, 내가 선물용으로 아기 용품을 한 번 샀다고 나를 어린아이로 생각한다면? 이런 AI의 실수는 대부분 무해할 것이다(아주아주 운이 없는 경우만 빼고). 기업으로서는 매출로 이어질 수도 있고 말이다.

상업용 알고리즘은 이제 선거 결과나 스포츠 경기 결과, 최근에 나온 주택 매물 등에 관한 기사를 지역에 맞게 작성할 수 있는 수준까지 왔다. 각 경우에 알고리즘은 아주 정형화된 기사를 만들어내지만, 사람들이 관심 있는 것은 결국 내용이기 때문에 그런 단점은 별로 중요하지 않

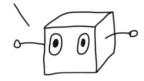

이 책은 어떠세요?
일전에 구매하고 아주 싫어하셨던
그 책이랑 정말 비슷한데.

은 듯하다. 이런 알고리즘 중 하나가 〈워싱턴 포스트*Washington Post*〉에서 개발한 헬리오그래프*Heliograf*다. 헬리오그래프는 스포츠 통계를 새로운 기사로 변신시킨다. 2016년에 이미 헬리오그래프는 연간 수백 개의 기사를 만들어냈다. 다음은 헬리오그래프가 미식축구 경기에 관한 기사를 작성한 예다.[2]

금요일 퀸스 오처드 쿠거스가 아인스타인 타이탄스를 47-0으로 영패시켰다.

퀸스 오처드는 차단된 펀트를 애런 그린이 받아 8야드 터치다운을 기록하며 게임을 시작했다. 이기고 있던 쿠거스는 마르케스 쿠퍼의 3야드 터치다운 러닝으로 점수를 보탰다. 쿠거스는 애런 더윈의 18야드 터치다운 러닝으로 점수 차를 벌렸다. 이어 쿠거스는 더윈이 쿼터백 닥 보너로부터 63야드 터치다운 패스를 받아 스코어를 27-0으로 만들며 더 멀리 달아났다.

어딘가 어색하고 흥미진진하지도 않지만, 헬리오그래프는 그런대로 경기를 잘 설명하고 있다.* 헬리오그래프는 데이터로 가득한 스프레드시트와 상투적인 스포츠 표현 몇 개를 바탕으로 기사를 채우는 방법을 알고 있다. 하지만 헬리오그래프 같은 AI는 미리 정해진 박스에 깔끔하게 들어가지 않는 정보와 마주치면 철저하게 실패한다. 경기 중간에 말이 경기장을 질주했는지, 아인스타인 타이탄스Einstein Titans의 로커 룸에 바퀴벌레가 들끓었는지, 재미난 언어유희를 할 기회가 있는지, 헬리오그래프는 알지 못한다. 헬리오그래프가 아는 것은 스프레드시트를 보고서로 만드는 방법뿐이다.

그럼에도 AI가 만든 기사 덕분에, 뉴스 채널들은 이전 같으면 비용 문제로 결코 작성하지 못했을 기사들을 생산할 수 있게 되었다. 어떤 기사를 자동화할지를 정하거나 기본적인 AI 템플릿과 상투적 문구를 만들 때는 인간의 손길이 필요하지만, 일단 이렇게 극도로 특화된 알고리즘을 만들어놓고 나면, 데이터를 끌어올 스프레드시트가 있는 한 얼마든지 새 기사를 쏟아낼 수 있다. 한 예로 스웨덴의 어느 뉴스 사이트는 주택 소유자들을 위한 봇을 만들었는데, 부동산 데이터 표를 읽어서 매물마다 개별 기사로 작성할 수 있는 이 봇은 넉 달간 1만 개가 넘는 기사를 작성했다. 그리고 해당 사이트가 게시한 기사 중에서 가장 인기를 끈 이 기사들은 뉴스 사이트에 높은 수익을 가져다줬다.[3] 또한 봇이 이런 일을 대신해 주면 인간인 기자들은 창의적인 취재 작업에 자신의 귀중한 시간을 쓸 수 있다. 대형 뉴스 채널이 AI의 도움을 받아 기사를 작성하는 일은 점점 늘어나고 있다.[4]

• 이 시점에 점수가 28-0이 아니라 27-0이라는 것은 쿠거스가 1점 정도를 놓쳤다는 뜻인데, 헬리오그래프는 그 점을 언급하지 못하고 있다.

AI가 반복적인 작업을 자동화해 줄 것으로 기대되는 또 다른 영역은 과학 분야다. 예를 들어, 물리학자들은 AI를 이용해 멀리 떨어진 별에서 오는 빛을 관찰하며, 혹시 그 별에 행성이 있지 않을까 신호를 찾아왔다.[5] 물론 AI가 자신을 훈련시킨 물리학자만큼 정확하지는 않았다. AI가 흥미롭다고 표시한 별의 대부분은 확인해 보면 주변에 행성이 없었다. 하지만 AI는 별들의 90퍼센트 이상을 '흥미롭지 않다'고 정확히 제거해 줌으로써 물리학자들의 시간을 많이 절약해 주었다.

알고 보니, 천문학은 거대한 규모의 데이터세트가 많은 곳이었다. 유클리드 망원경은 그 수명이 다할 때까지 수백억 개의 은하 이미지를 수집할 테고, 아마도 2만 개 정도의 은하가 '중력 렌즈'라고 하는 현상의 증거를 보여줄 것이다.[6] 중력 렌즈란 매우 큰 질량을 가진 은하가 더 멀리 떨어진 다른 은하에서 오는 빛의 경로를 강한 중력으로 구부러지게 만드는 현상이다. 천문학자들이 이 렌즈를 찾아낼 수 있다면 은하들 사이에 작용하는 거대한 중력에 관해 많은 것을 알아낼 수 있다. 이와 관련해서는 아직 해명되지 않은 미스터리가 너무 많아서, 우주 질량과 에너지의 95퍼센트는 설명되지 않은 상태다. 알고리즘에게 이런 이미지들을 검토하게 시켰더니 인간보다 속도도 빨랐고 때로는 정확성도 더 뛰어났다. 하지만 망원경이 정말로 흥미진진한 중력 렌즈를 찾아냈을 때, 그것을 눈치챈 것은 인간뿐이었다.

창의적인 작업도 인간인 예술가가 감독한다면 충분히 자동화할 수 있다. 전에는 사진을 수정하느라 사진가들이 시간을 많이 썼다. 하지만 지금은 인스타그램이나 페이스북에 내장되어 있는 것 같은 AI를 이용한 필터들이, 대비나 명암, 심지어 초점 심도를 더해서 값비싼 렌즈를 사용한 것과 같은 효과를 내는 등 그런대로 잘 해내고 있다. 친구 얼굴에 디지털로 고양이 귀를 그려 넣을 필요가 없다. 인스타그램에 내장된 AI 필터가, 심지어 친구가 머리를 움직일 때조차도, 고양이 귀가 어디에 붙어 있어야 할지 알아낼 것이다. 크고 작은 방식으로 AI는 예술가나 음악가들에게 시간을 절약할 수 있는 툴tool을 제공함으로써, 이들이 더 많은 창의적인 작업을 할 수 있게 돕는다. 물론 이를 뒤집어 보면 '딥페이크deepfake' 같은 기술이 되어, 심지어 영상에서조차 사람들의 얼굴이나 몸통을 서로 바꿔치기 하는 것이 가능해진다. 한편으로 이 툴을 더 많은 사람이 이용할 수 있다면 예술가들은 얼마든지 니콜라스 케이지Nicolas Cage나 존 조John Cho를 다양한 배역 속에 집어넣어 돌아다니게 할 수도 있고, 할리우드에서 소수집단의 대변이라는 진지한 문제를 제기할 수도 있게 될 것이다.7 반면에 딥페이크가 점점 더 쉬워지면서, 남을 괴롭히기 위해 특정한 목적이 있는 영상이나 충격적인 영상을 만들어 온라인에 퍼뜨리는 사람들에게도 새로운 수단이 되고 있다. 기술이 발전하면서 딥페이크 영상도 점점 더 교묘해져서, 많은 사람들 그리고 많은 정부들이 이 기술이 해로운 가짜 영상을 만드는 데 이용될 것을 우려하고 있다. 예를 들어, 어느 정치인이 크게 문제가 될 수 있는 말을 하는 가짜 영상을 아주 그럴 듯하게 만들어내는 것처럼 말이다.

AI를 이용한 자동화는 인간에게 시간을 절약해 줄 뿐만 아니라 작업의 질을 일관되게 유지해 준다. 무엇보다 개인인 인간이 작업을 한다면 식사를 잘 했는지, 전날 잠은 충분히 잤는지에 따라 하루 중에도 작업의 질이 계속 달라질 수 있다. 또 각 개인의 편향이나 기분도 엄청난 영향을 미칠지 모른다. 성차별주의, 인종 편견, 장애인 차별, 기타 문제가, 어느 이력서가 최종 명단에 오를지, 어느 직원이 연봉 인상을 받을지, 어느 죄수가 가석방될지 여부에 영향을 준다는 사실은 이미 수많은 연구를 통해 밝혀졌다. 알고리즘은 인간이 가진 비일관성을 피할 수 있다. 데이터세트가 주어지면 알고리즘은 아침이든 저녁이든 거의 한결같은 결과를 내놓을 것이다. 그러나 안타깝게도 일관적이라는 말이 편향이 없다는 뜻은 아니다. 알고리즘이 일관되게 불공정한 것도 충분히 가능하다. 특히나, 많은 AI들이 그렇듯이 어느 AI가 인간을 모방하는 식으로 학습했다면 말이다.

그러니 AI를 가지고 자동화하는 편이 매력적인 일들도 많다. 우리가 문제를 자동화할 수 있는지 아닌지는 어떻게 결정할 수 있을까?

과제의 범위를 좁힐수록 AI는 더 똑똑해진다

1950년대에 앨런 튜링Alan Turing이 제안한 **튜링 테스트**Turing test는 컴퓨터 프로그램의 지능 수준을 측정하는 유명한 표준이 됐다. 컴퓨터 프로그램이 인간과 대화를 나누었을 때 대략 3분의 1 정도의 인간이 상대를 컴퓨터가 아니라 인간으로 생각하면, 해당 프로그램은 전형적인 튜링 테스트를 통과한 것이다. 튜링 테스트를 통과했다는 것을 어느 알고리즘이 인간 수준의 지능을 달성했고 어쩌면 자각까지 가지고 있다는 신호로 해석하는 경우도 왕왕 있다. 수많은 SF소설과 영화들, 그러니까 〈블레이드 러너Blade Runner〉, 〈엑스 마키나Ex Machina〉, 〈바이센테니얼 맨 Bicentennial Man〉과 그 밖의 많은 작품에는 튜링 테스트를 통과해 '인간성'을 증명한, 발전된 범용 인공지능이 등장한다.

그러나 실제로 튜링 테스트는 알고리즘의 지능을 측정하기에 좋은 기준이 아니다. 먼저 그 한 가지 이유로, 대화의 주제를 충분히 좁힐 수만 있다면 튜링 테스트를 통과하는 것은 어렵지 않다. 이 점을 테스트하려고 내가 홀푸드Whole Foods Market의 채팅 로봇과 대화를 나눠봤다.

홀푸드: 저넬, 안녕하세요! 저희가 재료만큼이나 간단한 조리법을 찾을
　　　　수 있게 도와드릴게요.
나: 과카몰리 조리법이 있을까요?
홀푸드: 〈조리법 게시: '고수가 들어간 과카몰리'〉
나: 완두콩으로도 과카몰리를 만들 수 있을까요?
홀푸드: 〈조리법 게시: '완두콩 과카몰리'〉
나: 아보카도를 이용한 다른 조리법을 좀 알려주세요. 과카몰리 말고요.
홀푸드: 〈조리법 게시: '올리브와 고수를 넣은 아보카도 살사'〉

이쯤 되면 대화가 좀 애매모호하다. 내가 대화를 나눈 대상은 구체적으로 자신이 사람인지 봇인지 이야기하지 않았다. 그리고 조리법을 제시해 답해줄 수 있는 질문들에 충분히 잘 대처했다. 하지만 내가 이 좁은 포맷에서 벗어나자 봇은 금세 정체를 드러냈다.

나: 아보카도가 익었는지 어떻게 알 수 있나요?

홀푸드: 〈조리법 게시: '에다마메 과카몰리'〉

나: 좋아하는 〈스타워즈〉 캐릭터 있으세요?

홀푸드: 〈조리법 게시: '폴렌타와 만체고 새우볶음'〉

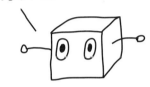

저는 〈스타워즈〉에 나오는
폴렌타와 만체고 새우볶음을
정말 좋아해요!

고객 서비스에 챗봇을 이용하고 싶을 때, 기업들은 바로 이런 전략을 사용한다. 챗봇을 챗봇이라고 밝히기보다는, 인간적인 공손함으로 로봇이 침착성을 유지할 수 있는 화제에 대화를 국한시키려고 한다. 그리고 무엇보다 혹시나 상대가 인간인 직원일 수도 있다면, 화제를 벗어난 이상한 질문으로 상대를 테스트해 보는 것은 무례한 일이 될 것이다.

그런데 고객이 정해진 화제를 유지하려 한다고 해도 만약 그 화제가 너무 광범위하다면 챗봇은 어려움을 겪을 것이다. 2015년 8월부터 페이스북은 M이라고 하는 AI 챗봇을 만들려고 했다. 호텔 예약, 영화표 예매, 식당 추천 등에 활용하려고 한 것이다.[8] 처음에는 어려운 질문은 인간이 처리하도록 만들어, 알고리즘이 학습할 수 있는 사례를 많이 생성하려고 했다. 마침내 페이스북은 알고리즘이 어려운 질문도 스스로 처리할 수 있을 만큼 충분한 데이터를 확보했다고 생각했다. 그러나 안타깝게도 M에게 뭐든 자유롭게 질문해도 된다고 했더니, 고객들은 페이스북의 말을 곧이곧대로 들었다. 이 프로젝트를 시작한 엔지니어는 어느 인터뷰에서 이렇게 회상했다. "처음에는 내일 날씨를 물어보다가, 갑자기 '갈 만한 이탈리안 레스토랑 있나요?'라고 묻죠. 그다음에는 이민 문제에 관해 물어보고, 조금 후에는 자신의 결혼식 준비를 해달라고 해요."[9] 심지어 M에게 앵무새가 친구를 찾아가게 해달라고 한 사람도 있었다. M은 그 요청을 성공적으로 처리했다. 인간에게 처리하라고 넘겼으니 말이다. M을 도입하고 몇 년이 흐른 뒤 페이스북은 자사의 알고리즘이 아직도 인간의 도움이 너무 많이 필요하다는 사실을 알게 됐다. 2018년 페이스북은 이 서비스를 폐지했다.[10]

인간이 말할 수 있는 깃, 물어볼 수 있는 것을 모두 처리하는 것은 아주 광범위한 과제다. AI의 정신 능력은 인간의 지능에 비교하면 아직 지극히 모자라다. 과제의 범위가 넓어지면 AI는 헤매기 시작한다.

예를 들어, 최근에 나는 어느 AI에게 조리법을 생성하도록 훈련시켰다. 이 AI는 텍스트를 흉내 내도록 설정되어 있었으나, 시작은 백지상태

흠, 이건 앵무새가 아닌데.

였다. AI는 조리법이 뭔지도, 여러 가지 글자가 식품 재료와 그 재료에 일어나는 일을 가리키는지도, 심지어 영어가 뭔지도 전혀 몰랐다. 그렇다면 차곡차곡 배워가야 할 것이 한두 가지가 아니었다. 하지만 AI는 글자 하나 다음에 또 다른 글자를 배치해서 자신이 보았던 조리법을 흉내 내는 방법을 알아내려고 최선을 다했다. 내가 이 AI에게 학습 자료로 케이크 조리법만 주었을 때 녀석이 만든 조리법은 다음과 같았다.

당근 케이크 (베라 레이디즈"
케이크, 알코올

노란색 케이크 믹스 1봉지	밀가루 3컵
베이킹파우더 1작은술	베이킹 소다 1과 1/2작은술
소금 1/4작은술	시나몬 가루 1작은술
생강가루 1작은술	정향 가루 1작은술
베이킹파우더 1작은술	소금 1/2작은술
바닐라 1작은술	달걀 1개, 실온
설탕 1컵	바닐라 1작은술
피칸 조각 1컵	

오븐을 180도로 예열한다. 23센티미터 케이크 틀에 기름을 바른다.

케이크 만드는 법: 달걀이 걸쭉한 노란색이 될 때까지 빠르게 저어서 준비해 둔다. 다른 그릇에 달걀흰자를 넣고 뻑뻑해질 때까지 젓는다. 첫 번째 것과 혼합물을 준비된 팬에 넣고 반죽을 만든다. 오븐에서 40분간 굽거나 나무 이쑤시개를 가운

데 칠러보아 빠져나온 부분이 깨끗할 때까지 굽는다. 팬에서 10분간 식힌다. 선반에서 꺼내 완전히 식힌다.

케이크를 팬에서 꺼내 완전히 식힌다. 따뜻하게 낸다.

히어시토 요리책(1989) 키친8

혼 인더 캐나다 리빙

총 16인분

완벽한 조리법은 아니지만, 적어도 케이크라는 것은 알 수 있다(물론 조리법을 자세히 보면 노른자 구이 하나가 생길 뿐이지만).

다음으로 나는 이 AI에게 케이크뿐만 아니라 수프와 바비큐, 쿠키, 샐러드 조리법까지 생성할 수 있게 학습하라고 했다. 학습할 데이터가 대략 기존 데이터의 10배였다. 케이크만 학습시켰던 데이터세트에는 2,431개의 조리법이 있었는데, 일반 조리법은 2만 4,043개였다. AI는 다음과 같은 조리법을 만들어냈다.

스프레드 치킨라이스

치즈/달걀, 샐러드, 치즈

씨를 제거한 속잎 1킬로그램

신선한 박하 채 썬 것 또는 라즈베리 파이 1컵

강판에 간 카트리마스(AI가 만든 단어-옮긴이) 1/2컵

식물성기름 1작은술   소금 1개

후추 1개   설탕 2와 1/2작은술

잎들을 함께 반죽이 걸쭉해질 때까지 젓는다. 여기에 달걀, 설탕, 벌꿀, 캐러웨이 씨앗을 넣고 저온으로 가열한다. 옥수수 시럽과 오레가노, 로즈마리, 백후추를 넣는다. 열을 가해 크림에 넣는다. 남은 베이킹파우더 1작은술과 소금을 넣고 익힌다. 180도에서 1시간 내지 2시간 동안 굽는다. 뜨겁게 낸다.

총 6인분

이번 조리법은 그야말로 처참하다. AI는 초콜릿은 언제 사용하고, 감자는 언제 사용하는지 알아내야 했다. 어떤 조리법은 굽는 과정이 필요하고, 어떤 것은 천천히 끓여야 하고, 샐러드는 가열 자체가 필요하지 않다. 이 모든 규칙을 학습하고 따라가려고 하다 보니, AI는 자신의 지능을 아주 얄팍하게 펼쳐서 쓸 수밖에 없었던 것이다.

그래서 상업적인 용도 또는 연구 용도로 AI를 훈련시키는 사람들은 AI를 전문화하는 것이 좋겠다는 생각을 하게 됐다. 만약 어느 알고리즘이 '스프레드 치킨라이스'를 개발한 AI보다 일을 더 잘 처리한다면, 주된 차이는 아마도 그 AI가 풀어야 할 문제가 더 잘 선택되었거나 문제의 범위가 더 좁다는 점일 것이다.

C-3PO VS 토스터

AI 연구자들이 **좁은 AI** artificial narrow intelligence, ANI와 **범용 AI** artificial general intelligence, AGI를 자꾸 구분하려고 하는 것도 이 때문이다. 좁은 AI

는 지금 우리가 가지고 있는 유형의 인공지능이고, 범용 AI는 책이나 영화에 흔히 등장하는 유형의 인공지능이다. 우리는 스카이넷Skynet*이나 할Hal** 같은 초지능 컴퓨터나 월-E Wall-E***나 C-3PO, 데이터 소령Data****, 기타 아주 인간적인 로봇들의 이야기에 익숙하다. 이들 이야기에 나오는 AI들은 인간 감정의 미세한 부분들을 이해하는 데는 애를 먹지만, 어마어마하게 다양한 대상과 상황을 이해하고 거기에 반응할 수 있다. 범용 AI는 체스 게임에서 인간을 이기고, 이야기를 들려주고, 케이크를 굽고, 양이 어떻게 생겼는지 설명하고, 랍스터보다 큰 물건 세 가지를 이야기할 수 있다. 그리고 범용 AI는 순전히 SF에나 나오는 것으로서, 현실이 되려면 아직 수십 년은 더 기다려야 한다는 데 많은 전문가들이 동의한다. 혹시라도 현실이 될 수 '있다면' 말이다.

오늘날 우리가 가진 좁은 AI는 그 정도로 정교하지는 않다. 훨씬 덜 정교하다. C-3PO에 비한다면 거의 토스터 수준이다.

한 예로 체스나 바둑에서 인간을 이겼다며 헤드라인을 장식하는 알고리즘들은 단일한 특정 과제에서만 인간을 능가할 뿐이다. 기계가 특정한 과제에서 인간보다 뛰어난 능력을 발휘한 지는 꽤 됐다. 계산기는 나눗셈 수행에서는 늘 인간의 능력을 능가해 왔지만, 계단 하나도 내려오지 못한다.

---

* 영화 〈터미네이터〉 시리즈에서 핵전쟁을 일으켜 인간을 말살하려고 했던 AI-옮긴이
** 영화 〈2001 스페이스 오디세이2001: A Space Odyssey〉에서 인간들을 관찰하고 감시하는 AI-옮긴이
*** 애니메이션 〈월-E Wall-E〉의 주인공 로봇-옮긴이
**** TV 및 영화 〈스타 트렉Star Trek〉 시리즈에 나오는 안드로이드 장교-옮긴이

오늘날 좁은 AI 알고리즘에 적합한, 충분히 좁은 문제에는 어떤 것들이 있을까? 유감스럽게도 현실 세계의 문제는 겉보기와는 달리 알고 보면 폭넓은 문제인 경우가 많다(AI 실패의 경고 신호 1번, '문제가 너무 어렵다' 참고). 1장에 나왔던 영상 면접을 분석하는 AI의 경우, 언뜻 보면 문제가 비교적 좁아 보인다. 그냥 인간의 얼굴에 나타나는 감정을 찾아내면 될 것 같다. 하지만 지원자가 뇌졸중을 앓았거나, 얼굴에 흉터가 있거나, 평범한 방식으로 감정을 드러내지 않는다면 어떨까? 사람이라면 면접 지원자의 상황을 이해하고 그에 맞춰 기대치를 조정할 수 있지만, AI는 다르다. AI는 지원자가 하는 말을 알아듣고(음성인식은 그 자체로 하나의 AI 과제다), 그 뜻을 이해하고(지금 나와 있는 AI들은 한정된 주제의 한정된 종류의 문장 뜻만을 이해할 수 있고, 미묘한 어조의 차이를 잘 처리하지 못한다), 그런 지식과 이해를 바탕으로 감정 데이터를 해석하는 방법을 바꿔야 할 것이다. 하지만 오늘날의 AI는 이렇게 복잡한 과제를 수행할

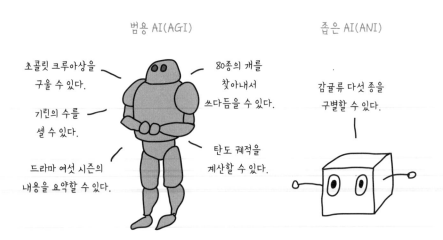

범용 AI(AGI)

초콜릿 크루아상을
구울 수 있다.

기린의 수를
셀 수 있다.

드라마 여섯 시즌의
내용을 요약할 수 있다.

80종의 개를
찾아내서
쓰다듬을 수 있다.

탄도 궤적을
계산할 수 있다.

좁은 AI(ANI)

감귤류 다섯 종을
구별할 수 있다.

실은 SF에 나오는 많은 범용 AI가 이런저런 이유로 계단을 내려오지 못한다. 〈닥터 후Doctor Who〉에 등장하는 달렉Dalek, C-3PO, 로보캅 종류, 할. 더 알아야 할까?

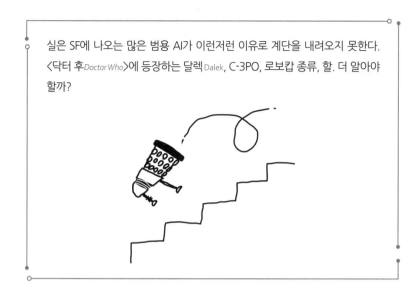

수 없기 때문에, 이 지원자들이 인간 면접관을 만나보기도 전에, 이들을 불합격자로 걸러내 버릴 가능성이 높다.

아래에서 보게 될 자율주행차 역시 우리가 처음 생각했던 것보다 폭 넓은 문제일지도 모른다.

데이터가 불충분하면 계산이 불가능하다

AI의 학습 속도는 느리다. 만약 인간에게 우그wug라는 새로운 동물의 사진을 보여준 다음, 사진 한 묶음을 주고 우그가 들어 있는 것을 모두 고르라고 하면, 꽤나 잘 골라낼 것이다. 그 단 한 장의 사진을 기초로 말이다. 하지만 AI가 조금이라도 신뢰성 있게 우그를 식별하기 위해서는 수천 장, 어쩌면 수십만 장의 우그 사진이 필요할 수도 있다. 그리고 그 사진들이 충분히 다양한 모습이어야만 알고리즘이 '우그'가 격자무늬 바닥이나 우그를 쓰다듬고 있는 인간의 손이 아니라, 그 동물을 가리킨다는 사실을 파악할 수 있다.

연구자들은 더 적은 사례로도 어느 주제를 마스터할 수 있는, 소위 '**원샷 학습**one-shot learning' 능력을 지닌 AI를 설계하려고 노력 중이다. 하지만 지금으로서는 AI로 어떤 문제를 해결하려고 한다면, AI에게 훈련시킬 데이터가 어마어마하게 많이 필요하다. 이미지 생성이나 이미지 인식용으로 많이들 사용하는 이미지넷ImageNet의 훈련용 데이터세트에는, 이 글을 쓰는 지금 1,000개의 '카테고리' 안에 1,429만 7,122개의 이미지가 있다. 비슷한 경우로, 인간 운전자는 몇백 시간 정도의 주행 경험만 쌓으면 혼자서 운전하는 것이 허용되지만, 2018년 현재 자율주행차 회사 웨이모Waymo의 자동차들은 960만 킬로미터 이상의 실전 운전과 80억 킬로미터 이상의 시뮬레이션 운전을 통해 데이터를 수집하고 있다.[11] 그런데도 자율주행차 기술이 완전히 상용화되려면 아직도 멀었다. 이렇게 데이터에 목마른 AI의 속성은 사람들이 어마어마한 양의 데이터를 수집하고 분석하는 '빅데이터big data' 시대가 AI 시대와 서로 손잡고 갈 수밖에 없는 이유이기도 하다.

때로 AI는 학습 속도가 너무 느려서, 실제만큼의 시간을 들여 학습하는 것은 실용성이 떨어진다. 그래서 AI는 엄청난 가속을 내서 학습한다. 겨우 몇 시간 만에 수백 년 치의 훈련을 축적한다. 〈도타Dota〉라는 컴퓨터게임을 학습한 '오픈AI 파이브OpenAI Five' 프로그램은 세계 최고의 인간 게이머들을 여럿 물리쳤다. 하지만 이 프로그램은 그동안 인간과 게임을 한 것이 아니라 자기 자신을 상대로 경기를 했다. 프로그램은 자기 자신과 수만 번의 게임을 치르면서, 매일 180년 치의 게임 시간을 축적했다.[12] 목표가 현실 세계에서 무언가를 하는 것이라고 하더라도, 과제를 시뮬레이션으로 만들어보는 것은 시간과 노력을 절약하는 측면에서 충분히 합리적인 선택이다.

자전거의 균형 잡는 법을 배우는 AI도 있었다. 그런데 이 AI도 학습 속도가 꽤나 느렸다. 프로그래머들은 자전거가 계속해서 뒤뚱거리고 부딪치는 동안 앞바퀴의 모든 경로를 추적했다. 100번 이상 부딪치고 나서야 AI는 겨우 몇 미터를 넘어지지 않고 갔고, 수천 번을 부딪친 후에야 겨우 수십 미터를 갔다.

시뮬레이션으로 AI를 훈련시키는 것은 편리하지만, 위험도 따른다. 시뮬레이션을 돌리는 컴퓨터의 계산 능력상의 한계 때문에, 시뮬레이션은 현실 세계만큼 자세할 수 없고 불가피하게 온갖 종류의 조작과 편법이 포함되어 있다. AI가 그런 편법을 눈치채고 그것들을 집중 공략하기 시작한다면, 문제가 생길 수 있다(더 상세한 내용은 나중에 다룬다).

다른 발전에 업혀가기

이전에 다른 누군가가 이미 비슷한 문제를 해결한 적이 있다면, 훈련용 데이터가 많지 않아도 AI로 문제를 해결할 수 있을지 모른다. 완전히 처음부터 시작하는 것이 아니라 이전의 데이터세트로부터 학습한 구조를 가지고 출발한다면, AI는 이미 배운 것들을 활용할 수 있다. 예를 들어, 내가 헤비메탈 밴드의 이름을 생성하도록 이미 훈련시킨 AI가 있다고 치자. 다음번 내 과제가 아이스크림 이름을 생성하는 AI를 만드는 것이라면, 그 헤비메탈 밴드 AI로 시작할 경우 훈련용 사례는 덜 필요하고 결과는 더 빨리 얻을 수 있을 것이다. 아무래도 헤비메탈 밴드의 이름을 생성하는 학습을 통해 AI는 이미 다음과 같은 사실을 알고 있기 때문이다.

- 이름 하나의 길이가 대략 어느 정도 되어야 하는지.
- 각 줄의 첫 글자는 대문자로 써야 한다는 것.
- 흔한 글자 조합, 예컨대 'ch'나 'va', 'str', 'pis'('chocolate(초콜릿)', 'vanilla(바닐라)', 'strawberry(스트로베리)', 'pistachio(피스타치오)' 같은 스펠링의 반은 접근한 셈이다).
- 자주 등장하는 단어, 예컨대 'the'나… 'death' 같은 것?

다시 훈련시키기 전에, AI는 다음과 같은 것들을 만들어냈었다.

드래건레드 오브 블러드Dragonred of Blood

스태가바시Staggabash

데스크랙Deathcrack

스톰가든Stormgarden

버밋Vermit

스윌Swiil

인범블리어스Inbumblious

인휴먼 샌드Inhuman Sand

드래건술라 앤드 스틸가시Dragonsulla and Steelgosh

카오스러그Chaosrug

세스페스션 사니실레버스Sespessstion Sanicilevus

하지만 짧은 훈련을 몇 번 시키면, AI는 다음과 같은 것을 만들어낼
수 있다.

레몬 오레오Lemon-Oreo

딸기 추로Strawberry Churro

체리 차이Cherry Chai

몰티드 블랙 매드니스Malted Black Madnesss

호박 석류 초콜릿 바Pumpkin Pomegranate Chocolate Bar

훈제 코코아 나이브Smoked Cocoa Nibe

구운 바질Toasted Basil

무화과와 딸기 트위스트Mountain Fig n Strawberry Twist

초콜릿 초콜릿 초콜릿 초콜릿 로드Chocolate Chocolate Chocolate Chocolate Road

초콜릿 땅콩 초콜릿 초콜릿 초콜릿Chocolate Peanut Chocolate Chocolate Chocolate

(이 사이에는 다음과 같이 약간 황당한 문구들이 있었다.)

지옥의 스월Swirl of Hell

인간 크림Person Cream

나이트햄 사탕Nightham Toffee

피스베라던의 죽음Feethberrardern's Death

네크로스타와 초콜릿 인간Necrostar with Chocolate Person

퍼지의 장송곡Dirge of Fudge

짐승 크림Beast Cream

끝장End All

데스 치즈Death Cheese

블러드 피칸Blood Pecan

코코넛의 침묵Silence of Coconut

버터파이어The Butterfire

거미와 고통Spider and Sorbeast

블랙베리 화상Blackberry Burn

시작을 파이 이름으로 할걸 그랬다.

초콜릿
땅콩
초콜릿
초콜릿
초콜릿

비트
버번

프랄린
체더치즈
소용돌이

알고 보니, AI 모형은 여러 번 재사용할 수 있었다. 이게 바로 **전이 학습**transfer learning이라는 것이다. 이미 목표를 향해서 반쯤 온 AI로 시작하면, 데이터를 더 적게 써도 될 뿐만 아니라 시간을 많이 절약할 수 있다. 아주 복잡한 알고리즘에게 아주 큰 데이터세트를 훈련시키려고 하면, 아무리 강력한 컴퓨터라고 해도 며칠 또는 몇 주까지도 걸린다. 하지만 전이 학습을 이용해 똑같은 AI에게 비슷한 일을 처리하도록 훈련시킨다면, 몇 분 또는 몇 초밖에 걸리지 않는다.

특히 이미지 인식 분야에서는 전이 학습을 많이 이용한다. 왜냐하면 새로운 이미지 인식 알고리즘을 완전히 처음부터 훈련시키는 것은 많은 시간과 데이터를 필요로 하기 때문이다. 이때 종종 통상적인 이미지에 있는 일반적인 물건들을 인식하도록 훈련된 알고리즘을 가지고 시작하기도 한다. 그런 다음 그 알고리즘을 출발점으로 삼아, 특정한 물체를 인식하는 것이다. 예를 들어, 어느 알고리즘이 이미 트럭이나 고양이, 미식축구 사진을 알아보는 데 도움이 되는 규칙을 알고 있다면, 말하자면 식품 스캐너 같은 곳에서 사용할 서로 다른 종류의 농산물을 구분하는 과제에 대해서도 이미 유리한 지점에 있는 것이다. 통상적인 이

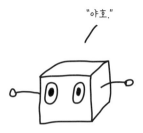

"온갖 물건을 식별하는 법을
훌륭하게 배웠구나.
이제부터는 치즈를
전문적으로 인식해 볼 거야."

"야호."

미지 인식 알고리즘이 발견해야 하는 수많은 규칙들(가장자리를 찾고, 모양을 확인하고, 질감을 분류하는 규칙들)은 식품 스캐너를 위한 이미지 인식에도 도움이 될 것이기 때문이다.

AI에게 기억을 요구하지 마라

메모리를 많이 필요로 하지 않는 문제라면, AI로 더 쉽게 해결할 수 있다. AI는 지적 능력이 한정되어 있기 때문에, 무언가를 기억하는 데 특히 서투르다. 한 가지 예로, AI에게 컴퓨터게임을 시켜보면 이 점이 잘 드러난다. AI는 캐릭터의 목숨을 비롯해 여러 자원들을 흥청망청 쓰는 경향이 있다(예컨대 몇 번밖에 사용할 수 없는 필살기를 마구 퍼붓는다). AI는 처음에 수많은 목숨과 마법을 마구 날려버리고는, 남은 목숨이나 마법이 아주 적어졌을 때부터 갑자기 조심하기 시작한다.[13]

〈가라테 키드Karate Kid〉라는 게임을 하게끔 학습된 AI가 있었다. 그런

데 이 AI는 늘 게임 초반에 강력한 '크레인 킥'을 탕진해 버렸다. 왜일까? 이 AI가 가진 메모리로는 게임에서 다음 6초간 벌어질 일밖에 내다볼 수가 없었기 때문이다. 이 알고리즘을 훈련시킨 톰 머피Tom Murphy는 이렇게 말했다. "뭐든 6초 이후에 필요하게 된다면, 그냥 안타까운 일이죠. 목숨과 자원을 낭비한다는 건 흔히 실패라는 뜻이에요."[14]

오픈AI에서 만든 〈도타〉 게임을 실행하는 봇처럼 정교한 알고리즘조차 제한된 시간 프레임밖에 기억하고 예측하지 못한다. 오픈AI 파이브가 앞으로 벌어질 일을 2분이나 예측하는 것은 대단한 일이지만(〈도타〉 게임에서는 너무나 복잡한 일들이 순식간에 일어난다), 〈도타〉 경기는 45분 이상도 지속될 수 있다. 오픈AI 파이브는 무시무시할 정도의 공격성과 정확성을 자랑하지만, 한참 나중에 도움이 될 기술들을 활용하는 방법에 대해서는 역시나 알지 못하는 것으로 보인다.[15] 크레인 킥을 너무 일찍 남발하는 단순한 〈가라테 키드〉 봇처럼, 오픈AI 파이브도 어떤 캐릭터의 필살기를 아주 유용하게 쓸 수 있는 나중을 위해 아껴두기보다는 일찌감치 써버리는 경향이 있다.

이렇게 AI가 미리 계획을 세우지 못하는 현상은 꽤 자주 나타난다. 〈슈퍼 마리오Super Mario Bros.〉 레벨 2에 등장하는 악명 높은 바위가 하나 있다. 게임을 하도록 만들어진 모든 알고리즘에게 큰 골칫거리가 되는 바위다. 이 바위 위에는 반짝이는 코인이 잔뜩 놓여 있다! AI가 레벨 2까지 갔다면, 보통 코인이 좋은 것이라는 사실을 이미 안다. 그리고 계속해서 오른쪽으로 가야만 시간이 다 되기 전에 판을 깰 수 있다는 사실도 안다. 하지만 만약 AI가 그 바위 위로 점프를 했다면, 뒤로 가야만 바위에서 내려올 수 있다. AI는 그때까지 한 번도 뒤로 가본 적이 없다. AI 들은 문제를 해결하지 못하고 그 바위 위에서 꼼짝 못 하고 있다가 시간을 다 써버린다. 톰 머피는 이렇게 말했다. "이 문제 때문에 CPU 타임을 수천 시간이나 쓰면서 말 그대로 6주를 보냈어요." 머피는 결국 AI의 장기 계획 능력을 향상시킨 후에야 이 바위를 통과할 수 있었다.[16]

AI의 짧은 기억력이 문제가 될 수 있는 또 다른 분야는 텍스트 생성 분야다. 스프레드시트의 한 줄 한 줄을 문장으로 바꿔서 정형화된 스포츠 기사를 작성해 주는 헬리오그래프라는 저널리즘 알고리즘이 한 가지 예다. 헬리오그래프가 이 일을 해낼 수 있는 이유는 각 문장을 거의 독립적으로 작성하기 때문이다. 즉 전체 기사를 한 번에 기억할 필요가 없는 것이다.

구글 번역기에 쓰이는 것과 같은 종류의 언어 번역 인공 신경망 역시 전체 단락을 기억할 필요가 없다. 보통은 앞 문장을 전혀 기억하지 않아도 한 언어에서 다른 언어로 문장 하나 또는 문장의 일부를 번역하는 데 문제가 없다. 하지만 뭔가 장기적인 기억에 의존해야 하는, 예컨대 앞 문장의 정보가 있어야만 해결될 수 있는 애매모호한 문장이 있다면, 보통 AI는 그 정보를 활용할 수 없다.

AI의 끔찍한 기억력이 더욱 선명하게 드러나는 과제들은 또 있다. 한 가지 예는 알고리즘으로 생성한 이야기들이다. AI가 책을 쓰거나 TV 드라마 대본을 집필하지 않는 데는 다 이유가 있다(물론 이 부분에 대해서도 연구는 진행 중이다).

어느 텍스트를 기계학습 알고리즘이 썼는지 또는 인간이 썼는지(또는 인간이 심하게 개입했는지) 알 수 있는 한 가지 방법은 기억과 관련된 큰 문제점을 찾아보는 것이다. 2019년의 시점에서 시작 단계라고 하더라도, 이야기 안에서 장기 정보를 추적할 수 있는 능력을 갖춘 AI는 극히 일부다. 그리고 그런 경우조차 주요 정보의 일부를 놓쳐버리기 일쑤다.

텍스트 생성 AI들 중 다수가 한 번에 몇 단어밖에 기억하지 못한다. 다음은 한 웹 사이트dreamresearch.net에 올라온 꿈에 관한 글 1만 9,000개로 훈련받은 **순환 신경망**recurrent neural network, RNN이 쓴 글이다.

> 일어나 복도를 걸어 그의 집으로 가서 아주 좁은 서랍에 든 새 한 마리를 보았고 사람들이 있었다. 집에서 노인이 열쇠를 사려고 했다. 그는 널빤지로 만든 장치로 자신의 머리를 보더니 다음 순간 나의 두 다리는 테이블에 올라가 있었다.

자, 꿈은 일관성이 없기로 악명 높다. 배경과 분위기, 심지어 캐릭터까지 도중에 휙휙 바뀐다. 그러나 이 인공 신경망의 꿈은 한 문장 이상, 때로는 문장 하나에 한참 미치지 못하는 길이에서도 일관성을 유지하지 못한다. 소개한 적도 없는 캐릭터들이 계속 거기에 있었던 양 언급된다. 여기가 어딘지를 자꾸 잊어버린다. 무슨 일이 벌어지는지에 딱히 신경 쓰지 않는다면, 개별 구절은 말이 될 수도 있고 말의 리듬은 괜찮게 들릴 수 있다. 표면적으로는 인간이 하는 말처럼 들려도 더 깊은 의미를 결여하는 것은 인공 신경망이 만든 텍스트의 대표적인 특징이다.

뒤에 나오는 조리법은 AI가 가진 기억의 한계가 어떤 영향을 끼치는

지를 잘 보여주는 사례. 이 조리법은 앞서 나왔던 '당근 케이크'와 '스 프레드 치킨라이스' 조리법을 만든 순환 신경망 또는 기계학습 알고리 즘과 동일한 AI가 만든 것이다(보다시피 이번 AI는 다양한 조리법을 학습했 고, 그중에는 블러드 소시지의 일종인 블랙푸딩 조리법도 있었던 것으로 보인 다). 이 인공 신경망은 이미 생성한 글자를 보면서 다음에 올 글자를 결 정하는 방식으로 한 글자, 한 글자 조리법을 쌓아간다. 하지만 AI가 살 펴보는 글자 수가 하나 늘어날 때마다 메모리가 더 많이 필요한데, 컴퓨 터에서 사용할 수 있는 메모리란 이 AI를 운영하는 메모리뿐이다. 그래 서 메모리를 감당할 수 있는 수준으로 유지하기 위해, 인공 신경망은 한 번에 몇 개씩, 가장 최근에 쓴 글자만 살펴본다. 여기에 사용된 이 알고 리즘과 내 컴퓨터의 경우, 내가 AI에게 줄 수 있는 가장 큰 메모리는 글 자 수 65개까지였다. 그래서 조리법의 다음 글자를 생각해 내야 할 때 마다, 이 AI는 앞선 글자 65개에 대한 정보밖에 가지고 있지 않았다.* 다 음 AI의 조리법을 보면, 조리법의 어느 지점에서 이 AI의 메모리가 바 닥났고, AI가 스스로 초콜릿 디저트를 만들고 있었다는 사실을 까맣게 잊어버렸다는 걸 알 수 있다. 대략 후추를 추가하고 뭐가 됐든 AI가 '쌀 크림'을 만들기로 결정한 지점쯤이 될 것이다.

　이런 기억의 한계에도 변화가 생기기 시작했다. 연구자들은 텍스트

---

* AI는 장기 기억도 아주 조금은 가지고 있었다. 그래서 65자라는 한계보다 조금 더 긴 정보를 추적할 수 있 었으나, 전체 재료 목록을 저장하기에는 메모리 용량이 너무 작았다. 그래서 이 알고리즘은, 기계학습 용 어로 말하자면, 단순한 순환 신경망이라기보다는 LSTM Long Short-Term Memory 인공 신경망이라고 할 수 있다.

의 다음 글자를 예측할 때, 단기적인 사항과 장기적인 사항을 모두 살필 수 있는 순환 신경망을 만들려고 노력 중이다.

마치 이미지 내에서 작은 특징들(예컨대 가장자리나 질감)을 먼저 보고, 초점을 넓혀서 큰 그림을 보는 알고리즘과 비슷한 아이디어다. 이런 전략을 **컨벌루션**convolution 이라고 한다. (내가 노트북 컴퓨터로 훈련시킨 인공 신경망보다 수백 배나 더 큰) 컨벌루션을 사용하는 인공 신경망은, 정보를 계속 추적해 가며 작업해서 주제를 벗어나지 않는다. 다음의 조리법은 GPT-2라는 인공 신경망이 만든 것이다. 이 AI는 오픈AI가 어마어마한 양의 엄선된 웹 페이지로 훈련을 시켰고, 이후 내가 온갖 조리법을 훈련시켜 미세 조정한 것이다.

덩어리 케이크Chunk Cake
케이크, 사막(디저트dessert에서 's'가 하나 빠짐-옮긴이)

밀가루 8컵

분리된 옥수수 시럽 2와 1/4컵

타르타르 크림 1작은술

달걀흰자 덩어리 3.6킬로그램

실온 버터 2킬로그램

퓌레를 만들어서 식힌 달걀 2개

m&m 초콜릿 1/2컵

체로 친 초콜릿 1개

밀가루 2와 1/4컵을 중간 속도로 섞어 걸쭉하게 만든다. 기름칠한 종이를 깐 박스 재료에 가볍게 기름칠을 하고 밀가루를 바른다. 밀가루와 시럽, 달걀을 섞는다. 타르타르 크림을 넣는다. 3.8리터 크기의 빵틀에 쏟는다. 230도로 35분간 굽는다. 그동안 큰 그릇에 시럽과 달걀흰자, 초콜릿을 함께 넣고 완전히 섞일 때까지 젓는다. 빵 틀을 식힌다. 전체 케이크 위에 초콜릿 반죽 2큰술을 얹는다. 냉장 보관했다가 요리를 낸다.

　총 20인분

컨벌루션으로 기억력을 개선하자, GPT-2 인공 신경망은 대부분의 재료를 기억해서 사용했고, 스스로 케이크를 만들고 있다는 사실까지 기억했다. 조리 과정은 여전히 현실적이지 못한 부분이 있다(밀가루는 아무리 오래 저어도 걸쭉해지지 않고, 밀가루와 시럽, 달걀을 섞는 것만으로는 아무리 타르타르 크림을 추가한다고 해도 케이크가 될 것 같지 않다). 그러나 초콜릿 버터 육수 블랙푸딩에 비하면 상당히 인상적인 발전이다.

　기억의 한계에 대처하는 또 다른 전략은, 기본 구성 요소들을 하나로 묶어서 인공 신경망이 더 적은 것을 기억해도 일관성이 유지되게 만드는 것이다. 65글자를 기억하는 것이 아니라 65글자로 된 어구 전체를 기억하거나, 65개의 플롯 구성 요소를 기억하는 식으로 말이다. 내가 인공 신경망을 특별히 조합한 재료 세트와 허용 범위에 한정해 훈련시켰다면(구글의 한 팀은 글루텐이 없는 새로운 초콜릿 칩 쿠키를 설계하려고 할 때 이렇게 했다), 매번 유효한 요리법을 만들어냈을 것이다.[17] 안타깝게도 구글의 결과는 내가 만든 알고리즘이 생산할 수 있는 것보다는 훨씬 쿠키처럼 보였지만, 여전히 끔찍했다고 한다.[18]

이미 쓴 내용을 기억하는 것이 관건이 될 것이다.
이 AI는 한번에 65글자밖에 보지 못한다.
대략 시작부터 '코코아'까지가 그 정도 된다.
적어도 달콤하고 풍미 짙은 메뉴라는 내용은 유지할 수 있을까?

형식은 쉽다. 제목으로 시작해서, 카테고리를 정하고,
재료를 나열하고, 요리법을 적으면 된다. 예측 가능하다.
AI는 매번 이 점을 이해한다.
예측 가능한 것들은 쉬운 것들이다.

초콜릿 버터 육수 블랙푸딩

그래, 나라면 여기에
'디저트'라고 썼을 것이다.
본질을 벗어나지 않도록 노력해 보자.

치즈 / 달걀

블랙푸딩은 피로 만드는 요리다.
시작이 흥미롭다.

좋았어, 코코아!
아직까지는 초콜릿이라는 것을
잊지 않았다. 65자 메모리를
겨우 벗어나지 않았다.

곱게 간 코코아 110그램
버터 1작은술
우유 1/2컵
후추 1/4작은술
잘게 썬 쌀 크림 1/4컵

잠깐, 이미...
뭐, 확실히 해두는 게 좋다고 본 거겠지.

'참깨'는 지나친 '풍미'처럼 보인다.

참깨 껍질 1개

껍질이든 뭐든, 참깨 하나로 대체 뭘 할 수 있을까?
오류가 분명하다. 껍질 벗기기가 쉽지 않을 듯하다.

---- 신성한 날 ----

대문자는 특히 어렵다.
왜냐하면 소문자와 전혀 무관한 것으로 취급되기 때문이다.
인공 신경망은 아주 적은 사례를 가지고 완전 처음부터
대문자를 독립적으로 학습해야 한다.

프로스팅! '신성한 날'은 설탕 재료로 보인다.
케이크 조리법에서 가져온 것이 틀림없다.
다시 디저트 영역으로 돌아왔다.

큰 달걀 1개
파우더 설탕 효모 1개
녹인 버터나 마가린 1/4컵

재료 목록에 없던 재료들이다.
이쯤이면 재료 목록은 이미 기억에서 사라지고 없다.
초콜릿이 있지만, 수속으로 넣은 것이다.

흑설탕, 초콜릿, 베이킹파우더, 맥주, 레몬주스,
소금을 잔뜩 기름칠한 23×5센티미터 케이크에 넣는다.
황금빛 갈색이 되면서 거품이 일 때까지 식힌다.
월계수를 더 활용할 수 있도록 마늘 절반을 내고 올린다.
프라이팬에 담아 예열한 오븐에 넣는다.
신선한 파슬리를 뿌려서 가열한다.

아, 이런. 애매하다.
'황금빛 갈색'은 달콤하거나
풍미 짙은 것일 수도 있다.
'거품'에서 균형이 깨지더니
이제... 마늘이다. 게임 오버.

약간 작아 보인다.
그리고 '케이크'가 아니라
'팬'이어야 하지 않나?

먹는 요리를 기름 항아리에 반반 쐬운다. 그릇에 담는다. 칼라파로(없는 단어-
옮긴이) 한 조각 위에 두드린다. 양념을 가열해 버터에 넣고 가열한다. 양파를 뿌
린다. 약 5분간 거품이 생기고 당근이 익으면 꺼낸다. 38센티미터 시간에 믹서
또는 기름종이, 건조한 덩어리가 끓도록 섞는다(그런 것으로 알려졌다).

아, 안 돼. 완전히 궤도를 벗어났다.
대체 이게 무슨 일인지
파악하기에는 정보가 부족하다.
이게 수프인가? 볶음인가?
유망한 선택지조차 없다.
오락가락하면서 철자법조차 부정확하나.

AI는 적어도 괄호를 닫아야 한다는 사실을 기억했다.
아마 괄호만 기억하는 뉴런이 있을 것이다.

인공 신경망은 적어도
조리법을 마무리 짓는 방법은 알고 있다.
우리는 케이크를 만들고 있었던 것이 맞겠지?
케이크라고 치자.

총 케이크 1개

때로 AI는 조리법을 빨리 끝내야 한다는 것을 알고 있다.
설탕도 입히고, 무언가를 곁들여서 요리를 낸다.
대혼돈 속에서도 그냥 짐작한 것임에 틀림없다.
종종 이런 조리법이 몇 페이지씩 지속된다.
인공 신경망이 스스로 얼마나 길게 썼는지 모르기 때문이다.

이번에는 GPT-2 인공 신경망이 《해리 포터Harry Potter》 팬 픽션fan ficition 쓰기에 도전한 사례를 들어보자. GPT-2는 해당 장면에 어떤 캐릭터들이 나왔는지 계속해서 기억했으며, 심지어 반복되는 모티프까지 기억할 수 있었다. 즉 이 경우, 등장인물인 스네이프의 머리에 이미 뱀이 있다는 사실을 기억하고 있었다.

스네이프: 알겠어.

　　　(뱀 한 마리가 나타나자 스네이프는 뱀을 머리 위에 올렸다. 그러자 마치
　　　뱀이 말을 하는 것처럼 보였다. 뱀은 "용서할게요"라고 말했다.)

해리: 용서하지 않으면 돌아갈 수 없어요.

스네이프: (한숨을 내쉬며) 헤르미온느.

해리: 알았어요, 들어봐요.

스네이프: 이 문제에 대해 화낸 것을 사과하고 싶구나.

해리: 교수님 잘못이 아니에요.

스네이프: 그런 뜻은 아니었다.

　　　(또 다른 뱀이 나타나더니 "용서해 드릴게요"라고 말했다.)

해리: 용서해 드릴게요.

스네이프: 그래.

이 문제를 해결할 더 간단한 방법은 없을까?

그러면 이제 어떤 문제가 AI에게 적합한지를 결정해 줄 마지막 질문이 남는다(물론 어떤 사람들은 이런 결정에 아랑곳하지 않고 AI로 폭넓은 문제를 해결하려고 들 것이다). 이 문제를 해결하는 데 정말로 AI가 가장 간단한

해결책일까?

커다란 AI 모형과 수많은 데이터 없이는 진전을 보기 힘든 문제들도 있다. AI는 스마트 포토 태그와 구글 번역을 보편화시켜서, 이미지 인식과 언어 번역에 혁신을 몰고 왔다. 이미지 인식과 언어 번역은 사람이 일반적인 규칙을 작성하기는 힘들지만, AI가 수많은 정보를 분석해 나름의 규칙을 형성할 수 있는 유형의 문제다. AI는 통신사를 갈아탄 휴대전화 고객들의 특징 100가지를 분석해, 향후에 이탈할 고객을 추측할 수도 있다. 어쩌면 위태로운 고객들은 젊고, 통화 품질이 떨어지는 지역에 살며, 아직 가입한 지 6개월이 안 된 고객들일 것이다.

그러나 약간의 상식으로 해결하는 편이 더 나은 상황에, 복잡한 AI 해법을 적용한다면 오히려 위험할 수 있다. 어쩌면 떠나는 고객들은 매주 바퀴벌레를 배송해 주는 서비스를 받고 있을지도 모른다. 그렇다면 '끔찍한' 것은 바로 이 서비스다.

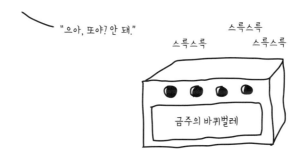

AI가 운전을 해도 될까?

자율주행차는 어떨까? 운전은 여러 가지 이유에서 AI에게 매력적인 과제다. 운전을 자동화할 수 있다면, 우리는 당연히 좋아할 것이다. 많은 사람이 운전을 지루하게 여기고, 또 어떤 경우에는 운전을 할 수 없는 사람들도 있기 때문이다. 뛰어난 AI 운전자는 번개 같은 반사 신경을 갖고 있고, 절대로 끼어들거나 차선을 벗어나지 않으며, 공격적으로 운전하지도 않을 것이다. 사실 자율주행차는 종종 너무 소극적으로 운전하는 경향이 있어서, 러시아워의 도로에 합류하거나 복잡한 도로에서 좌회전을 하는 데 애를 먹기도 한다. 하지만 AI는 지치는 법이 없을 테고, 인간이 낮잠을 자거나 파티를 하는 동안에도 끝없이 운전할 수 있을 것이다.

인간 운전자에게 수백만 킬로미터를 돌아다니도록 지불할 돈만 있다면, 우리는 얼마든지 많은 사례를 데이터로 축적할 수 있을 것이다. 가상의 운전 시뮬레이션을 어렵지 않게 만들어서, AI가 빠른 속도로 전략을 테스트하고 다듬도록 만들 수 있을 것이다.

운전에 필요한 기억력도 적정 수준이다. 지금 이 순간의 핸들 조종이나 속도는 5분 전의 핸들링이나 속도에 의존하지 않는다. 향후 계획은 내비게이션이 맡으면 된다. 도로 위의 보행자나 야생동물 같은 위험 요소들은 순식간에 왔다가 사라진다.

마지막으로 자율주행차를 제어하는 것은 너무나 어려운 일이기 때문에 다른 좋은 해결책이 없다. 그나마 지금까지는 AI가 가장 발전된 해결책이다.

그러나 운전이 오늘날의 AI가 해결할 수 있을 만큼 충분히 좁은 과제인가, 아니면 앞서 이야기했던 인간 수준의 범용 AI가 필요한 과제인가 하는 문제는 아직도 결론이 나지 않았다. 지금까지는 AI가 운전하는 차들이 수백만 킬로미터를 혼자서 운전할 수 있다는 것이 증명됐고, 일부 회사들은 시험 주행에서 인간의 개입이 필요했던 것은 수천 킬로미터에 한 번 정도였다고 보고한다. 그러나 그렇게 어쩌다 일어나는 인간의 개입이 필요한 순간들을 완전히 제거하기는 힘든 것으로 나타났다.

AI가 운전하는 자율주행차를 인간이 구해줘야 했던 상황은 다양하다. 기업들은 보통 이런 소위 '모드 해제disengagement'의 원인은 공개하지 않고 횟수만 공개한다. 횟수 공개는 일부 지역에서 법적 요구 사항이기 때문이다. 이는 어쩌면 모드 해제의 원인이 섬뜩할 만큼 일상적인 것이기 때문일 수도 있다. 2015년에 나온 한 연구 논문을 보면 그런 상황의 일부가 나열되어 있다. 문제의 자동차들은 특히,

- 튀어나온 나뭇가지를 장애물로 보았고,
- 다른 차가 어느 차선에 있는지 헷갈려했고,
- 교차로에 보행자가 너무 많아서 스스로 감당하기 힘들다고 판단했고,
- 주차장을 빠져나가는 차를 보지 못했고,
- 바로 앞에서 주차하는 차를 보지 못했다.

2018년 3월에 일어난 사망 사고는 이런 상황에서 벌어진 결과였다. 해당 자율주행차의 AI는 보행자를 식별하는 데 어려움을 겪으면서, 처음에는 보행 여성을 미확인 물체로 분류했다가, 다음에는 자전거로 분류했고, 브레이크를 밟을 수 있는 시간을 겨우 1.3초 남겨두었을 때에 가서야 비로소 보행자로 분류했다(이 사건이 더욱 황당했던 것은, 이 차는 보조 운전자에게 경고를 보내기 쉽도록 비상 브레이크 시스템이 해제되어 있었는데, 실제로 이 시스템에는 보조 운전자에게 경고를 보내는 설계는 없었다는 점이다. 이 차의 보조 운전자는 아무런 개입 없이 장시간을 AI에게 운전을 맡긴 상태였는데, 이런 상황이라면 절대 다수의 인간은 긴장 상태를 유지하기가 어려울 것이다).[21] 2016년의 사망 사고 역시 장애물 인식상의 오류에서 비롯됐다. 이 사건에서는 자율주행차가 트레일러트럭을 장애물로 인식하지 못했다.

이보다 더 이례적인 상황도 일어날 수 있다. 호주에서 처음으로 AI를 테스트한 폭스바겐은 AI가 캥거루를 보고 당황하는 것을 발견했다. 해당 AI는 아마 점프하는 물체와 마주친 적이 한 번도 없었던 듯하다.[23]

도로에서 벌어질 수 있는 상황이 얼마나 다양한지(퍼레이드, 탈출한 에뮤(날지 못하는 호주산 새-옮긴이), 늘어진 전기선, 용암, 이례적인 지시 사항을 담은 비상 표지판, 쏟아진 곡물, 싱크홀)를 고려하면, AI가 훈련 과정에서 본 적 없는 일도 분명히 일어날 것이다. 전혀 예상 불가능한 무언가에 대처할 수 있는 AI를 만든다는 것은 쉬운 일이 아니다. 탈출한 에뮤는 마구 질주할 수 있지만, 싱크홀은 움직이지 않는다는 것, 용암이 흘러 물웅덩이처럼 고여 있다고 해서 그 위를 달려도 되는 것은 아니라는 걸 직관적으로 모두 아는 AI 말이다.

자동차 회사들은 도로 위에 일상적으로 있을 수밖에 없는 작은 문제들이나 정말로 이상한 상황들을 불가피한 것으로 보고, 전략을 수정하려 노력 중이다. 자동차 회사들은 자율주행차를 통제 가능한 닫힌 경로에 한정하거나, 아니면 선두에 사람이 운전하는 자동차가 먼저 가고 그뒤를 자율주행 트럭들이 줄줄이 따라가는 형태 등을 고려 중이다. 다시 말해, 대중교통과 아주 유사한 해결책 쪽으로 타협안을 찾고 있다.

2016년에 사망 사고가 있었다. 운전자는 도시의 길에서 테슬라의 오토파일럿 기능을 이용하고 있었는데, 원래 오토파일럿은 고속도로에서 사용하도록 만들어진 기능이었다. 자동차 앞을 트럭이 가로질렀는데, 오토파일럿의 AI는 브레이크를 밟지 못했다. 트럭을 피해야 할 장애물로 인식하지 못한 것이다. 충돌 방지 시스템을 설계한 모바일아이Mobileye의 분석에 따르면, 그들의 시스템은 고속도로 주행용으로 설계되었기 때문에 추돌 사고만 피하도록 훈련되었다고 한다. 즉 해당 AI는 트럭을 뒤에서 인식하는 것만 훈련받고, 옆에서 인식하는 것은 훈련받지 못했던 것이다. 테슬라는 트럭을 감지한 AI가 트럭을 머리 위의 표지판으로 인식해 브레이크를 밟을 필요가 없는 것으로 판단했다고 보고했다.

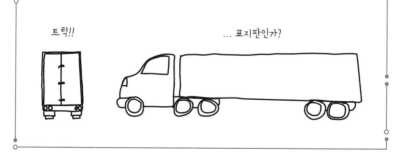

트럭!!   … 표지판인가?

자율주행차의 자율성 레벨

0. 자동화 없음

기껏해야 정속 주행 제어.
포드 모델 T 수준.
논란의 여지없이 사람이 운전.

1. 운전자 보조

적응형 주행 제어 혹은 차선 유지.
가장 현대적인 자동차 수준.
사람이 일부 운전.

2. 부분적 자동화

레벨 1에 해당하는 것이 두 가지 이상 함께 작동.
앞차와 간격을 유지'하면서' 도로 주행 가능.
운전자가 언제든 넘겨받을 수 있게 준비되어 있어야 함.

3. 조건부 자동화

일부 상황에서는 자동차 스스로 운전 가능.
교통 체증 모드 혹은 고속도로 모드를 가진 자동차.
운전자가 개입해야 하는 경우는 드물지만, 반드시 준비
되어 있어야 함.

4. 높은 자동화

통제된 경로에서는 운전자 불필요.
종종 운전자가 뒷좌석에서 자도 됨.
그 밖의 경로에서는 여전히 운전자 필요.

5. 완전 자동화

운전자가 전혀 필요 없음.
자동차에 핸들이나 페달이 없을 수도 있음.
정말 자도 됨. 자동차가 모든 상황을 통제.

현재 상태로는 AI가 허둥대면 모드가 해제되어, 갑자기 통제권을 운전석에 있는 인간에게 넘긴다. 자동차의 자율성 수준 중에서는 레벨 3인 '조건부 자동화'가 상업적으로 가능한 가장 높은 레벨이다. 예를 들어, 테슬라의 오토파일럿 모드에서 자동차는 아무런 지침이 없어도 몇 시간씩 혼자 운전할 수 있지만, 언제 인간 운전자에게 운전대를 넘겨받으라고 할지 모른다. 자동화 레벨 3이 가진 문제점은 인간이 뒷좌석에서 쿠키에 장식을 하고 있으면 안 되고, 운전석에 앉아서 주의를 기울이고 있어야 한다는 점이다. 그리고 몇 시간씩 지루하게 도로만 쳐다보고 있던 인간은 기민함을 유지하기가 아주, 아주 어렵다. 인간이 나타나서 AI를 구조하는 것은 우리가 현재 가진 AI의 성능과 필요로 하는 성능 사이의 간격을 메울 수 있는 썩 괜찮은 방법일 때도 많지만, 자율주행차를 구조하는 것은 인간에게는 상당히 부적합한 일이다.

따라서 자율주행차를 만드는 것은 AI 관련 과제 중에서 상당히 매력적인 과제인 동시에 매우 어려운 과제다. 자율주행차를 주류로 만들려면 우리는 타협(통제된 경로를 만들고 자동화 레벨 4를 고수하는 것)을 하거나, 아니면 지금 우리가 가지고 있는 것보다 훨씬 더 유연한 AI가 필요할 것이다.

다음 장에서는 자율주행차의 AI 유형과 비슷한 AI를 살펴볼 것이다. 뇌와 진화, 심지어 〈콜 마이 블러프Call My Bluff〉 같은 게임을 모형으로 삼은 AI들이다.

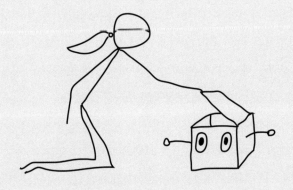

AI는 실제로 어떻게 학습할까?

이 책에서 내가 사용한 AI라는 용어는 '기계학습 프로그램'을 뜻한다는 것을 기억하기 바란다(내가 AI라고 생각하는 것들과 아니라고 생각하는 것들에 관해서는, 1장의 간편한 목록을 참조하기 바란다. 로봇 옷을 입은 분들, 미안해요). 1장에서 설명한 것처럼 기계학습 프로그램은 시행착오를 이용해서 문제를 푼다. 그런데 그 과정은 대체 어떻게 효과를 내는 걸까? 무작위의 글자나 뒤죽박죽 만들어 내던 프로그램이 어떻게 우리가 알아볼 수 있는 똑똑 말장난을 쓰게 되는 걸까? 인간은 단어가 어떻게 작동하는지, 심지어 말장난이 뭔지조차 AI에게 알려주지 않았는데 말이다.

기계학습 알고리즘의 방법은 수없이 많다. 그중 다수는 수십 년 전부터 있었고, 사람들이 AI라고 부르기 한참 전부터 있었던 것들도 많다.

오늘날에는 연산 속도가 빨라지고 데이터세트가 더 커지면서 이런 기술들이 결합되어 AI는 그 어느 때보다 더 강해졌다. 3장에서는 그중에 가장 흔한 유형 몇 가지를 골라 뚜껑을 열고 그것들이 실제로 어떻게 학습하는지 한번 엿보기로 하자.

인공 신경망

요즘 사람들이 AI 혹은 **딥러닝** deep learning이라고 하면, **인공 신경망** artificial neural network, ANN을 가리키는 경우가 많다. 인공 신경망은 **사이버네틱스** cybernetics 혹은 **연결주의** connectionism라고도 알려져 있다.

인공 신경망을 만들 수 있는 방법은 많다. 각각은 특정한 용도가 있다. 어떤 것들은 이미지 인식에 특화되어 있고, 언어 처리에 특화된 것, 음악 생성에 특화된 것, 바퀴벌레 농장의 생산성을 최대치로 끌어올리는 데 특화된 것, 혼란스러운 말장난 작성에 특화된 것도 있다. 하지만 이것들은 모두 어느 정도 뇌가 작동하는 방식을 모형으로 삼고 있다. 그래서 '인공 신경망'이라고 부르는 것이다.

사촌뻘인 **생물학적 신경망** biological neural networks이 훨씬 더 복잡한 원본 모형인 셈이다. 실제로 1950년대에 프로그래머들이 최초의 인공 신경망을 만들었을 때에는 뇌가 작동하는 방식에 관한 이론을 테스트하는 것이 목표였다.

다시 말해, 인공 신경망은 뇌를 모방한다.

인공 신경망은 단순한 소프트웨어 덩어리들의 묶음으로 만들어지는데, 각각의 덩어리는 아주 단순한 수학 계산 능력을 갖고 있다. 이 덩어리들을 흔히 **셀**cell 또는 **뉴런**neuron이라고 한다. 인간의 뇌를 구성하는 뉴런에 비유한 것이다. 인공 신경망이 얼마나 강력한지는 이런 셀들이 서로 어떻게 연결되어 있는지에 달렸다.

실제 인간의 뇌에 비하면 인공 신경망은 그다지 강력하지 않다. 이 책에 나오는 수많은 텍스트를 생성하려고 내가 사용하는 인공 신경망은 겨우… 곤충 수준의 뉴런을 갖고 있다.

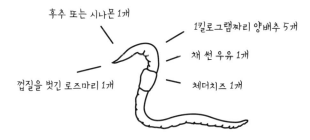

그래도 인공 신경망은 인간과는 달리, 곤충 수준의 뇌 전체를 당면 과제에만 쏟을 수 있다(내가 무관한 데이터로 의도치 않게 인공 신경망의 집중력을 빼앗지만 않는다면 말이다). 그런데 서로 연결된 셀 묶음으로 어떻게 문제를 푸는 걸까?

가장 강력한 인공 신경망, 즉 전산 처리 시간만으로 수개월 동안 수만 달러 어치의 훈련을 시킨 인공 신경망은 내 노트북에 있는 인공 신경망보다 훨씬 더 많은 뉴런을 갖고 있다. 개중에는 심지어 꿀벌 한 마리의 뉴런 수보다도 많은 뉴런을 가진 것도 있다. 이 분야 최고의 연구자 중 한 명이 2016년에 추산한 바에 따르면, 그동안 세계 최대 인공 신경망의 크기가 증가해 온 추세로 볼 때, 2050년이 되면 인공 신경망의 뉴런 수가 인간 뇌의 뉴런 수에 근접할 가능성이 있다. 이 말은 그때가 되면 AI의 지능이 인간의 지능에 근접한다는 뜻일까? 절대로 그렇지는 않을 것이다. 인간의 뇌에 있는 각 뉴런은 인공 신경망에 있는 뉴런보다 훨씬 더 복잡하다. 어느 정도로 복잡하냐면, 인간의 뉴런은 그 하나하나가 여러 층을 가진 온전한 인공 신경망 하나라고 볼 수 있을 정도다. 그러니까 인간의 뇌는 860억 개의 뉴런으로 만들어진 신경망이 아니라 860억 개의 신경망으로 이루어진 신경망에 가깝다. 그리고 우리의 뇌는 인공 신경망보다 훨씬 더 복잡하고, 그중 다수를 우리는 아직도 온전히 이해하지 못하고 있다.

마법의 샌드위치 구멍

우리가 땅에서 마법의 구멍을 하나 찾아냈다고 해보자. 그 구멍에서는 몇 초에 하나씩 무작위로 샌드위치가 생산된다(그렇다. 좀 무리한 상상이기는 하다). 문제는 그 샌드위치가 너무너무 무작위로 생성된다는 점이다. 재료 중에는 잼, 얼음 조각, 낡은 양말까지 있다. 만약에 맛있는 샌드위치를 발견하고 싶다면 종일 구멍 앞에 앉아서 샌드위치를 분류해야 할 것이다.

이런, 귀지잖아.

하지만 그렇게 지루한 일이 또 있을까. 맛있는 샌드위치는 천 개에 하나 꼴이다. 그런데 그 하나는 '정말, 정말' 훌륭한 샌드위치다. 그렇다면 이 일을 자동화해 보기로 하자.

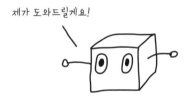

제가 도와드릴게요!

시간과 노력을 아낄 수 있게, 샌드위치를 하나씩 살펴보고 샌드위치가 맛있는지를 결정하는 인공 신경망을 구축하기로 하자. 당장은 이 인공 신경망이 샌드위치의 구성 재료를 어떻게 인식할 것인가 하는 문제는 무시하기로 하자. 정말로 어려운 문제이기 때문이다. 그리고 이 인공 신경망이 어떻게 샌드위치를 하나씩 집을 것인가 하는 문제도 무시하기로 하자. 이것 역시 정말, 정말로 어려운 문제다. 구멍에서 날아오르는 샌드위치의 움직임을 인식해야 할 뿐만 아니라, 종이와 엔진오일로 만든 샌드위치든, 볼링공에 머스터드를 바른 뚱뚱한 샌드위치든 로봇 팔에게 잡으라고 해야 하기 때문이다. 그렇다면 인공 신경망은 각 샌드 위치 속에 뭐가 들어 있는지 알고 있고, 샌드위치를 물리적으로 옮기는 문제는 우리가 이미 해결했다고 치자. 인공 신경망은 그저 이 샌드위치 를 인간이 먹을 수 있게 보관할 것인지, 재활용 장치에 던져버릴 것인지 만 결정하면 된다(재활용 장치의 메커니즘에 대해서도 무시하기로 하자. 그 냥 또 다른 마법의 구멍이 있다고 치자).

이렇게 되면 우리의 과제는 단순하고 좁아진다. 2장에서 본 것처럼, 이 정도면 기계학습 알고리즘으로 자동화하기에 좋은 후보다. 우리가 여러 가지(재료의 이름들)를 입력하면, 그것들을 이용해 단일한 결과, 즉 이 샌드위치가 맛있는 샌드위치인가를 표시하는 숫자를 내놓는 알고리 즘을 만들기로 하자. 우리의 알고리즘을 간단한 '블랙박스'로 그리면 다 음과 같은 모습이 된다.

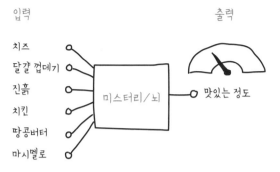

샌드위치에 있는 재료의 조합에 따라 '맛있는 정도'의 결과치가 바뀌도록 만들자. 만약 샌드위치 속에 달걀 껍데기와 진흙이 들어 있다면, 우리의 블랙박스는 다음과 같이 되어야 한다.

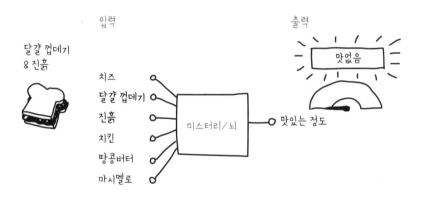

하지만 샌드위치 속에 치킨과 치즈가 들어 있다면, 다음과 같이 되어야 한다.

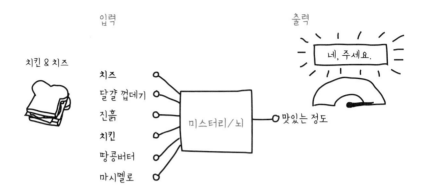

블랙박스 속은 어떻게 구성되어 있는지 보자.

먼저 문제를 단순화하자. 입력 값(모든 재료)은 단일한 출력 값으로 연결된다. 맛있는 정도를 점수로 매길 때는 각 재료가 기여한 정도를 합산한다. 당연히 재료가 기여하는 정도는 똑같지 않다. 치즈가 있으면 샌드위치는 더 맛있어지고, 진흙이 있으면 맛이 줄어든다. 따라서 각 재료는 서로 다른 가중치를 가지고 있다. 좋은 재료는 가중치 1을 받고, 우리가 피하고 싶은 재료는 가중치 0을 받는다. 그러면 인공 신경망은 다음

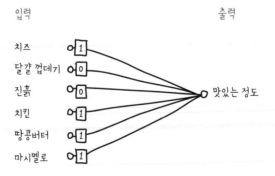

과 같은 모습이 된다.

샘플을 가지고 테스트를 해보자. 샘플 샌드위치에는 진흙과 달걀 껍데기가 들어 있다고 치자. 진흙과 달걀 껍데기는 둘 다 맛에 기여한 정도가 0이므로, 맛있는 정도의 점수는 0 + 0 = 0이다.

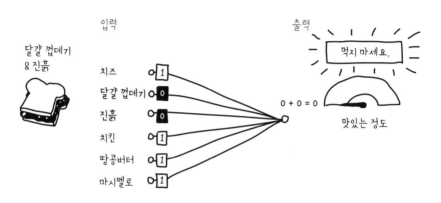

하지만 땅콩버터와 마시멜로를 넣은 샌드위치는 1 + 1 = 2의 점수를 받을 것이다(축하합니다! 뉴잉글랜드의 명물 플러퍼너터fluffernutter를 맛보시겠습니다).

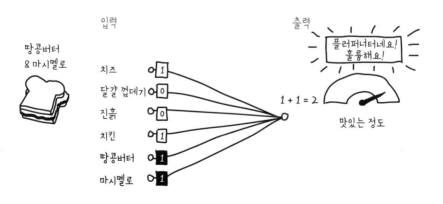

이렇게 인공 신경망의 구조가 정해지면, 달걀 껍데기나 진흙, 그 밖에 먹을 수 없는 것들이 든 샌드위치는 모두 피할 수 있다. 하지만 이렇게 단순한 단층 인공 신경망은 정교하지가 않아서, 일부 재료가 그 자체로는 맛있지만 특정한 재료와 만나면 맛있지 않다는 것을 알지 못한다. 이 인공 신경망은 치킨과 마시멜로가 함께 들어간 샌드위치도 플러퍼너터와 똑같이 맛있다고 점수를 줄 것이다. 또한 이 인공 신경망은 우리가 '큰 샌드위치 버그'라고 부를 것에도 취약하다. 지푸라기가 들어 있는 샌드위치도 만약에 지푸라기를 상쇄할 만큼 좋은 재료가 많이 들어 있다면 맛있는 것으로 점수가 매겨질 수 있는 것이다.

더 좋은 인공 신경망을 얻으려면 다른 층의 셀이 필요하다.

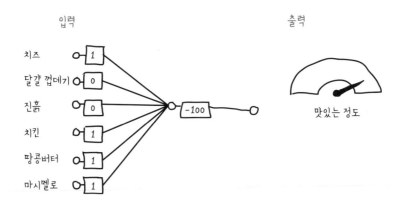

이제 우리의 인공 신경망은 이런 모습이다. 각 재료는 셀들의 새로운 층에 연결되고, 각 셀은 결과에 연결된다. 이 새로운 층은 '숨은 층'이라고 부른다. 왜냐하면 사용자는 입력물과 출력물만 볼 수 있기 때문이다.

앞서 말한 것과 마찬가지로, 각 연결은 자체적인 가중치가 있어서 맞있는 정도에 관한 최종 결과에 다른 식으로 영향을 미친다. 이것을 아직 딥러닝이라고 할 수는 없지만(딥러닝은 더 많은 층이 필요하다), 우리는 딥러닝에 가까워지고 있다.

이 인공 신경망이 있으면, 나쁜 재료들을 '저승사자 셀'이라고 부르

딥러닝

우리가 만든 인공 신경망에 숨은 층을 추가하면 더 정교한 알고리즘을 얻을 수 있다. 샌드위치를 단순한 재료의 합 이상으로 판단할 수 있는 알고리즘 말이다. 이번 장에서는 층을 하나 추가했을 뿐이지만, 현실 세계에서 인공 신경망은 여러 층을 가지고 있는 경우도 많다. 층을 하나 추가할 때마다, 앞선 층에서 얻은 통찰을 새롭게 결합할 수 있는 방법이 생긴다. 우리는 그렇게 함으로써 더 높은 수준의 복잡성을 달성하려는 것이다. 숨은 층을 많이 추가해서 더 높은 복잡성을 달성하는 이런 접근법을 '딥러닝'이라고 한다.

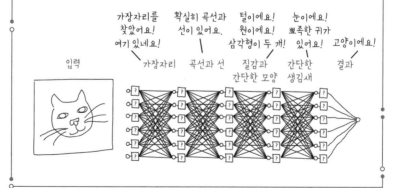

게 될 것에 연결하는 방식으로, 우리는 마침내 나쁜 재료들을 피해갈 수 있다. 우리는 저승사자 셀에 엄청난 부정적 가중치(예컨대 -100)를 주고, 나쁜 것들은 모두 가중치 10을 주어 이 셀에 연결할 것이다. 첫 번째 셀을 저승사자로 만들고, 진흙과 달걀 껍데기를 여기에 연결하기로 하자. 그러면 다음과 같은 모습이 된다.

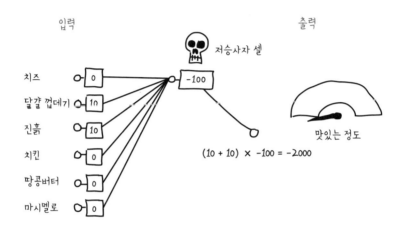

이제 다른 셀에 무슨 일이 생기든, 달걀 껍데기나 진흙이 들어간 샌드위치는 합격하지 못할 확률이 높다. 저승사자 셀을 사용하면 큰 샌드위치 버그를 물리칠 수 있다.

나머지 셀에는 다른 것들을 적용할 수 있다. 그렇게 해서 마침내 재료들의 조합이 어떤 식으로 작용하는지 아는 인공 신경망을 만들 수 있다. 두 번째 셀은 '치킨&치즈' 유형의 샌드위치를 인식하게 하고, '델리 샌드위치 셀'이라고 부르기로 하자. 치킨과 치즈는 가중치 1을 주어 이 셀에 연결할 것이다(햄과 터키, 마요네즈도 마찬가지다). 그리고 나머지는

모두 가중치 0을 주어 연결할 것이다. 그러면 이 셀은 평범한 가중 1을
가지고 결과와 연결될 것이다. 델리 샌드위치 셀은 좋은 것이지만, 우리
가 너무 흥분해서 여기에 아주 높은 가중치를 줘버린다면 저승사자 셀
의 힘이 빠질 우려가 있다. 델리 샌드위치 셀이 하는 역할을 살펴보면
아래와 같다.

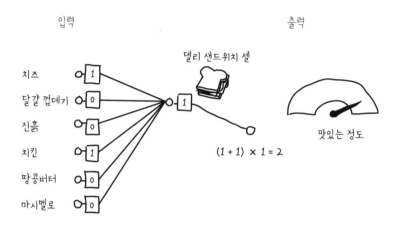

치킨&치즈 샌드위치는 이 셀이 최종 결과에 1＋1＝2라는 기여를 하
게 만들 것이다. 그러나 치킨&치즈 샌드위치에 마시멜로를 추가한다고
해도 결과를 전혀 해치지 않을 것이다. 마시멜로를 추가하면 객관적으
로 맛이 덜한 샌드위치가 만들어질 텐데 말이다. 이 점을 고치려면 우리
는 또 다른 셀들이 필요하다. 서로 조화가 맞지 않는 것들을 찾아내서
감점을 주는 데 특화된 셀들 말이다.
　예를 들어 3번 셀은 치킨과 마시멜로의 조합(이 조합을 클러커플러
퍼cluckerfluffer라고 부르기로 하자)을 찾아내서 심하게 감점을 할 수도 있

을 것이다. 다음과 같은 방식으로 말이다.

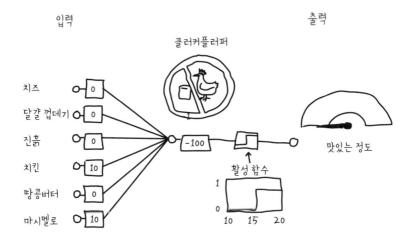

3번 셀은 치킨과 마시멜로를 결합한 그 어떤 샌드위치라도 (10＋10)
×−100＝−2000이라는 점수로 초토화시켜 버린다. 치킨과 마시멜로만
찾아내서 감점시키는 아주 특화된 저승사자 셀처럼 작용하는 것이다.
잘 보면 클러커플러퍼 셀에는 '**활성 함수**activation function'라는 부분이 추
가적으로 표시되어 있다. 왜냐하면 활성 함수가 없다면, 이 셀이 치킨
'또는' 마시멜로가 들어간 '모든' 샌드위치를 감점시킬 것이기 때문이
다. 활성 함수는 15라는 기준점을 이용해서 치킨(10점)이나 마시멜로
(10점) 중 한 가지만 있을 때는 클러커플러퍼 셀이 켜지지 않게 해서, 중
립 점수 0을 주도록 한다. 그러나 두 가지가 '모두' 있을 경우에는
(10＋10＝20점), 15라는 기준점을 넘겼기 때문에 클러커플러퍼 셀이 켜
진다. 펑! 활성화된 셀은 기준점을 넘긴 모든 조합의 재료를 감점시킨다.

클러커플러퍼

비슷하게 정교한 구성으로 모든 셀이 서로 연결되면, 이제 마법의 구멍에서 나온 최고의 샌드위치를 구별할 수 있는 인공 신경망이 생긴다.

훈련 절차

이제 잘 구성된 '샌드위치 분류 인공 신경망'이 어떻게 생겼는지 알았다. 그러나 기계학습을 사용하는 이유는 인공 신경망을 우리가 직접 구성할 필요가 없기 때문이다. 우리가 손대지 않아도 훌륭한 샌드위치를 선별할 수 있게 인공 신경망이 '스스로'를 구성할 수 있어야 한다. 이런 훈련 과정은 어떤 원리를 갖고 있을까?

층이 두 개인 단순한 인공 신경망으로 되돌아가 보자. 훈련 과정이 시작될 때 인공 신경망은 아무런 사전 지식 없이, 각 재료에 대해 무작위의 가중치를 부여하며 시작한다. 그렇다면 샌드위치의 점수를 매기는 능력이 아주 형편없을 가능성이 높다.

우리는 현실 세계의 데이터 일부를 가지고 해당 인공 신경망을 훈련시켜야 한다. 샌드위치의 점수를 올바르게 매겨놓은, 진짜 인간이 시범을 보인 사례들이 필요하다. 인공 신경망은 각 샌드위치의 점수를 매기면서, 이 실험에 협조해 준 샌드위치 패널들의 점수와 자신의 점수를 비교해야 한다(여기서 유의사항: 초기 단계의 기계학습 알고리즘을 테스트하는 일에는 절대로 자원하지 마라).

이 사례에 해당하는 아주 간단한 인공 신경망으로 다시 돌아가 보자. 우리는 인공 신경망을 아무런 사전 지식 없이 완전히 처음부터 훈련시킬 것이기 때문에, 가중치에 관해 우리가 알고 있던 것은 모두 무시하고, 무작위 가중치부터 시작한다는 점을 기억하자. 그렇게 되면 아래의

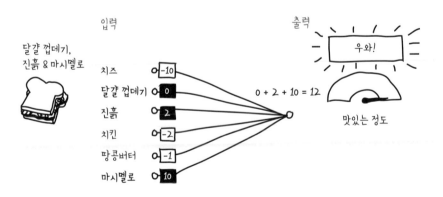

그림과 같을 것이다.

이 인공 신경망은 치즈를 '아주 싫어한다.' 마시멜로는 아주 좋아한다. 진흙도 좋아하는 편이다. 달걀 껍데기는 있어도 되고 없어도 된다.

인공 신경망은 마법의 샌드위치 구멍에서 튀어나온 첫 번째 샌드위치를 살펴보고 자신의 (끔찍한) 판단을 이용해서 점수를 준다. 마시멜로와 달걀 껍데기, 진흙이 들어간 샌드위치니까 점수는 $10 + 0 + 2 = 12$가 된다. 우와! 정말, 정말 훌륭한 점수다!

인공 신경망은 인간 심판관들에게 이 샌드위치를 제시한다(냉혹한 현실: 인기 있는 샌드위치가 아님).

이제부터 인공 신경망은 개선될 기회를 가진다. 인공 신경망은 가중치가 약간 달랐다면 어땠을지 살펴본다. 이 샌드위치 하나로는 뭐가 문제인지 알 수 없다. 마시멜로에 너무 흥분했던 걸까? 달걀 껍데기가 중립이 아니라 손톱만큼이라도 나쁜 것이었을까? AI는 알 수 없다. 하지만 샌드위치 10개를 살펴보고, 자신이 준 점수와 인간 심판관들이 매긴 점수를 살펴본다면, 자신이 진흙에게 일반적으로 더 낮은 가중치를 주어 진흙이 든 샌드위치의 점수를 낮추면 인간 심판관들이 매긴 점수와 조금 더 가까워진다는 사실을 발견할 수 있을 것이다.

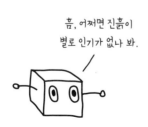

흠, 어쩌면 진흙이
별로 인기가 없나 봐.

오, 드디어!

이번에는 새롭게 수정된 가중치를 가지고 같은 과정을 한 번 더 되풀이해 보자. 인공 신경망은 또 다른 샌드위치들의 점수를 매겨서, 자신의 점수를 인간 심판관들이 내린 점수와 비교하고, 가중치를 다시 수정한다. 이런 과정을 몇만 개의 샌드위치에 대해 수천 번 반복하고 나면, 인간 심판관들은 완전히 물려버리겠지만, 인공 신경망은 훨씬 더 점수를 잘 매기게 된다.

하지만 이런 진전 과정에는 수많은 함정이 놓여 있다. 위에서 이야기한 것처럼, 이 단순한 인공 신경망은 어느 재료가 일반적으로 좋은지 나쁜지밖에 모른다. 어떤 조합이 좋은지 나쁜지와 같은 미묘한 개념은 생각해 내지 못한다. 이 점을 개선하려면 더 정교한 구조, 그러니까 숨은 셀 층이 필요하다. 이제 저승사자 셀과 델리 샌드위치 셀을 더 발전시켜야 한다.

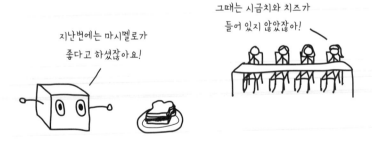

우리가 조심해야 할 또 다른 함정은 **분류 불균형**class imbalance 의 문제다. 마법의 샌드위치 구멍에서 나오는 샌드위치는 수천 개 중에 하나 정도만 맛있다고 했다. 인공 신경망은 각 재료에 가중치를 어떻게 주고 그것들을 어떻게 조합할지 알아내느라 고생을 하느니, 그냥 모든 샌드위치에 '끔찍하다'고 점수를 주면 무슨 일이 있어도 99.9퍼센트의 정확도는 달성할 수 있다는 것을 깨달을지도 모른다.

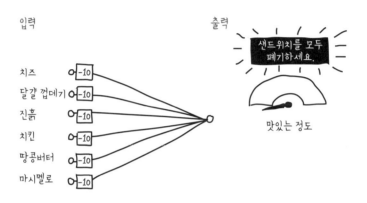

분류 불균형을 막으려면, AI에게 샌드위치 훈련을 시킬 때 맛있는 샌드위치와 끔찍한 샌드위치가 대략 같은 비율이 되게끔 우리가 사전에 필터링filtering 을 해줘야 할 것이다. 그렇게 해도, 어쩌면 인공 신경망은 보통 때는 피하고 싶지만 특별한 상황에서는 아주 맛있는 재료에 대해서는 배우지 못할 수도 있다. 마시멜로가 바로 그런 재료일 수 있다. 마시멜로는 대부분의 일반적인 샌드위치 재료들과 조합되었을 때는 끔찍한 맛이 나지만, 플러퍼너터에 들어가면(혹은 초콜릿 및 바나나와 함께하면) 맛있기 때문이다. 만약에 인공 신경망이 훈련 과정에서 플러퍼너터를 보지 못했거나, 보았더라도 아주 드물게만 보았다면, 마시멜로가 들어간 샌드위치는 모조리 거부하는 게 높은 정확성을 달성하는 길이라고 판단할지도 모른다.

분류 불균형과 관련된 문제는 실제 상황에서 아주 흔하게 나타나는데, 주로 우리가 AI에게 보기 드문 사건을 감지하라고 했을 때다. 고객이 우리 회사를 언제 떠날지 예측하라고 하면, 떠나는 고객보다는 머물러 있는 고객이 훨씬 더 많기 때문에, AI는 지름길을 택해서 모든 고객이 영원히 머물러 있을 거라고 판단할 위험이 있다. 잘못된 로그인 시도나 해킹 공격을 감지하는 것도 비슷한 문제를 안고 있다. 실제 공격은 매우 드물게 일어나기 때문이다. 의료용 이미지 판독에서도 분류 불균형 문제가 보고된다. 수백 개의 세포 중에서 우리가 찾는 비정상 세포는 단 하나일 수도 있기 때문에, AI는 그냥 모든 세포가 건강하다고 예측해서 높은 정확성을 달성하는 방식으로 지름길을 택하려는 유혹을 느낄 수 있다. AI를 이용하는 천문학자들도 분류 불균형 문제와 마주친다. 흥미로운 천체 현상들은 매우 드물게 발생하기 때문이다. 태양 표면의 폭발을 감지하는 프로그램이 있었는데, 이 프로그램은 태양 표면에서 폭발이 한 번도 일어나지 않을 거라고 예측하면 100퍼센트에 가까운 정확성을 달성할 수 있다는 사실을 발견했다. 왜냐하면 훈련용 데이터에서 그런 사건은 매우 드물었기 때문이다.[2]

셀들이 협동하면

위에서 이야기한 샌드위치 분류 사례에서, 우리는 셀 층이 늘어나면 인공 신경망이 더 복잡한 과제도 수행할 수 있다는 사실을 보았다. 우리는 델리 샌드위치 셀을 만들어서 델리 치킨과 치즈의 조합에 반응하게 만들었고, 클러커플러퍼 셀을 만들어서 치킨과 마시멜로를 동시에 사용하는 모든 조합에 감점을 주게 했다. 그런데 시행착오를 이용해 셀 사이의 연결성을 수정하며 스스로를 훈련시키는 인공 신경망에서는, 각 셀이 정확히 무슨 일을 하는지 식별하기가 훨씬 어려워진다. 과제는 여러 셀에 흩어져 있는 경향이 있고, 일부 셀의 경우 해당 셀이 정확히 어떤 과제를 수행하는지 알기 어렵거나 불가능할 수도 있다.

이 현상을 좀 더 탐구해 보기 위해서, 완전히 훈련된 인공 신경망의 셀 가운데 일부를 한번 살펴보자. 오픈AI의 연구 팀이 만들고 훈련시킨 인공 신경망이 있다.[3] 이 인공 신경망은 아마존의 제품에 대한 8,200만 개가 넘는 구매 후기를 한 자 한 자 살펴보고, 한 글자 다음에 무슨 글자가 올지 예측해 보려고 했다. 이 인공 신경망 역시 우리가 1장 및 2장에서 보았던 똑똑 말장난이나 아이스크림 이름, 조리법 등을 생성했던 것과 똑같은 일반적인 유형의 순환 신경망이었다. 오픈AI의 인공 신경망은 대략 해파리 정도의 복잡성을 지닌 뉴런을 보유하고 있었다. 다음은 이 인공 신경망이 생성한 후기들이다.

훌륭한 책입니다. 이 책 시리즈나 여러 캐릭터의 훌륭한 스토리를 좋아하는

사람이라면 누구에게나 추천하고 싶습니다.

노래가 정말 마음에 듭니다. 아무리 반복해서 들어도 질리지 않아요. 정말 중독성 있습니다. 마음에 들어요!

제가 사용했던 샤워 칸막이 중에서 최고의 제품입니다. 기름지지도 않고, 물의 물을 벗겨내지도 않고, 흰색 카펫에 얼룩이 지지도 않아요. 몇 년째 사용 중인데 저는 아주 잘 쓰고 있습니다.

이 운동 DVD들은 아주 유용합니다. 엉덩이 전체를 커버할 수 있어요.

차고에 설치하면 좋을 것 같아서 샀습니다. 누가 호수 물을 많이 가지고 있나요? 제가 완전히 잘못 생각했습니다. 쉽고 빠르게 사용할 수 있었어요. 밤에 나타나는 회색 곰에게도 피해를 입지 않았고 벌써 석 달 넘게 사용하고 있습니다. 손님들도 신나서 너무너무 좋아했어요. 우리 아빠가 정말 좋아하세요!

이 인공 신경망은 마주치는 각 글자나 구두점에 대한 입력물 또는 인풋input이 있었고(샌드위치의 각 재료마다 인풋이 있었던, 샌드위치 분류기와 비슷하다), 지나간 글자와 구두점 몇 개를 되돌아볼 수 있었다(마지막으로 본 몇 개의 샌드위치에 따라서 샌드위치 채점기의 점수가 달라지는 것과 비슷하다. 어쩌면 인공 신경망은 우리가 치즈 샌드위치에 질렸을지 모른다는 사실을 기억해 두었다가, 다음번 치즈 샌드위치의 점수를 수정할 수도 있을 것이다). 그리고 샌드위치 분류기는 출력물 또는 아웃풋output이 하나였던 반면에, 구매 후기를 작성하는 인공 신경망은 아웃풋이 많았다. 구매 후기에서 다음에 올 가능성이 가장 높은 글자 하나 또는 구두점 하나가 각각 모두 아웃풋이기 때문이다. 만약에 이 인공 신경망이 "집에 달걀 거품기가 스무 개나 있는데, 이게 제가 가장 좋아하는 제품이에"I own twenty eggbeaters and this is my very favorit 라는 글자 배열을 보았다면, 그다음에 올 가능성이 가장 높은 선택지는 "요(e)"였다('favorite'은 '가장 좋아하는'이라는 뜻이다-옮긴이).

우리는 아웃풋을 기초로, 각 셀을 살펴보고 언제 해당 셀이 '활성화'되는지 들여다봄으로써, 해당 셀의 기능이 무엇인지 어느 정도 근거를 갖고 추측할 수 있다. 우리의 샌드위치 분류기 사례라면, 델리 샌드위치 셀은 여러 고기나 치즈를 보았을 때 활성화되고, 양말, 대리석, 땅콩버터를 보았을 때는 활성화되지 않을 것이다. 그러나 아마존 구매 후기 인공 신경망에 있는 대부분의 뉴런은 우리가 결코 델리 셀이나 저승사자 뉴런처럼 쉽게 해석할 수 없을 것이다. 오히려 해당 인공 신경망이 생각한 규칙 대부분은 우리로서는 도저히 이해할 수 없을 것이다. 어느 셀의 기능이 무엇일지 추측할 수 있는 경우도 있겠지만, 어느 셀이 무슨 일을 하는지 전혀 감을 잡을 수 없는 경우가 훨씬 많을 것이다.

다음은 구매 후기 알고리즘이 구매 후기를 생성할 때 셀들 가운데 하나가 활성화되는 것을 나타낸 것이다(회색＝활성화, 검정색＝비활성화).

> 제가 가지고 있는 몇 안 되는 이들의 앨범 중 저를 즉각 클래식 팝의 팬으로
> 만든 앨범입니다. 새로운 노래 10개는 오디오에 중대한 문제가 있었습니다.
> 목소리와 편집이 끔찍했습니다. 다음날 저는 녹음실에 있었고, 노래가 어떻
> 게 흘러가는지 보려고 플레이 버튼을 몇 번이나 눌렀는지 모릅니다.

이 셀은 인공 신경망이 다음에 오는 글자를 예측하는 데 기여하고 있
지만, 그 기능이 무엇인지는 아리송하다. 특정 글자 또는 특정 조합의
글자에 반응하고 있지만, 그 방식이 우리로서는 이해가 가지 않는다. 이
셀은 왜 '몇'이나 '번'에는 흥분하면서 '앨'에는 흥분하지 않았을까? 이
셀이 실제로 하는 역할은 뭘까? 이는 수많은 다른 셀과 함께 작동하는
퍼즐 속 작은 한 조각에 불과하다. 인공 신경망에 있는 셀들은 거의 모
두가 이런 식으로 미스터리하다.

그러나 아주 가끔씩 어떤 역할을 하는지 알아챌 수 있는 셀도 있을
것이다. 괄호 속에 들어갈 때마다 활성화되거나 문장이 길어질수록 점
차 강하게 활성화되는 셀처럼 말이다.[4] 구매 후기 인공 신경망을 훈련
시킨 연구진의 경우, 무슨 일을 하는지 알아챌 수 있었던 셀이 하나 있
었다. 구매 후기가 긍정적인지, 부정적인지에 따라 반응하는 셀이었다.
해당 인공 신경망은 구매 후기 속의 다음 글자를 예측하는 과제의 일부
로서 제품을 칭찬할 것인지 아니면 맹비난할 것인지를 결정하는 것이
중요하다고 판단한 것으로 보인다. 위 구매 후기에서 그 '감정 뉴런'이

활성화되는 모습을 살펴보면 아래와 같다. 밝은 색은 활성화 정도가 높음을 나타낸다. 즉 인공 신경망이 해당 구매 후기를 긍정적으로 생각한다는 뜻이다.

제가 가지고 있는 몇 안 되는 이들의 앨범 중 저를 즉각 클래식 팝의 팬으로 만든 앨범입니다. 새로운 노래 10개는 오디오에 중대한 문제가 있었습니다. 목소리와 편집이 끔찍했습니다. 다음날 저는 녹음실에 있었고, 노래가 어떻게 흘러가는지 보려고 플레이 버튼을 몇 번이나 눌렀는지 모릅니다.

이 구매 후기는 시작할 때는 상당히 긍정적이고, 감정 뉴런이 매우 활성화되어 있다. 그러나 중간쯤 가면 어조가 바뀌면서 감정 뉴런의 활성화 수준이 현격히 떨어진다.

다음은 감정 뉴런이 작동하는 방식을 보여주는 또 다른 사례다. 구매 후기가 중립적이거나 비판적일 때는 활성도가 낮지만, 감정의 변화를 감지할 때마다 급격히 활성도가 높아진다.

지난번 것의 기초가 되는 해리 포터 파일은(재킷이 표준 크기라는 뜻), 엄청 무겁고 이번 것은 엄청 크네요! 부엌에 있는 토스터마다 올려놓을 거예요. 그 정도로 좋습니다. 지금까지 만들어진 최고의 코미디 영화 중 한 편입니다. 전 시대를 통틀어 제가 가장 좋아하는 영화예요. 누구에게나 추천할 겁니다.

하지만 이 인공 신경망은 다른 종류의 텍스트에서는 감정을 감지하는 능력이 떨어진다. 아래는 에드거 앨런 포Edgar Allan Poe의 《어셔 가의 몰락The Fall of the House of Usher》의 한 구절이다. 대다수 사람이라면 아래 글을 긍정적 감정이라고 분류하지는 않을 것이다. 하지만 이 인공 신경 망은 이 내용이 대체로 긍정적이라고 생각하고 있다.

> 이해할 수 없으나 참을 수도 없는, 격한 공포의 감정에 압도되어 나는 허겁지
> 겁 옷을 걸치고(밤에는 더 이상 잠을 자지 말아야겠다고 느꼈다), 내가 빠진
> 이 한심한 상황에서 나 자신을 깨어나게 하려고 기를 쓰며 아파트 내부를
> 종종걸음으로 오락가락했다.

아마도 인공 신경망은 어느 영화가 격한 공포의 감정으로 우리를 압 도하더라도 그게 그 영화가 해야 할 일이라면 좋은 영화라고 생각하는 모양이다.

다시 말하지만, 텍스트 생성 알고리즘이나 텍스트 분석 알고리즘에 서 이 감정 뉴런처럼 투명하게 행동하는 셀을 찾아내는 것은 이례적인 일이다. 이 점은 다른 유형의 인공 신경망에서도 마찬가지인데, 우리로 서는 유감스러운 점이기도 하다. 왜냐하면 우리는 인공 신경망이 언제 안타까운 실수를 저지르는지 알아내서, 그들의 전략으로부터 무언가를 배우고 싶은 마음이 간절하기 때문이다.

그런데 이미지 인식 알고리즘의 경우에는 무슨 일을 하는지 알 수 있 는 셀을 찾기가 조금 더 쉽다. 이미지 인식 알고리즘에서는 특정한 이미 지의 개별 픽셀이 곧 인풋이고, 해당 이미지를 분류하는 다양한 방법

(개, 고양이, 기린, 바퀴벌레 등)이 아웃풋이기 때문이다. 대부분의 이미지 인식 알고리즘은 수많은 셀 층, 숨은 층을 가지고 있다. 그리고 대부분의 이미지 인식 알고리즘에서는, 우리가 인공 신경망을 제대로 분석하기만 한다면, 그 기능을 알아볼 수 있는 셀 혹은 셀 그룹이 있다. 특정한 것을 볼 때 활성화되는 셀들을 살펴보는 방법도 있고, 인풋 이미지를 살

딥 드리밍

뉴런이 더 흥분할 수 있게 이미지를 살짝 수정하는 기법을 이용해 만든 것이 바로 저 유명한 구글 딥드림DeepDream 이미지들이다. 여기서 이미지 인식 인공 신경망은 일반적인 이미지를 몽롱한 느낌의 강아지 얼굴이 가득한 풍경과 환상적인 아치와 창문의 조합으로 바꿔놓았다.

딥 드림deep dreaming 이미지를 만들려면 먼저 무언가를, 예컨대 강아지 등을 알아보게끔 훈련된 인공 신경망이 있어야 한다. 그런 다음, 인공 신경망의 셀 중 하나를 선택해서 이 셀이 점점 더 흥분할 수 있는 방향으로 이미지를 서서히 바꾼다. 만약에 강아지 얼굴을 인식하도록 훈련된 셀이라면, 이미지에 강아지 얼굴처럼 보이는 영역이 많아질수록 더 많이 흥분할 것이다. 해당 이미지를 이 셀의 기호에 맞게 바꿨을 때쯤이면, 이미지는 심하게 왜곡되어 온통 강아지로 도배되어 있을 것이다.

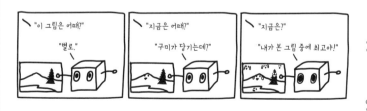

짝 바꿔서 어떤 변화가 해당 셀을 가장 강하게 활성화시키는지 살펴보는 방법도 있다.

셀 그룹 중에서 가장 작은 것들은 가장자리나 색상, 아주 간단한 질감 등을 찾는 것으로 보인다. 이 그룹들은 수직선이나 곡선, 풀밭의 질감 등을 보고할지도 모른다. 그다음 층에서는 더 큰 셀 그룹들이 가장자리나 색상, 질감 들의 집합이나 간단한 생김새를 찾는다. 한 예로 구글의 연구진이 자사의 이미지 인식 알고리즘 구글넷GoogLeNET을 분석해보았더니, 셀 집합이 여러 개 있었다. 동물 이미지에서 축 처진 귀인지, 뾰족한 귀인지만 골라서 찾는 셀 집합이 있었고, 그 덕분에 해당 알고리즘은 개와 고양이를 구별할 수 있었다.[5] 털이나 눈에만 흥분하는 셀도 있었다.

이미지 생성 인공 신경망에도 무슨 일을 하는지 알 수 있는 셀들이 일부 있다. 우리는 이미지 생성 인공 신경망에서 일종의 '뇌 수술'을 통해 특정 셀을 제거하면, 이미지가 어떻게 바뀌는지 살펴볼 수 있다.[6] MIT의 어느 연구진은 생성된 이미지에서 특정 요소들을 제거하면 특정 셀을 비활성화시킬 수 있다는 점을 발견했다. 흥미롭게도 인공 신경망이 '필수적'이라고 생각하는 요소는 다른 요소들보다 제거하기가 더 힘들었다. 예를 들면, 회의실 이미지에서 커튼을 제거하는 것은 쉽지만 탁자와 의자를 제거하기는 어려웠다.

이제 조금 다른 종류의 알고리즘을 또 살펴보자. 스마트폰에서 예측 문자 기능(영어권에서 폰으로 'home'을 쓰려면 원래 숫자 버튼의 '44(h) 666(o) 6(m) 33(e)'을 차례로, 즉 버튼을 여덟 번 눌러야 하는데, 예측 문자 기능은 '4663' 즉 버튼을 네 번만 눌러도 가장 가능성이 높은 'home'을 추천해 준다─옮긴이)을 사용한 사람이라면, 이미 이 알고리즘을 직접 접해본 것이다.

마르코프 체인

마르코프 체인 Markov chain은 이 책에서 조리법과 아이스크림 이름, 아마존 구매 후기, 헤비메탈 밴드의 이름을 생성했던 순환 신경망의 문제들과 똑같은 문제를 다수 해결할 수 있는 알고리즘이다. 순환 신경망처럼 마르코프 체인도 과거에 일어난 일을 살펴보고, 다음에 일어날 일 중에 가장 확률이 높은 게 무엇일지 예측한다.

마르코프 체인은 대부분의 인공 신경망보다 몸집이 가볍고, 훈련이 빠르다. 스마트폰의 예측 문자 기능이 보통 순환 신경망이 아니라 마르코프 체인을 이용하는 것은 그 때문이다.

하지만 마르코프 체인은 기억할 것이 늘어날수록 기하급수적으로 다루기가 힘들어진다. 예를 들어, 대부분의 예측 문자 마르코프 체인은 겨우 세 단어에서 다섯 단어 길이밖에 기억하지 못한다.

반면에 순환 신경망은 수백 단어도 기억할 수 있고, LSTM과 컨벌루션 전략을 이용하면 더 긴 것까지 기억할 수 있다. 2장에서 우리는 AI의 기억력이 얼마나 중요한지를 보았다. 순환 신경망의 기억력이 짧을 경우, AI는 중요한 정보에 대한 기억의 끈을 놓쳐버렸다. 마르코프 체인도 마찬가지다.

나는 훈련이 가능한 예측 문자 키보드를 이용해 마르코프 체인에게 디즈니 노래로 이루어진 데이터세트를 훈련시켰다.[7] 순환 신경망이 몇 분이나 소요됐던 데 반해, 마르코프 체인을 훈련시키는 데는 몇 초밖에 걸리지 않았다. 그러나 이 마르코프 체인은 단어 세 개밖에 기억하지 못했다. 즉 이 마르코프 체인이 제안하는 단어들은, 노랫말에서 앞의 세 단어를 바탕으로 그다음에 올 가능성이 가장 높다고 생각되는 단어들이었다. 매 단계에서 그다음에 올 확률이 가장 높은 단어를 선택하는 방식으로 노래를 하나 생성해 보라고 했더니, 마르코프 체인은 다음과 같은 노래를 만들었다.

The sea)	바다)
under the sea)	바다 밑에서)
under the sea)	바다 밑에서)
under the sea)	바다 밑에서)
under the sea)	바다 밑에서)
under the sea)	바다 밑에서)
under the sea)	바다 밑에서)

마르코프 체인은 'under the sea'를 몇 번이나 노래해야 하는지 모른다. 앞서 'under the sea'를 몇 번이나 불렀는지 모르기 때문이다.

만약 내가 〈미녀와 야수Beauty and the Beast〉 노래의 첫 부분("Tale as Old as Time")으로 노래를 시작한다면, 마르코프 체인은 금세 또 거기에 발이 묶여버린다.

Tale as old as time	까마득히 오래된 이야기
song as old as time	까마득히 오래된 노래
song as old as time	까마득히 오래된 노래
song as old as time	까마득히 오래된 노래

〈미녀와 야수〉의 곳곳에서 "Tale as old as time"라는 구절 다음에 "song as old as time"라는 구절이 바로 따라온다. 그러나 이 마르코프 체인이 "as old as"라는 구절을 살펴보고 있을 때는 자신이 두 구절 중에 어느 것을 쓰고 있는지 모른다.

매 단계 두 번째로 가상 그럴듯한 단어를 고르게 하면 이 함정에 빠지지 않게 만들 수 있다. 다음은 그렇게 작성된 노래이다.

A whole world	온 세상
bright young master	똑똑하고 젊은 주인
you're with all	당신은 모든
ya think you're by wonder	당신은 기적으로
by the powers	그 힘으로
and i got downhearted	그리고 나는 낙담했죠
alone hellfire dark side	홀로 지옥 불만큼 어두운 곳에서

AI에게 매번 세 번째로 가장 그럴듯한 단어를 고르게 했더니 AI는 다음과 같이 썼다.

You think i can open up	당신은 내가 마음을 열 수 있다고 생각하죠
where we'll see how you feel	당신이 어떤 기분인지 우리가 알 수 있다면
it all my dreams will be mine	내 꿈은 모두 내 것일 거예요
is something there before	전에 있었던 무언가
she will be better time	그녀는 더 나은 시간일 거예요

첫 번째보다는 훨씬 흥미롭지만, 별로 뜻이 통하지는 않는다. 노래나 시는 문법이나 구조, 일관성 등의 면에서 훨씬 많은 것이 허용된다. 마르코프 체인에게 다른 데이터세트를 학습시키면 마르코프 체인의 단점이 더 적나라하게 드러난다.

다음은 마르코프 체인에게 만우절 장난의 목록을 학습시킨 결과이다. 각 단계마다 다음 단어로 올 확률이 가장 높은 단어를 고르게 했다 (마르코프 체인은 구두점을 전혀 제안하지 않았다. 따라서 줄 바꿈은 내가 추가한 것이다).

문손잡이를 떼어내어 부드럽게 거꾸로 끼운다

종일 아무것도 하지 않는다 누군가 신문에 창고 세일 광고를 곧 벌어질 장난의 누군가

(전혀 문장이 되지 않는다–옮긴이)

그러고 나서 종일 아무것도 하지 않는다 누군가 신문에 창고 세일 광고를...

예측 문자 마르코프 체인은 고객과 대화를 나누거나, 새로운 비디오 게임용 스토리를 쓸 수 있을 것 같지는 않다(두 가지 모두 언젠가 순환 신경망을 통해 달성하려고 연구자들이 노력 중인 것들이다). 그러나 마르코프 체인은 특정한 훈련 세트에서는 높은 가능성으로 다음에 나타날 단어를 제시할 수 있다.

한 예로 보트닉Botnik(컴퓨터를 이용해 혼합 텍스트를 만드는 코미디 작가들의 커뮤니티–옮긴이)에 속한 사람들은 다양한 데이터세트(《해리 포터》 시리즈, 〈스타 트렉〉에 나오는 에피소드들, 〈옐프Yelp〉 사이트에 올라온 후기 등)를 훈련한 마르코프 체인에게 인간 작가한테 단어를 제안하게 한다. 작가들은 종종 마르코프 체인이 제안한 뜻밖의 내용에 도움을 받아, 괴상하고 초현실적인 텍스트를 작성한다.

우리는 기억력이 짧은 마르코프 체인이 다음 단어를 고르게 하는 대신, 마르코프 체인이 여러 옵션을 떠올려 우리에게 제시하게 만들 수도 있다. 우리가 문자 메시지를 작성하면서 예측 문자 기능을 사용할 때처럼 말이다.

보트닉에서 사용하는 훈련된 마르코프 체인을 직접 이용하는 모습의 예를 들어보면 아래와 같다. 이 마르코프 체인은 《해리 포터》 시리즈를 훈련했다.

> 해리는 (   ) 한가운데 앉아 있는 덤블도어를 못 믿겠다는 듯 쳐다보았다.

출처 : 해리 포터   셔플 🔀 출판 ⬆

그	그의	그녀의
그들을	하나의	그를
그것	무엇	해리의
양피지	강경	고스
해리	마법	마법의
녹색	패닉	그들의

그리고 다음은 내가 어느 훈련된 마르코프 체인의 예측 문자의 도움을 받아서 작성한 새로운 만우절 장난들이다.

비닐 랩 알갱이를 입술에 바른다.

치킨 머리에 부엌 싱크대를 넣는다.

야광 봉을 쥐고 옥상에서 재채기를 하는 척한다.

변기 뚜껑을 바지에 넣고 자동차에게 오줌을 누라고 한다.

비교하기 쉽게, 나는 더 복잡하고 데이터가 많은 순환 신경망을 이용해 만우절 장난을 한번 만들어보았다. 이때 순환 신경망은 구두점 등을 포함해 장난 전체를 생성했다. 하지만 여전히 인간의 창의성이 개입된 부분이 있다. 나는 순환 신경망이 생성한 만우절 장난들을 하나하나 살펴보며 재미있는 것을 골라내야 했다.

누군가의 사무실 컴퓨터로 음식을 만든다.
사무실 건물에 입구가 하나뿐일 경우 사무실로 들어가는 입구를 모두 숨긴다.
다른 사람의 마우스에 플라스틱 눈알을 붙여 작동하지 못하게 만든다.
그릇에 M&M 초콜릿, 스키틀즈 초콜릿, 리시스 피시스 초콜릿을 섞어서 채워놓는다.
얼음 정수기 밑에 바지와 신발을 가져다 놓는다.

대부분의 휴대전화 메시지 애플리케이션에 있는 예측 문자로도 비슷한 실험을 할 수 있다. "내가 태어난…" 혹은 "옛날 옛적에…"로 시작해서, 전화기가 제안하는 단어들을 계속 클릭하다 보면 기계학습 알고리즘이 직접 쓴 낯선 글 한 편을 볼 수 있다. 새로운 마르코프 체인은 비교적 쉽고 빠르게 훈련시킬 수 있기 때문에, 우리에게 특화된 텍스트가 만들어진다. 전화기에 있는 예측 문자와 자동 수정 마르코프 체인은 우리가 타이핑할 때마다 업데이트되면서, 우리가 쓴 내용을 바탕으로 스스로를 훈련시킨다. 우리가 가끔 오타를 썼을 때 한동안 그 오타가 계속해서 추천어로 나타나는 이유는 그 때문이다.

어쩌면 구글 닥스Google Docs 역시 이런 원리의 희생양이 되었던 적이 있다. 예전에 구글 닥스 사용자들이 자동 수정 기능이 'a lot('많은'을 뜻하는 원래 옳은 표현-옮긴이)'을 자꾸만 'alot(원래 표현 대신에 종종 쓰는 비격식적인 표현-옮긴이)'로 바꾸고, 'going' 대신에 'gonna('going to'의 줄임 표현-옮긴이)'를 제안한다고 보고한 적이 있다.

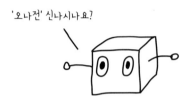

'오나전' 신나시나요?

구글은 인터넷을 뒤져서 추천어를 결정하는 '맥락 인식 자동 수정' 기능을 사용하고 있었다.[8] 맥락 인식 자동 수정은 맥락상 말이 안 되는 오타를 발견할 수 있고, 흔히 쓰이기 시작한 새로운 단어가 있으면 즉시 추가할 수 있다는 이점이 있었다. 하지만 인터넷 이용자라면 알겠지만, 자동 수정 기능을 이용해서 쓰고 싶은 표현은 단순히 흔히 쓰이는 표현이 아니라 문법적으로 '옳은' 표현일 때가 훨씬 많다. 이런 자동 수정 관련 버그에 관해 구글이 구체적으로 이야기한 적은 없지만, 이용자들이 이런 보고를 하고 나면 해당 버그는 사라지는 경향이 있다.

랜덤 포리스트

랜덤 포리스트random forest 알고리즘이란, 많은 양의 인풋 데이터에 기초해 예측이나 분류를 할 때 자주 사용되는 기계학습 알고리즘의 한 유형이다. 예를 들어, 고객의 행동을 예측하거나, 책을 추천하거나, 와인의 질을 판단하는 데 사용된다.

랜덤 포리스트를 이해하기에 앞서 '트리tree'부터 시작해 보자. 랜덤 포리스트 알고리즘은 **의사 결정 트리**decision tree라고 하는 개별 단위로 구성된다. 의사 결정 트리는 기본적으로 우리가 가진 정보를 바탕으로 결과를 끌어내는 플로차트다. 그리고 재미나게도 의사 결정 트리는 실제로 나무를 거꾸로 세운 것처럼 생겼다.

아래 보이는 것은 의사 결정 트리의 예시로, 거대 바퀴벌레 농장에서 대피해야 할지 말지 의사 결정을 내리는 과정을 가정한 것이다.

의사 결정 트리는 우리가 정보를 사용하는 방법을 계속해서 추적하고 기억하면서, 상황에 따라 어떻게 대처할지 의사 결정을 내린다.

앞서 샌드위치 의사 결정이 인공 신경망의 셀이 증가할수록 더 정교해졌던 것처럼, 바퀴벌레 농장의 상황에서도 의사 결정 트리가 더 클수

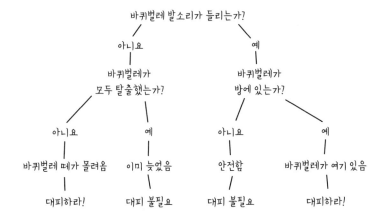

록 더 세심하게 대응하는 게 가능해진다.

바퀴벌레 농장이 이상하게 조용하다면, 그런데 아직 벌레들이 탈출한 것도 아니라면, '몽땅 죽은 경우' 외에 뭔가 다른 설명(아마도 훨씬 더 가슴 졸이는 설명)이 있을 수 있다. 의사 결정 트리가 더 크면 '주변에 죽은 바퀴벌레가 있는지', '바퀴벌레는 얼마나 영리한 것으로 알려져 있는지', '바퀴벌레 분쇄기가 혹시 알 수 없는 이유로 망가졌는지' 등을 알고리즘에게 물을 수 있다.

수많은 인풋과 선택을 통해 의사 결정 트리는 어마어마하게 복잡해질 수 있다. 혹은 프로그래밍 용어로 말하면 아주 '딥 deep'해질 수 있다. 훈련용 데이터세트에 있는 모든 가능한 인풋과 의사 결정, 결과를 망라할 만큼 깊어질 수도 있다. 하지만 그렇게 되면 해당 차트는 훈련용 데이터세트에 있는 특정 상황에만 효과가 있을 것이다. 다시 말해, 훈련용 데이터에 '과적합하는 overfit' 문제가 생긴다. 인간 전문가는 어마어마하게 큰 의사 결정 트리도 과적합을 피하도록 영리하게 구축할 수 있다. 지엽적이거나 무관한 데이터에 국한되지 않는 의사 결정 트리를 만들 수 있게 되는 것이다. 예를 들어, 지난번에 바퀴벌레들이 빠져나갔을 때 날씨가 흐리고 쌀쌀했다손 치더라도, 사람은 똑같은 날씨가 재현된다고 해서 반드시 바퀴벌레가 또다시 탈출하는 게 아니라는 사실을 알 만큼 똑똑하다.

그러나 인간이 주도면밀하게 거대한 의사 결정 트리를 구축하지 않아도 되는 다른 접근법이 있다. 바로 기계학습의 랜덤 포리스트 기법이다. 인공 신경망이 시행착오를 이용해 셀들 사이의 관계를 설정하듯이,

아주 유사한 방법으로 랜덤 포리스트 알고리즘은 시행착오를 통해 자신의 구조를 정한다.

랜덤 포리스트는 아주 작은(다시 말해 얕은) 트리들의 묶음으로 이루어진다. 각 트리는 아주 약간의 정보를 가늠해 한두 개의 작은 의사 결정을 내린다. 훈련 과정에서 얕은 트리들은 어떤 정보에 주의를 기울여야 하고 어떤 결과가 나와야 하는지를 학습한다. 아주 제한된 정보를 기초로 하기 때문에, 아주 작은 트리 각각의 의사 결정은 아마도 그리 훌륭하지 않을 것이다.

하지만 숲속의 그 작은 트리들이 그들의 의사 결정을 한 곳에 모아 투표로 최종 결과를 정한다면, 그 어느 개별 트리보다 훨씬 더 정확할 것이다(이 같은 현상은 인간 투표자들 사이에서도 똑같이 일어난다. 사람들이 병 속의 구슬이 몇 개인지 알아맞히려고 할 때, 한 명, 한 명 따로 본다면 추측은 완전히 엇나갈 수도 있지만, 평균을 낸다면 정답에 매우 근접할 것이다).

랜덤 포리스트에 있는 트리들은 어떤 주제에 관해서든 자신들의 의사 결정을 모아, 아무리 복잡한 시나리오에 대해서도 정확한 그림을 그려낼 수 있다. 이런 용도로 최근에 랜덤 포리스트가 사용된 사례로는, 치명적인 대장균의 확산 원인이 된 가축을 가려내기 위해 수십만 개의 유전자 패턴을 분류한 일이 있었다.[9]

우리가 만약 바퀴벌레 농장의 상황에 대처하기 위해 랜덤 포리스트를 사용한다면, 트리가 어떤 모양이 될지 몇 가지 예를 들어보자.

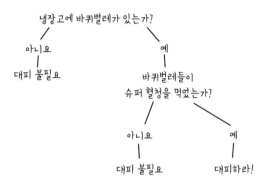

냉장고에 바퀴벌레가 있는가?

아니요 — 대피 불필요

예 — 바퀴벌레들이
슈퍼 혈청을 먹었는가?

아니요 — 대피 불필요

예 — 대피하라!

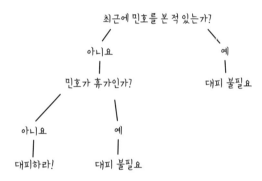

최근에 민호를 본 적 있는가?

아니요 — 민호가 휴가인가?

예 — 대피 불필요

아니요 — 대피하라!

예 — 대피 불필요

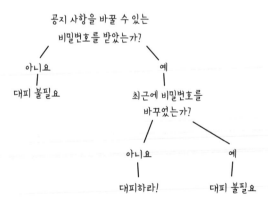

공지 사항을 바꿀 수 있는
비밀번호를 받았는가?

아니요 — 대피 불필요

예 — 최근에 비밀번호를
바꾸었는가?

아니요 — 대피하라!

예 — 대피 불필요

여기에서 각 트리는 이 상황의 아주 작은 부분밖에 보고 있지 않다. 왜 민호가 보이지 않는지 다른 충분히 그럴듯한 이유가 있을 수도 있다. 어쩌면 민호는 그냥 아파서 병가를 냈을 수도 있다. 그리고 바퀴벌레들이 실제로 슈퍼 혈청을 먹지 않았다고 해서 우리가 반드시 안전한 것도 아니다. 어쩌면 바퀴벌레들은 슈퍼 혈청 샘플을 가져가서 지금 이 순간에도 시설 내에 있는 17억 마리의 바퀴벌레에게 충분할 만큼의 혈청을 제조하고 있을지 모른다.

그러나 여러 트리들은 각자의 예감을 결합하고 있고, 민호가 이상하게 보이지 않는 점, 혈청이 사라진 점과 비밀번호가 이상하게 바뀐 점까지 고려하면, 대피하기로 선택하는 것이 신중한 의사 결정이 될지도 모른다.

진화 알고리즘

AI는 좋은 해결책을 추측하고 나서 테스트하는 방식으로 자신의 이해력을 가다듬는다. 위에서 설명한 기계학습 알고리즘 세 가지는 모두 시행착오를 이용해, 문제를 가장 잘 해결할 수 있는 뉴런이나 체인, 트리를 구성하면서 자신의 구조를 개선한다. 가장 간단한 시행착오 기법은 한 방향으로 조금씩 계속 개선해 나가는 것이다. 종종 어느 숫자(예컨대 〈슈퍼 마리오〉 게임에서 얻는 점수)를 극대화하려고 할 때는 '**언덕 오르기** hill climbing', (탈출한 바퀴벌레의 수처럼) 극소화하려고 할 때는 '**경사 내

려오기gradient descent'라고 부르기도 한다. 하지만 목표에 점점 다가가는 이런 단순한 프로세스가 늘 최고의 결과를 내는 것은 아니다. 단순한 언덕 오르기의 함정을 쉽게 이해할 수 있도록, 우리가 짙은 안개에 덮인 산에서 정상을 찾고 있다고 생각해 보자.

단순한 언덕 오르기 알고리즘을 사용하면 무슨 일이 있어도 계속 오르막을 향할 것이다. 그러나 시작 지점에 따라 최정상, 즉 **전체 최댓값**global maximum이 아니라 가장 낮은 정상, 즉 **국소 최댓값**local maximum에서 멈춰버리게 될 수도 있다.

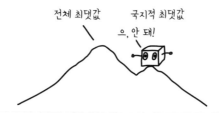

그래서 더 복잡한 형태의 시행착오 기법들이 나와 있다. 이 기법들은 우리가 산의 다른 부분도 뒤져보게끔 설계되어 있다. 즉 몇 가지 방향으로 테스트 등반을 해본 후에, 가장 유망한 지역이 어디인지 결정한다. 이런 전략을 사용하면 산을 더 효율적으로 탐험하게 될 것이다.

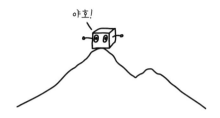

야호!

기계학습 용어로 말하면, 이 산이 바로 **탐색 공간**search space이다. 그리고 그 공간 어딘가에 우리의 '목표'가 있다. 즉 산 어딘가에 정상이 있다. 그리고 우리는 그곳을 찾으려고 노력 중이다. 어떤 탐색 공간은 **볼록한**convex 형태다. 기본적인 언덕 오르기 알고리즘으로도 매번 정상을 찾을 수 있다는 뜻이다. 그런데 또 어떤 탐색 공간은 그보다 훨씬 더 성가시다. 최악은 '**모래밭에서 바늘 찾기**needle-in-the-haystack problem'라고 불리는 문제들이다. 이런 문제는 우연히 뒷걸음질하다가 최고의 해결책이 얻어걸릴 때까지, 그 해결책에 얼마나 가까워졌는지 단서도 거의 없다. 소수prime number를 찾는 것이 바로 이런 모래밭에서 바늘 찾기 문제의 예다.

무엇이든 기계학습 알고리즘의 탐색 공간이 될 수 있다. 예를 들어, 걸어 다니는 로봇을 구성하는 부품의 모양이 탐색 공간이 될 수도 있다.

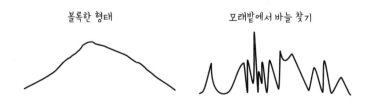

볼록한 형태   모래밭에서 바늘 찾기

또는 인공 신경망의 가중치가 탐색 공간이 될 수도 있다. 이때의 '정상'은 지문이나 얼굴을 인식하는 데 도움이 되는 가중치일 것이다. 혹은 랜덤 포리스트 알고리즘의 구성이 탐색 공간이 되고, 고객이 좋아하는 책을 잘 예측하거나 바퀴벌레 공장의 대피 여부를 잘 결정하는 구성을 찾아내는 게 우리의 목표가 될 수도 있다.

위에서 보았듯이, 언덕 오르기나 경사 내려오기와 같은 기본적인 탐색 알고리즘으로는 목표에 달성하는 데 그리 도움이 되지 못할 수도 있다. 인공 신경망의 구성을 찾는 탐색 공간의 모양이 별로 볼록하지 않다면 말이다. 그래서 기계학습 연구자들은 종종 더 복잡한 다른 시행착오 기법을 사용한다.

그런 전략들 중에, 생물 진화의 과정에서 영감을 얻은 것이 있다. 진화를 모방하는 것은 상당히 일리가 있는 아이디어다. 무엇보다 진화란 '추측과 확인'이라는 과정을 여러 세대에 걸쳐 진행하는 절차이기 때문이다. 어느 생물이 이웃 생물들과 특정 부분에서 차이가 있어서 생존 확률과 번식 확률이 높아진다면, 그 유용한 특징은 다음 세대에도 전달될 수 있을 것이다. 같은 종의 다른 개체들보다 아주 조금이라도 더 빠르게 헤엄칠 수 있는 물고기가 있다면, 아마도 포식자들을 따돌릴 확률이 더 높을 테고, 그렇게 몇 세대가 지나면 헤엄이 빠른 후손들은 헤엄이 느린 후손들보다 조금 더 흔해질 수 있다. 그리고 진화는 강력한, 정말로 강력한 프로세스다. 생물들의 이동이나 정보처리와 관련해 셀 수 없이 많은 문제를 해결했고, 생물들이 빛과 화학합성으로부터 영양분을 추출하는 법, 빛을 내고 하늘을 날고 새똥처럼 보이게 스스로를 위장해 포식자들로부터 숨는 법을 알아냈다.

진화 알고리즘evolutionary algorithm에서 각각의 잠재적인 해답은 하나의 유기체와 같다. 각 세대 내에서 가장 성공한 해법이 살아남아, 돌연변이를 일으키거나 다른 해법과의 짝짓기를 하며 번식을 한다. 다른 형태의 (바라건대 더 훌륭한) 후손을 생산하기 위해서다.

복잡한 문제를 해결하려고 끙끙거린 적이 있는 사람이라면, 잠재적인 해법 하나하나를 마치 살아서 밥을 먹고 짝을 짓는 생명체처럼 생각한다는 것이 아연실색하게 느껴질 수도 있다. 하지만 좀 더 구체적으로 생각해 보자. 예를 들어, 우리가 '군중 통제' 문제를 해결하려고 한다고 치자. 복도에 갈림길이 있다. 우리는 사람들을 이쪽 또는 저쪽 길로 가게 만드는 로봇을 설계하려고 한다.

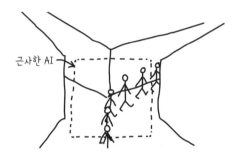

우리가 가장 먼저 할 일은 진화 알고리즘이 다양할 수 있다는 사실을 기억하고, 로봇의 어느 부분은 일정하게 유지하고, 어느 부분은 알고리즘이 자유롭게 가지고 놀게 만들지를 결정하는 것이다. 우리는 몸통 디자인을 고정해 변수를 크게 제한하고, 프로그램은 로봇이 돌아다니는 방식만 변화시키도록 할 수도 있다. 아니면 그냥 무작위로 시작해서 알고리즘이 아무런 제약 없이 처음부터 로봇 몸통을 스스로 디자인하게 할 수도 있다. 우리는 그냥 이 건물의 주인이 뭔가 SF적인 미적 취향 때문에 인간처럼 생긴 로봇 디자인을 고집한다고 치자. 즉 바닥을 마구 기어 다닐 것 같은 괴상한 모양은 안 된다고 치자(진화 알고리즘에게 절대적인 자유를 주면 그런 모양을 만들어내는 경향이 있다). 기본적으로는 인간 같은 형태라고 해도, 그 안에서 변형을 줄 수 있는 부분은 여전히 많다. 하지만 그냥 이해하기 쉽게, 알고리즘은 기본적인 신체 부위 몇 개의 크기와 모양을 바꾸는 것만 허용된다고 가정하자. 그리고 이런 신체의 각 부위는 움직일 수 있는 범위가 어느 정도 정해져 있다고 치자. 진화 용어로 풀면, 이게 바로 우리가 만들 로봇의 **게놈**genome인 셈이다.

다음으로 해야 할 일은, 하나의 숫자만 최적화하면 되도록 우리가 해결하려는 문제를 잘 정의하는 것이다. 진화 용어로 표현하면, 이 숫자가

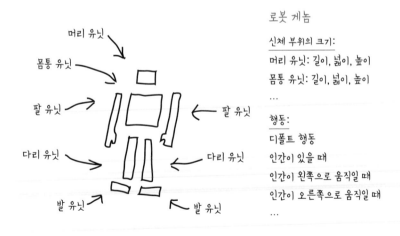

머리 유닛

몸통 유닛

팔 유닛

다리 유닛

발 유닛

팔 유닛

다리 유닛

발 유닛

로봇 게놈

신체 부위의 크기:
머리 유닛: 길이, 넓이, 높이
몸통 유닛: 길이, 넓이, 높이
…

행동:
디폴트 행동
인간이 있을 때
인간이 왼쪽으로 움직일 때
인간이 오른쪽으로 움직일 때
…

바로 **적합도 함수**fitness function다. 개별 로봇이 우리의 과제에 얼마나 잘 들어맞는지 표현해 주는 단일한 숫자 말이다. 우리가 지금 만들려고 하는 것은 복도의 갈림길에서 사람들을 한쪽으로 보낼 로봇이므로, 우선은 왼쪽 길로 가는 사람의 수를 최소화하는 것이 우리의 과제라고 치자. 이 수가 0에 가까울수록 적합도가 높은 것이다.

시뮬레이션도 필요할 것이다. 우리가 로봇을 수천 대 제작하거나, 사람들을 고용해 복도를 수천 번 지나가게 할 수는 없기 때문이다(진짜 사람을 이용하지 않는 데는 안전상의 문제도 있다. 그 이유는 나중에 분명히 알게 될 것이다). 따라서 시뮬레이션 세상에서 시뮬레이션 중력과 마찰력, 기타 물리법칙이 작용하는 시뮬레이션 복도가 있다고 치자. 물론 우리에게는 시뮬레이션한 대로 행동하는 시뮬레이션 인간들도 필요하다. 그 사람들은 걸음걸이와 시선도 제각각이고, 뭉쳐 다니기도 하고, 이런저런 공포증이 있을 수도 있고, 행동의 동기도 각각 다르며, 협조해 주는 정도도 다양하다. 시뮬레이션은 그 자체로도 매우 어려운 과제인데, 이

AI를 훈련시킬 수 있게, 이미 준비된 시뮬레이션을 손쉽게 얻는 한 가지 방법은 비디오게임을 활용하는 것이다. AI를 훈련시키는 연구자들 중에 〈슈퍼 마리오〉 게임이나 아타리Atari의 게임을 하는 사람이 그처럼 많은 데는 이런 이유도 있다. 이렇게 오래된 비디오게임은 크기가 작고 빠르게 돌릴 수 있기 때문에, 다양한 문제 해결 기술들을 테스트할 수 있다. 하지만 비디오게임을 하는 사람들이 그렇듯이, AI도 게임에 있는 버그를 찾아내서 집중적으로 활용하는 경향이 있다. 더 자세한 내용은 5장 참고.

문제는 우리가 이미 해결했다고 치자(주의: 실제 기계학습은 절대로 이렇게 간단하지 않다).

알고리즘이 무작위로 1세대 로봇을 만들어내게 하자. 이것들은… 심하게 무작위적이다. 전형적으로 한 세대는 신체 디자인이 다양한 로봇 수백 대로 이루어진다.

이제 우리는 각 로봇을 우리의 시뮬레이션 복도에서 테스트해 본다. 로봇들은 맡은 역할을 잘 해내지 못한다. 사람들은 로봇 옆을 곧장 지나쳐 버리고 로봇은 털썩 주저앉거나 부질없이 팔다리를 허우적댄다. 그중 일부가 다른 로봇들보다 약간 왼쪽으로 쓰러져서 왼쪽 길을 살짝 막는다. 그러자 소심한 사람들 몇몇은 하는 수 없이 오른쪽 길로 가기로 한다. 그러면 해당 로봇은 다른 로봇들보다 살짝 더 높은 점수를 받는다.

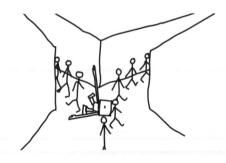

이제 2세대 로봇을 만들 차례다. 먼저, 어떤 로봇을 남기고 재현할지

를 선택해야 한다. 그냥 최고의 로봇 하나만 살릴 수도 있지만, 그렇게 되면 2세대 로봇들이 너무 천편일률적이 되어서, 다른 로봇 디자인을 시도해 볼 수가 없을 것이다. 로봇들이 조금씩, 조금씩 진화하다 보면, 최종적으로는 더 좋은 결과가 나올 수도 있는데 말이다. 그래서 우리는 최고의 로봇 몇 종류를 택하고 나머지는 버릴 것이다.

다음으로, 살아남은 로봇들을 재현할 방법이다. 선택의 여지는 많다. 1세대를 단순히 복제해서는 안 된다. 우리는 로봇들이 더 나은 방향으로 진화하기를 바라기 때문이다. 우리가 가진 한 가지 선택지는 **돌연변이**mutation다. 무작위로 로봇을 하나 골라서 그 로봇에 관한 무언가를 무작위로 변형하는 방법이다.

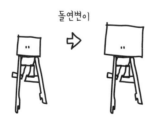

돌연변이

우리가 사용할 수 있는 또 다른 선택지는 **교차**crossover다. 로봇 두 개를 무작위로 결합해 후손을 만드는 것이다.

우리는 또 로봇별로 후손을 몇 개나 만들지(가장 성공적인 로봇의 자손을 가장 많이 만들 것인가?), 어느 로봇을 어느 로봇과 교차시킬지(혹은 교차를 사용하긴 해야 할지), 죽은 로봇을 전부 후손으로 대체할지, 아니면 무작위로 생성한 로봇도 몇 개 추가할지 결정해야 한다. 이런 옵션들을 조금씩 조정하는 것은 진화 알고리즘을 만드는 데 있어서 큰 부분을 차지한다. 어떤 옵션이, 말하자면 어떤 '**하이퍼파라미터**hyperparameter'가 가장 효과가 있을지 짐작하는 것도 종종 쉬운 일이 아니다.

2세대 로봇을 만들고 나면 사이클은 다시 시작된다. 우리는 이 로봇들이 시뮬레이션에서 사람들을 얼마나 잘 통제하는지 테스트한다. 이제 왼쪽으로 주저앉는 로봇이 더 많아진다. 2세대는 1세대에서 조금이나마 성공적이었던 로봇들의 후손이기 때문이다.

이렇게 여러 세대를 반복하고 나면, 뭔가 눈에 띄는 군중 통제 전략이 나타나기 시작한다. 로봇들이 일어나는 법을 배우고 나면, 당초 '왼쪽으로 쓰러져 길을 막다시피 하라'라는 전략은 '왼쪽 복도 가운데 버티고 서서 더 거슬리게 하라'라는 전략으로 진화한다. 또 다른 전략도 나타난다. '열심히 오른쪽을 가리켜라'라는 전략이다. 하지만 이들 전략 중에서 우리의 문제를 완벽하게 해결하는 전략은 아직 없다. 아직도 로봇들은 수많은 사람이 왼쪽 길로 빠져나가게 두고 있다.

더 많은 세대가 반복된 후에 사람들이 왼쪽 복도로 진입하는 것을 아주 잘 막는 로봇이 하나 출현한다. 그런데 안타깝게도, 이 무슨 운명의 장난인지, 이 로봇이 찾아낸 해결책은 '모든 사람을 죽여라'였다. 정확히 말해서 이 해결책은 효과가 있는 셈이다. 왜냐하면 우리가 알고리즘에게 지시한 내용은 왼쪽 길로 들어서는 사람의 수를 최소화하라는 것뿐이었기 때문이다.

우리가 만든 적합도 함수가 가진 문제점으로 인해, 알고리즘이 우리가 예기치 못한 방향으로 진화하고 말았다. 유감스러운 지름길을 택하는 것은 기계학습에서 늘 벌어지는 일이다. 물론 보통은 이 정도로 극적이지는 않다(우리에게는 다행스럽게도, 현실 세계에서 "모든 인간을 죽여라"는 해결책은 보통 현실성이 매우 떨어진다. 우리는 여기서 자율적인 알고리즘에게 치명적인 무기를 쥐여주지 말라는 교훈을 얻을 수 있다). 하지만 이게 바로 우리의 사고실험에서 실제 인간이 아니라 시뮬레이션 인간을 사용한 이유다.

우리는 처음부터 다시 시작해야 할 것이다. 그리고 이번에는 적합도 함수를 왼쪽 길로 가는 사람의 수를 최소화하는 것이 아니라, 오른쪽 길로 가는 사람의 수를 최대화하는 것으로 정해야 할 것이다.

실은 완전히 새로 시작하는 대신, (다소 유혈이 낭자할 수도 있는) 지름길을 택해서 적합도 함수만 바꾸는 방법도 있다. 무엇보다 우리 로봇들이 사람을 죽이는 것 말고도 이미 유용한 기술을 많이 배웠기 때문이다. 이 로봇들은 일어서는 법, 사람을 감지하는 법, 무섭게 팔을 휘두르는 법을 이미 배웠다. 적합도 함수를 오른쪽 길로 가는 생존자의 수를 극대화하는 것으로 바꾸면 로봇들은 얼른 살인을 삼가는 법을 배워야 한다(이렇게 좀 다르지만 관련이 있는 문제에 기존의 해결책을 재활용하는 것을, 우리는 앞에서 '전이 학습'이라고 불렀었다).

그래서 우리는 살인 로봇 집단에서 적합도 함수만 살짝 교체해 다시 시작한다. 갑자기 살인은 별 효과를 내지 못하게 되고, 로봇들은 이유를 알지 못한다. 사실 살인에 가장 서툴렀던 로봇이 이제는 무리에서 최고 위치에 오른다. 비명을 지르는 희생자들이 어찌어찌하여 오른쪽 길로 탈출했기 때문이다. 이후 몇 세대 동안 로봇들은 금세 살인에 점점 더 서툴러진다.

결국 로봇들은 어쩌면 사람들을 죽이고 '싫어 하는' 것처럼 보이는 방식으로, 대부분의 사람들을 겁주어 오른쪽 길로 들어서게 만든다. 살인 로봇으로 시작하는 바람에 우리는 진화할 수 있는 방향을 제한하게 됐다. 만약 우리가 완전히 처음부터 다시 시작했다면 오른쪽 복도 끝에 서서 사람들에게 손짓을 하거나, 아니면 심지어 팔이 "공짜 쿠키" 팻말로 진화한 로봇이 생겼을지도 모른다(하지만 '공짜 쿠키' 로봇으로 진화하기는 쉽지 않을 것이다. 왜냐하면 팻말이 조금만 달라도 효과가 전혀 없을 것이기 때문이다. 좋은 해결책에 근접했다는 이유만으로 어느 해결책에 보상을 주기는 어렵다. 다시 말해, 이것은 '모래밭에서 바늘 찾기'식의 해결책이다).

　　살인 로봇을 차치하면, 가장 가능성이 높은 진화의 방향은 '쓰러져서 길을 막는' 로봇이 점점 더 거슬리는 로봇으로 진화하는 길이었을 것이다(쓰러지는 것은 상당히 쉬운 일이기 때문에, 진화한 로봇이 쓰러져서 문제를 해결할 수 있다면 그렇게 했을 것이다). 그 방향으로 진화한다면 사람들을 100퍼센트 오른쪽 길로 들어서게 만들어 문제를 완벽하게 해결한 로봇이 나올지도 모른다(물론 사람을 한 명도 죽이지 않은 로봇).

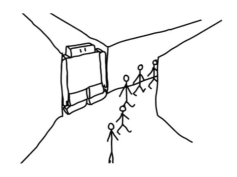

그렇다. 우리는 결국 '문'을 진화시켰다.

이게 바로 AI의 또 다른 특징이다. AI는 지극히 상식적인 대체품이 있는데도 쓸데없이 복잡한 방식으로 문제를 해결하는 수가 있다.

진화 알고리즘은 비단 로봇뿐만 아니라 온갖 종류의 설계를 진화시키는 데 사용될 수 있다. 구겨지면서 힘을 소멸시키는 자동차 범퍼, 정확하게 회전하는 플라이휠 같은 것들은 모두 사람들이 진화 알고리즘을 써서 해결해 보려고 했던 문제들이다. 진화 알고리즘의 게놈은 또한 물체의 묘사에만 국한되지 않는다. 우리는 자동차나 자전거의 디자인은 고정해 놓고, 제어 프로그램을 진화시킬 수도 있다. 또한 인공 신경망의 가중치나 의사 결정 트리의 배열이 게놈이 될 수도 있다고 앞에서도 이야기했다. 종종 서로 다른 종류의 기계학습 알고리즘이 이런 식으로 결합되어 각자의 장점을 발휘할 수 있다.

진화를 통해 지구상에 등장한 수많은 생명체를 생각해 보면, 우리가 엄청난 속도로 가속화된 가상의 진화를 사용했을 때 얼마나 큰 가능성이 열릴지 짐작할 수 있다. 현실에서의 진화가 경이로울 만큼 복잡한 생물들을 만들어 정말로 특이한 물질까지 식량으로 사용할 수 있었던 것처럼, 진화 알고리즘 역시 아주 기발한 방식으로 우리를 계속해서 놀라고 기쁘게 만든다. 물론 때로는 진화 알고리즘이 다소 '너무' 창의적일 수도 있다. 그 내용은 5장에서 볼 것이다.

GAN

AI는 이미지를 이용해 굉장한 일들을 할 수 있다. 여름 풍경을 겨울 풍경으로 바꾸고, 사람의 얼굴을 상상해 만들고, 누군가의 고양이 사진을 입체파 느낌의 그림으로 바꿀 수도 있다. 이런 현란한 이미지 생성 또는 이미지 혼합, 이미지 필터링 툴tool은 보통 GANgenerative adversarial network의 작품이다.

GAN은 인공 신경망의 하위 변종이지만, 따로 언급할 만한 가치가 있다. 3장에 나왔던 여타의 기계학습과 달리, GAN은 등장한 지가 그리 오래되지 않았다. 이안 굿펠로Ian Goodfellow를 비롯한 몬트리올대학교 연구진이 GAN을 처음 소개한 것이 고작 2014년이다.[10]

GAN의 핵심은 하나의 알고리즘 안에 실제로는 두 개의 알고리즘이 들어 있는 것이다. 하나는 **생성자**generator라고 해서 인풋 데이터세트를 모방하려 노력하고, 다른 하나는 **구별자**discriminator라고 해서 생성자가 만들어낸 모방작과 실제 대상을 구별하려 노력한다.

이미지 생성기를 훈련시킬 때, 이게 왜 유용한지 가상의 사례를 통해 알아보자. 예를 들어, 우리가 GAN을 훈련시켜 말의 이미지를 생성하고 싶다고 치자.

가장 먼저 필요한 것은 예시가 될 수 있는 수많은 말의 사진이다. 이때 우리가 (아마도 어느 특정한 말에 꽂혀서) 계속해서 똑같은 자세를 취하고 있는 똑같은 말만 보여준다면, 아주 다양한 색상과 앵글과 조명의 말 사진을 보여줄 때보다 GAN의 학습이 빨라질 것이다. 또한 단순하고 일관된 배경을 사용하는 것도 문제를 단순화하는 효과가 있다. 그렇지 않으면 GAN은 울타리와 풀밭, 퍼레이드를 언제 어떻게 그리는지 배우느라 많은 시간을 소모하게 될 것이다. 사진처럼 생생한 얼굴과 꽃, 음식 이미지를 생성할 수 있는 GAN은 대부분 아주 제한적이고 일관된 데이터세트로 학습한 경우다. 예를 들어, 고양이 얼굴만 있는 사진이나 위에서만 찍은 라면 사진 같은 것들 말이다. 튤립 꽃만 훈련한 GAN은 아주 그럴듯한 튤립을 만들어낼 수도 있겠지만 다른 종류의 꽃에 대해서는 문외한일 테고, 심지어 튤립에 이파리나 뿌리가 있다는 사실조차 모를 것이다. 사진처럼 생생한 사람 얼굴 사진을 생성할 수 있는 GAN도 사람의 목 아래에는 무엇이 있는지, 얼굴 뒷면에는 무엇이 있는지, 심지어 인간이 눈을 감을 수 있는지조차 모를 것이다. 그러니까 우리가 말 이미지를 생성하는 GAN을 만들려면, GAN의 세상을 아주 단순하게 만들고 아무것도 없는 흰색 바탕에 말의 옆모습만 있는 사진을 보여주는 것이 성공률을 높이는 길이다(다행히 이는 나의 그리기 실력과도 비슷한 범위다).

이제 데이터세트가 준비되었으니(또는 이제 데이터세트가 준비된 상황을 상상할 수 있으니), GAN의 두 부분 즉 생성자와 구별자를 훈련시킬 준비가 된 셈이다. 생성자는 우리의 말 사진들을 살펴보고, 어떤 규칙을 파악해 그와 비슷한 사진을 만들어내야 할 것이다. 엄밀히 말하면, 우리가 하려는 작업은 생성자가 말 사진 속에 무작위적인 노이즈를 적용해 사진을 왜곡하게 만들려는 것이다. 그렇게 하면 말 사진을 하나만 만들어내는 게 아니라, 무작위적인 노이즈 패턴 하나마다 서로 다른 말 사진을 만들어낼 수 있기 때문이다.

그러나 훈련 초기에는 아직 생성자가 말 그리기에 관해 아무런 규칙도 배우지 못했다. 생성자는 무작위 노이즈로 시작해, 사진에 무작위로 무언가를 한다. 생성자가 아는 범위에서는 그게 말을 그리는 방법이다.

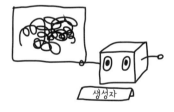

그렇다면 우리는 끔찍한 그림을 그려놓은 생성자에게 어떻게 유용

한 피드백을 줄 수 있을까? 상대가 알고리즘이기 때문에, 피드백은 숫자의 형태가 되어야 한다. 생성자가 개선하려고 노력할 수 있는 일종의 정량적인 점수가 필요하다. 한 가지 유용한 지표는 진짜 말처럼 보일 만큼 훌륭한 그림을 그려낸 비율이 될 것이다. 사람이라면 이것을 쉽게 판단할 수 있다. 우리는 그냥 뭉개진 털과 말을 구분하는 데 아주 능하기 때문이다.

하지만 훈련 과정에서 그림은 수천 장이 나올 텐데, 그때마다 인간 심판관이 평가를 내리는 것은 비현실적이다. 또한 이 단계에서 인간 심판관은 지나치게 냉혹할 수 있다. 우리 눈에는 감지하기 힘들지라도 생성자가 만든 그림 두 장 가운데 어느 하나가 다른 한쪽보다는 아주 조금이라도 말과 더 비슷할 수도 있는데, 인간이라면 두 장 모두 '말이 아님'이라고 평가할 것이기 때문이다. 만약에 우리가 그림 하나를 진짜라고 생각하게끔 생성자가 인간을 속인 횟수를 기준으로 피드백을 준다면, 생성자는 자신이 조금이라도 진전이 있었는지 결코 알 수가 없을 것이다. 왜냐하면 생성자는 인간을 속이지 못할 것이기 때문이다.

그래서 필요한 것이 바로 구별자다. 구별자는 그림을 보고 이 그림이 훈련 데이터세트에 있던 진짜 말인지 아닌지를 판단하는 역할을 한다. 훈련 초기에 구별자는 생성자만큼이나 자신의 역할에 서툴러서, 생성자가 휘갈겨 놓은 것과 진짜 그림을 제대로 구별하지 못한다. 그래서 생성자는 자신이 그려낸, 말과 비슷하기는 한 건지 감지하기조차 힘든 그림으로 구별자를 속이는 데 실제로 성공할 수도 있다.

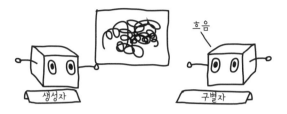

시행착오를 통해 생성자도, 구별자도 점점 더 나아진다.

어찌 보면 GAN은 생성자와 구별자를 이용해서, 스스로 심판관이자 경쟁 참여자인 일종의 튜링 테스트를 진행하고 있는 셈이다. 우리는 훈련 과정이 끝날 때쯤이면 GAN이 생성한 말 그림이 인간 심판관까지 속일 수 있기를 바랄 뿐이다.

생성자   구별자

종종 사람들은 입력한 데이터세트와 정확히 일치하지 않고, '비슷하지만 뭔가 다른' 것을 만들려고 하는 GAN을 설계할 것이다. 예를 들어, 일부 연구진은 추상적 그림을 만들어내는 GAN을 설계하기도 했는데, 훈련용 데이터세트에 있는 작품의 지루한 복제품이 아닌 그림을 원했다. 연구진은 작품이 훈련용 데이터세트와 비슷하긴 하지만 똑같지는 않아서 그 어느 카테고리에도 속하지 않는지 여부를 구별자가 판단하게 했다. 약간은 모순적이기도 한 이 두 가지 목표를 가지고 GAN은 '일치'와 '혁신' 사이에서 줄타기를 잘 해냈다.[11] 그 결과 GAN이 그려낸 이미지는 인기를 끌었다. 인간 심판관들조차 사람이 그린 이미지보다 GAN이 만든 이미지에 더 높은 점수를 주었다.

믹싱, 매칭, 협업

우리는 GAN이 두 가지 알고리즘, 즉 이미지를 생성하는 알고리즘과 이미지를 분류하는 알고리즘을 결합하는 방식으로 목표를 달성한다는 것을 배웠다.

실제로 많은 AI들이 더 특화된 다른 기계학습 알고리즘들의 결합으로 만들어진다.

예를 들어, 마이크로소프트의 '시잉 AI Seeing AI' 애플리케이션은 시각 손상이 있는 사람들을 위해 설계되었다. 사용자가 어떤 '채널'을 선택하는지에 따라 이 앱은 다음과 같은 일들을 할 수 있다.

- 장면 안에 무엇이 있는지를 인식하고 소리 내서 알려준다.
- 스마트폰 카메라로 비춘 텍스트를 읽어준다.
- 화폐의 액면가를 읽어준다.
- 사람을 알아보고 그들의 감정을 구분한다.
- 바코드가 어디 있는지 찾고 스캔한다.

문자-음성 변환 기능을 포함해, 이런 기능들은 각각 훈련된 AI가 개별적으로 작동할 가능성이 높다.

화가 그레고리 차톤스키 Gregory Chatonsky는 기계학습 알고리즘 세 개를 이용해 그림을 생성했다. '이건 진짜 당신이 아니랍니다 It's Not Really You'라는 프로젝트였다.[12] 알고리즘 하나는 추상적인 그림을 생성하도록 훈련하고, 다른 하나에는 첫 번째 알고리즘이 만든 작품을 다양한 화가들의 스타일로 변환하는 일을 맡겼다. 그리고 마지막으로 화가 자신이 이미지 인식 알고리즘을 사용해 그 생성된 이미지에 제목을 붙여주었다. 〈화려한 샐러드 Colorful Salad〉, 〈기차 케이크 Train Cake〉, 〈바위 위의 피자 Pizza Sitting on a Rock〉처럼 말이다. 그렇게 해서 만들어진 최종 작품은 예술가의 기획 및 지휘 아래에서 여러 개의 알고리즘이 협업한 산물이었다.

여러 개의 알고리즘이 서로 더 밀접하게 결합해 인간의 개입 없이 여러 기능을 한 번에 사용하기도 한다. 예를 들어, 데이비드 하David Ha와 위르겐 슈미트후버Jürgen Schmidhuber는 인간의 뇌에서 영감을 받아, 진화를 이용한 알고리즘을 하나 훈련시켰다. 이것은 〈둠Doom〉이라는 컴퓨터게임의 어느 레벨을 플레이하는 알고리즘이었다.[13]

이 알고리즘은 협업하는 세 개의 알고리즘으로 구성됐다. '시각 모형'은 게임에서 일어나는 상황을 인지하는 임무를 맡았다. '시야에 불덩어리가 있는가? 근처에 벽이 있는가?' 이 알고리즘은 픽셀로 구성된 2차원 이미지를, 자신이 추적하는 게 중요하다고 판단한 여러 특징들로 변환했다.

두 번째인 '기억 모형'은 다음에 무슨 일이 벌어질지를 예측하는 임무를 맡았다. 이 책에서 보았던 텍스트 생성 순환 신경망이 과거의 이력을 살펴서 다음에 어떤 글자 또는 어떤 단어가 올지 예측했던 것과 마찬가지로, 기억 모형은 게임 내에서 과거의 순간들을 살피고 다음에 무슨 일이 벌어질지 예측하는 순환 신경망이었다.

만약 조금 전에 왼쪽으로 움직이는 불덩어리가 있었다면, 다음 이미지에서도 여전히 거기에, 조금 더 왼쪽으로 간 곳에 불덩어리가 있을 가능성이 높다.

만약 그 불덩어리가 점점 커지고 있었다면 계속해서 더 커질 것이다 (아니면 플레이어를 맞혀서 엄청난 폭발을 일으킬 것이다).

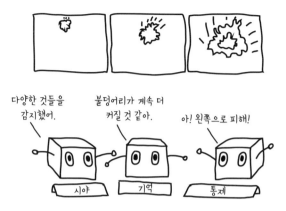

마지막으로 세 번째 알고리즘인 '통제 모형'은 어떤 행동을 취할지 결정하는 일을 맡았다. 왼쪽으로 피해야 불덩어리에 맞지 않을까? 어쩌면 그게 좋은 생각일 것이다.

이렇게 세 부분이 협업해서 불덩어리를 보고, 다가온다는 것을 깨닫고, 피했다. 연구진은 알고리즘이 개별 임무에 최적화되도록 각 하위 알고리즘의 형태를 선택했다. 이는 아주 일리 있는 접근법이다. 우리가 2장에서 본 것처럼, 기계학습 알고리즘은 과제의 범위가 좁을 때 가장 좋은 성과를 내기 때문이다. 기계학습 알고리즘에 알맞은 형태를 선택하거나, 문제를 하위 알고리즘에 맞는 과제 형태로 쪼개는 것은 프로그래머가 목표를 달성하는 데 핵심 열쇠다.

다음 장에서는 AI가 성공할 수 있는, 또는 성공하기 힘든 설계에 관해 좀 더 자세히 알아보자.

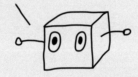

노력 중이라고요!

지금까지는 AI가 어떤 학습을 통해 문제를 해결하는지, 어떤 문제는 잘 풀고, 어떤 문제는 자주 실패하는지 이야기했다. 이제 실패 사례에 좀 더 초점을 맞춰보자. 이 사례들은 AI를 이용한 해결책이 현실 세계의 문제를 해결하는 데 결코 좋은 방법이 될 수 없는 것들이다. 그중에는 약간 짜증 나는 문제도 있고, 상당히 심각한 사례도 있다. 이번 장에서는 AI가 문제를 잘 해결하지 못하면 무슨 일이 벌어지는지, 그럴 때 우리는 무엇을 할 수 있는지에 관해 이야기할 것이다. 그런 일이 벌어질 수 있는 상황은 다음과 같다.

- AI에게 너무 폭넓은 문제를 주었을 때.

- AI가 무슨 일인지 제대로 파악할 수 있을 만큼 AI에게 충분한 데이터를 주지 않았을 때.
- 의도치 않게 AI를 혼란스럽게 만들거나, AI에게 시간을 낭비하게 만드는 데이터를 주었을 때.
- AI에게 현실 세계에서 마주치는 것보다 훨씬 더 간단한 과제를 주고 AI를 훈련시켰을 때.
- 현실 세계를 대표하지 못하는 상황에서 AI를 훈련시켰을 때.

너무 폭넓은 문제

이미 익숙한 문제일 수도 있다. 우리는 2장에서 AI가 풀기에 적합한 문제가 어떤 종류인지 살펴보았다. 페이스북의 AI 비서 M의 실패 사례에서 본 것처럼, 문제가 너무 광범위하면 AI는 유용한 반응을 내놓기가 힘들다.

2019년, AI에 널리 사용되는 연산 엔진을 만드는 회사 엔비디아Nvidia의 연구진은 사람 얼굴 이미지를 생성하는 스타일갠StyleGAN이라는 GAN(3장에서 설명했던 두 부분으로 구성된 인공 신경망)을 훈련시켰다.[1] 스타일갠은 놀랍도록 훌륭하게 일을 수행하여, 서로 짝이 맞지 않는 귀고리나 말도 안 되는 배경 등 사소한 문제를 제외하고는 진짜 사진 같은 얼굴들을 만들어냈다. 그러나 연구진이 스타일갠에게 고양이 사진을 훈련시키자, 스타일갠은 팔다리가 다섯 개 이상이라든가, 눈이 하나 더 있다든가, 얼굴이 괴상하게 왜곡된 고양이 등을 만들어냈다. 인간 얼굴의 정면 사진으로만 구성된 데이터세트와는 달리, 고양이 사진 데이터세트에는 다양한 각도에서 찍은 고양이 사진과 고양이가 걸어가는 사진, 카메라를 보고 야옹거리는 사진 등이 포함되어 있었다. 스타일갠은 여러 고양이의 사진뿐만 아니라 클로즈업 사진, 심지어 사람과 함께 찍힌 사진까지 학습해야 했고, 이것은 한 개의 알고리즘이 감당하기에는 너무 많은 데이터였다. 실물 같은 인간 사진과 왜곡된 고양이 사진이 똑같은 기본 알고리즘의 산물이라는 게 믿기지 않을 정도였다. 어찌되었든 AI는 과제의 범위가 좁을수록 더 똑똑해지는 듯하다.

데이터 좀 더 주세요

위에서 이야기한 스타일갠 알고리즘을 비롯해, 이 책에 언급된 대부분의 AI는 사례를 통해 학습한다. 사례가 충분하면, 다시 말해 고양이 이름, 말 그림, 성공적인 주행 의사 결정, 금융 예측 등의 예시가 충분하면, 이 알고리즘들은 자신이 본 것을 모방하는 데 도움이 되는 패턴을 학습한다. 그러나 사례가 충분하지 않다면, 알고리즘 스스로 어떤 일이 벌어지고 있는지 파악할 수 있는 정보가 충분치 않을 것이다.

이를 극단적인 경우까지 한번 밀어붙여 보자. 새로운 아이스크림 맛을 발명하게끔 AI를 훈련시키면서, 학습할 맛들을 AI에게 극히 적게 제시해 보자. 아래와 같은 여덟 개의 맛만 알려주기로 하자.

초콜릿 Chocolate

바닐라 Vanilla

피스타치오 Pistachio

무스 트랙스 Moose Tracks

피넛 버터 칩 Peanut Butter Chip

민트 초콜릿 칩 Mint Chocolate Chip

블루 문 Blue Moon

샴페인 버번 바닐라 위드 퀸스 골든 라즈베리 스월 앤드 캔디드 진저

Champagne Bourbon Vanilla With Quince-Golden Raspberry Swirl And Candied Ginger

이것들 모두 훌륭한 맛의 전통적인 아이스크림들이다. 사람에게 이 목록을 보여줬다면 아이스크림 맛을 구분하는 이름들이라는 사실을 알아보고, 몇 가지 맛을 더 떠올릴 수도 있을 것이다. 예컨대 '딸기 맛'이라든가, '아몬드'라든가 하는 식으로 말이다. 사람이 그렇게 할 수 있는 이유는 아이스크림이 무엇인지 알고, 아이스크림에 어떤 맛들이 주로 들어가는지를 알기 때문이다. 사람은 이런 맛들을 글로 쓰는 법도 알고, 어떤 순서로 단어를 배치해야 하는지도 안다(예컨대 '민트 초콜릿 칩'은 맞지만, 절대로 '칩 초콜릿 민트'라고는 부르지 않는다). 사람은 '딸기 맛'은 맛에 해당하지만, '캔터베리'는 맛이 아니라는 것을 안다.

하지만 아직 훈련되지 않은 인공 신경망에 내가 이 목록을 준다면, 인공 신경망에게는 그런 정보가 하나도 없다. 인공 신경망은 아이스크림이 무엇인지, 심지어 영어가 무엇인지도 모른다. 모음이 자음과 다르

다는 것도 모르고, 글자는 빈칸이나 줄 바꿈과 다르다는 것도 모른다.
인공 신경망이 보는 이 데이터세트의 모습을 나타내 보면 도움이 될지
도 모르겠다. 인공 신경망에게는 각각의 글자나 빈칸, 구두점 등이 단일
한 숫자로 변환된다.

3¡8¡15¡3¡15¡12¡1¡20¡5¡24¡22¡1¡14¡9¡12¡12¡1¡24¡16¡9¡19¡20¡1¡3¡8¡9¡

15¡24¡13¡15¡15¡19¡5¡0¡20¡18¡1¡3¡11¡19¡24¡16¡5¡1¡14¡21¡20¡0¡2¡21¡

20¡20¡5¡18¡0¡3¡8¡9¡16¡24¡13¡9¡14¡20¡0¡3¡8¡15¡3¡15¡12¡1¡20¡5¡0¡3¡8¡

9¡16¡24¡2¡12¡21¡5¡0¡13¡15¡15¡14¡24¡3¡8¡1¡13¡16¡1¡7¡14¡5¡0¡2¡15¡

21¡18¡2¡15¡14¡0¡22¡1¡14¡9¡12¡12¡1¡0¡23¡9¡20¡8¡0¡17¡21¡9¡14¡3¡5¡26¡

7¡15¡12¡4¡5¡14¡0¡18¡1¡19¡16¡2¡5¡18¡18¡25¡0¡19¡23¡9¡18¡12¡0¡1¡14¡

4¡0¡3¡1¡14¡14¡9¡5¡14¡0¡7¡9¡14¡7¡5¡18¡

이 인공 신경망의 임무는, 예를 들면 문자 13('m'에 해당)이 언제 나타
날지 알아내는 것이다. 13은 24(줄 바꿈) 뒤에 두 번 나타났지만, 한 번
은 0(빈칸) 뒤에 나타났다. 왜일까? 물론 우리는 인공 신경망에게 이를
명시적으로 알려준 적이 없다. 또 문자 15('o'에 해당)를 보자. 때로는 두
개가 연달아 나타나기도 하지만(두 번 모두 13 뒤였다), 다른 때에는 한
번만 나타나기도 한다. 역시나 왜일까? AI에게는 이런 점들을 알아낼
만큼 충분한 정보가 없다. 이 인풋 데이터세트에는 'f'가 한 번도 등장하
지 않기 때문에, 인공 신경망에게는 'f'에 할당된 숫자가 없다. 이 인공
신경망이 아는 한, 'f'는 존재하지 않는다. 따라서 이 인공 신경망은 아무

리 열심히 노력해도 '토피 toffee'나 '커피 coffee', '퍼지 fudge' 등은 도저히 생각해 낼 수가 없다.

그럼에도 불구하고 이 인공 신경망은 아주 열심히 노력하고 있다. 그리고 몇 가지를 생각해 냈다. 이 인공 신경망은 모음과 빈칸이(문자 1, 5, 9, 15, 21, 0) 자주 나온다는 것을 학습했고, 따라서 학습 초기에 다음과 같은 모양의 아웃풋을 만들어냈다.

aaaoo aaaaaaaaaoalnat ia eain l e eer r e r er n

r en d edeedr   ed d nrd d edi r rn n d

e e eer d r e d d dd dr rr er r r n e r i d edAe

eri died d rd eder r edder dnrr   dde er ne r dn

nend n dn rnndr eddnr re rdre rdd er e e

dnrddrr rdd r

훈련용 데이터세트 속에 아주 긴 아이스크림 이름이 하나 포함되어 있기 때문에, 인공 신경망은 문자 24(줄 바꿈)를 얼마나 자주 사용해야 하는지 이해하는 데 어려움을 겪는다. 하지만 결국 인공 신경망의 아웃풋은 개별 '맛'으로 분리되기 시작한다.

tahnlaa aa otCht aa itonaC hi aa gChoCe ddidddRe

dCAndddriddrni dedweiliRee

aataa naa ai

tttCuat

알고리즘이 개별 글자의 조합을 기억하기 시작하고, 데이터세트에서 알아볼 수 있는 단어가 나타나려면 훨씬 더 긴 시간이 필요하다(인공 신경망은 입 안에 라즈베리를 몇 개 넣고 '음매'거리는 것 같은, 일종의 '오싹한 소' 같은 단계를 지나간다).

MoooootChopooopteeCpp

BlpTrrrks

Bll Monooooooooooooo

Pnstchhhhhh

MoooosTrrrksssss

PeniautBuut tChppphippphppihpppi

Moonillaaaaal

Pnnillaaa

Buee Moooo

인공 신경망의 훈련이 계속되면서, 아이스크림 맛은 점점 더 알아볼 수 있게 된다.

모인트 츌릿 칩 *Moint Chooolate Chip*

피넛 버터 칩 *Peanut Butter Chip*

피스트치히오 Pistchhio

부 무 Bue Moo

무스 트랙 Moose Trrack

프세너초 Psenutcho

바닐라 Vanilla

민트쿨릿 치힙 MintCcooolate Chhip

프스트치히오 Psstchhio

샴푼 부르 바닐라위드 키지 골드니 아스프베르 엔덜 앤드캔디드느거

Chaampgne Booouorr VanillaWith QciiG-Golddni aspberrrr ndirl AndCandiiddnngger

심지어 말이 되는 더 긴 글자들의 순서를 연속적으로 기억하면서 인풋 데이터세트에 있는 몇 가지 맛을 말 그대로 복사하기까지 했다. 좀 더 훈련한다면 여덟 가지 맛의 데이터세트 전체를 완벽하게 재현하는 법도 배우게 될 것이다. 하지만 그것은 우리의 목표가 아니다. 인풋 사례를 암기하는 것은 새로운 맛을 생성하는 법을 배우는 것과 같지 않다. 다시 말해, 이 알고리즘은 일반화에 실패했다.

그러나 데이터세트의 크기가 적절하면, 인공 신경망은 훨씬 더 나은 진전을 보일 수 있다. 내가 2,011개의 맛으로 인공 신경망을 훈련시켰더니(여전히 작은 데이터세트지만 말도 안 되게 작던 것에 비하면 큰 편이다), AI는 마침내 뭔가를 만들어낼 수 있었다. AI는 2장에 나왔던 맛들뿐만 아니라 아래 목록에 있는 것과 같은 완전히 새로운 맛들을 만들어냈다. 모두 당초 데이터세트에는 없던 것들이다.

스모크트 버터 Smoked Butter

버번 오일 Bourbon Oil

로스트 비트 피칸 Roasted Beet Pecans

그레이즈드 오일 Grazed Oil

그린티 코코넛 Green Tea Coconut

초콜릿 위드 진저 라임 앤드 오레오 Chocolate With Ginger Lime and Oreo

캐럿 비어 Carrot Beer

레드 허니 Red Honey

라임 카르다몸 Lime Cardamom

초콜릿 오레오 오일 + 토피 Chocolate Oreo Oil + Toffee

밀키 진저 초콜릿 페퍼콘 Milky Ginger Chocolate Peppercorn

따라서 AI를 훈련시킬 때 보통은 데이터가 많을수록 좋다. 우리가 3장에서 보았던, 아마존 구매 후기를 생성한 인공 신경망이 8,200만 개나 되는 구매 후기를 훈련한 것은 그 때문이다. 또한 2장에서 보았던 것처럼 자율주행차가 수백만 킬로미터의 실제 주행 데이터와 수십억 킬로미터의 시뮬레이션 주행 데이터로 훈련하는 이유이기도 하다. 이미지넷 같은 표준 이미지 인식 데이터세트가 수백만 개의 사진을 보유하고 있는 이유 역시 마찬가지다.

그런데 이 모든 데이터는 어디에서 얻을까? 페이스북이나 구글이라면 이미 거대한 데이터세트가 수중에 있을 수도 있다. 예를 들어, 구글은 수집해 놓은 검색어가 워낙 많기 때문에, 우리가 검색창에 타이핑을 시작하면 문장이 어떻게 끝날지 추측하는 알고리즘을 훈련시킬 수 있었다(실제 사용자에게서 나온 데이터로 AI를 훈련시킬 때의 단점은 제안된 검색어가 성차별주의자나 인종차별주의자의 용어가 되어버릴 수 있다는 점이다. 혹은 그냥 너무 괴상할 때도 있다). 이런 빅데이터 시대에 잠재적으로 AI 훈련에 이용할 수 있는 데이터는 귀중한 자산이다.

그런데 이런 데이터가 수중에 없다면 어떤 식으로든 데이터를 수집해야 할 것이다. '크라우드소싱crowdsourcing'도 값싼 하나의 옵션이 될 수 있다. 해당 프로젝트가 재미있거나 유용해서 사람들의 흥미를 계속 끌 수만 있다면 말이다. 사람들은 야외에 설치된 카메라에 찍힌 동물을 식별하고, 고래의 소리를 알아듣고, 덴마크의 어느 강 하구에 위치한 삼각주의 온도 변화 패턴을 알아보는 데에도 크라우드소싱 데이터세트를 활용했다. 현미경으로 샘플의 개수를 세는 AI 툴을 개발하는 연구자라면, 이용자들에게 분류된 데이터를 제출해 달라고 해서 향후에 툴을 개선하는 데 활용할 수 있다.

그런데 종종 크라우드소싱이 제 역할을 못 할 때가 있다. 나는 그게 사람들 탓이라고 생각한다. 한 가지 예로, 나는 핼러윈 코스튬 이름을 크라우드소싱한 적이 있었다. 나는 온라인 양식을 만들어서 자원자들에게 생각나는 코스튬 이름을 모두 적어달라고 했다. 그랬더니 알고리즘은 다음과 같은 코스튬 이름을 만들어내기 시작했다.

스포츠 코스튬
섹시하면서 무서운 코스튬

평범하지만 무서운 코스튬

문제의 발단은 누군가가 도움이 되고 싶은 마음에 코스튬 상점의 카테고리 이름을 모두 적은 것이었다("뭐로 변신하신 거예요?" "아, 저는 남성용 고급 코스튬의 미디엄 사이즈예요.").

모르는 사람들의 호의나 협조에 의존하지 않아도 되는, 한 가지 대안은 사람들에게 돈을 주고 데이터를 크라우드소싱하는 것이다. 아마존 메커니컬 터크Mechanical Turk 같은 서비스는 바로 이런 목적으로 만들어진 것이다. 연구자가 일감(예컨대 이미지에 관한 물음에 답한다거나, 고객 서비스의 대표 역할로 롤플레잉을 한다거나, 기린을 클릭하는 것 등)을 만들어서, 원거리의 노동자에게 대금을 지불하면 과제를 완수해 준다. 아이러니하게도, 이런 전략이 역효과를 낳을 수도 있다. 만약 누군가 그 일을 맡아놓고, 몰래 봇을 시켜서 작업을 하게 한다면 말이다. 봇은 대개 맡은 일을 제대로 해내지 못한다. 유료 크라우드소싱 서비스의 이용자들은 간단한 테스트를 넣어서 질문을 읽는 사람이 인간인지, 또 주의를 기울이는지, 무작위로 답변을 하고 있는 것은 아닌지 확인한다.[2] 다시 말해, 질문 중에 튜링 테스트를 넣어서, 자신의 봇을 훈련시키는데 의도치 않게 봇을 고용한 것은 아닌지 확인한다.

작은 데이터세트를 가장 잘 활용하는 또 하나의 방법은, 데이터에 작은 변화를 주어서 데이터 한 조각이 조금씩 변형된 수많은 데이터가 되게 하는 것이다. 이런 전략을 '**데이터 증강**data augmentation'이라고 한다. 예를 들어, 하나의 이미지를 두 개로 만드는 간단한 방법 중 하나는 해당 이미지를 거울에 반사된 이미지로 만드는 것이다. 이미지의 일부를 잘라내거나 질감을 살짝 바꾸는 방법도 있다.

데이터 증강은 텍스트에도 적용할 수 있지만, 흔하지는 않다. 몇 글자 안 되는 구절을 수많은 구절로 바꾸는 한 가지 전략은, 해당 구절의 여러 부분을 비슷한 뜻을 가진 다른 단어로 대체하는 것이다.

말 한 무리가 맛있는 케이크를 먹고 있다.

말 한 집단이 경이로운 디저트를 씹고 있다.

말 몇 마리가 푸딩을 즐기고 있다.

말들이 음식물을 먹고 있다.

말들이 다과를 정신없이 먹고 있다.

하지만 이런 것들을 자동으로 생성하면 부자연스럽고 괴상한 문장이 나올 수 있다. 텍스트를 크라우드소싱하는 프로그래머들이 훨씬 자주 쓰는 방법은, 많은 사람들에게 동일한 과제를 주문해서 같은 뜻이지만 형식이 살짝 다른 답변을 많이 얻어내는 것이다. 예를 들자면, 이미지에 관한 질문에 답할 수 있는 비주얼 챗봇Visual Chatbot이라는 챗봇을 만든 팀이 있었다. 크라우드소싱한 사람들이 물어보는 질문에 또 다른 크라우드소싱한 사람들이 답변하는 방식으로, 이들은 3억 6,400만 개의 질문-답변 쌍을 만들어서 훈련용 데이터로 사용했다. 내 계산에 따르면, 연구 팀은 같은 이미지를 평균 300번씩 보여주었고, 그 결과 이들의 데이터세트에는 비슷한 단어를 사용한 답변들이 많았다.[3]

아니요, 기린 두 마리만.

아니요, 기린 둘만.

두 마리인데, 기린 혼자가 아니고 아기 기린 하나와 어른 기린 하나.

아니요, 울타리 안에 있는 기린 두 마리만.

아니요 기린 둘만 보여요.

아니요, 귀여운 기린 두 마리만.

아니요, 기린 두 마리만.

아니, 기린 두 마리만.

아니, 기린 둘만.

기린 두 마리만.

아래 답변에서 볼 수 있듯이, 남들보다 이 프로젝트를 더 진지하게 생각한 응답자들도 있었다.

네, 저라면 이 기린을 분명히 만날 겁니다.

키가 큰 기린은 새끼를 낳은 것을 후회하고 있을 수도 있겠네요.

이파리를 왜 훔쳐가냐고 새가 기린을 노려보고 있네요.

이 과제는 또 다른 효과도 있었다. 사람들은 이미지 하나당 10개씩 질문을 해야 했는데, 그러면 결국에는 기린에 관해 물어볼 것이 바닥나서 종종 엉뚱한 질문을 하곤 했다. 사람들이 내놓은 질문들 중에는 다음과 같은 것들도 있었다.

이 기린이 양자물리학과 끈 이론을 이해할 것처럼 보이나요

이 기린이 사랑스러운 드림웍스 영화에 캐스팅될 만큼 행복하게 보이나요

사진이 찍히기 전에 이 기린이 사람을 먹었을 것처럼 보이나요

이 기린이 인류를 노예로 만들, 다른 점박이 네발짐승 지배자를 기다리고 있나요

저스틴 비버에서 간달프까지를 기준으로, 이 기린은 얼마나 멋진가요

이것들이 깡패 얼룩말일 수도 있을까요

이게 선택받은 말처럼 보이나요

기린 노래가 뭔가요

곰은 몇 센티미터쯤 될까요

제발, 지금 하려는 과제에 잠시 주의를 집중하고 내가 질문을 하고 나면 타이핑을 시작하세요. 저는 오래 기다리는 것을 좋아하지 않아요. 그쪽은 이렇게 오래 기다리는 것을 좋아하나요

인간은 데이터세트에 괴상한 짓들을 한다.

그래서 우리가 데이터에 관해 또 하나 주의해야 할 것이 생긴다. 데이터가 그냥 많기만 해서는 안 된다. 데이터세트에 문제가 있다면 알고리즘은 기껏해야 시간을 낭비할 테고, 최악의 경우에는 잘못된 것을 학습할 것이다.

데이터가 엉망일 때

구글에서 AI 기술 팀을 이끌고 있는 빈센트 밴호크Vincent Vanhoucke는 2018년에 〈더 버지The Verge〉와 가진 인터뷰에서 구글이 자율주행차를 훈련시키고 있다는 이야기를 했다. 연구진은 알고리즘이 보행자, 자동차, 기타 장애물 등을 분류하는 데 어려움을 겪는 것을 발견하고, 인풋 데이터를 다시 들여다보았다고 한다. 그랬더니 대부분의 에러가 훈련용 데이터세트를 만들 때 사람이 분류를 하면서 저지른 실수에서 비롯된 것이었다.4

나 역시 이런 일을 분명히 목격했다. 초창기 내 프로젝트를 위해 조리법을 생성하도록 인공 신경망을 훈련시킨 적이 있었다. 그 인공 신경망은 실수를 정말 많이 저질렀다. 다음과 같은 일을 요리사에게 시키기도 했다.

벌꿀과 액상 발가락 물, 소금, 올리브오일 3큰술을 섞는다.
밀가루를 1/4센티미터 크기로 깍둑썰기를 한다.
냉장고에 버터를 얇게 펴 바른다.
기름칠한 냄비를 하나 떨어뜨린다.
냄비의 일부를 제거한다.

다음과 같은 재료를 요구하기도 했다.

리핑 오일wripping oil(없는 단어 - 옮긴이) 1/2컵

해동한 이파리 수업 1개

프랑스식 브라우니 크림 6제곱

이탈리안 통 크램배치crambatch(없는 단어 - 옮긴이) 1컵

AI는 조리법을 생성하는 복잡한 문제와 계량 단위에 관해 어려움을 겪고 있는 것이 분명했다. 이 인공 신경망의 메모리와 지능은 그렇게 폭넓은 과제를 감당할 수 없었다. 그런데 이 인공 신경망이 저지른 실수 중에 일부는 인공 신경망의 실수가 아니었다. 최초의 훈련용 데이터세트 속에 포함된 조리법 중에, 다른 컴퓨터 프로그램이 또 다른 포맷으로부터 자동으로 전환해 놓은 조리법이 들어 있었던 것이다. 그렇게 전환을 하면 매끄럽지 않은 경우들이 생긴다.

이 인공 신경망이 만든 조리법 가운데 하나는 다음과 같은 재료를 요구했다.

딸기들 1개

인풋 데이터세트에서 학습한 구절이었다. 인풋 데이터에는 "얇게 썰어서 설탕을 뿌린 신선한 딸기들 2컵 반"이라는 구절이 있었는데, 이게 자동으로 다음과 같이 나눠진 것이 분명했다.

얇게 썰어서 설탕을 뿌린 신선한 2컵 반

딸기들 1개

그리고 이 인공 신경망은 썰어놓은 밀가루를 요구했다. 이는 최초의 데이터세트에 있었던 다음과 같은 실수를 학습한 것인 듯하다.

썰어서 밀가루 입힌 2/3컵
견과류들 1개

비슷한 실수를 통해 이 인공 신경망은 다음과 같은 재료를 학습했다.

1개 (옵션)
강판에 간 설탕
소금과 후추 1개
면 1개
위에 1개

시간을 낭비시키는 데이터

데이터세트가 가진 여러 문제점들은 종종 인공 신경망이 실수를 저지르게 하는 것 말고도, 인공 신경망의 시간을 낭비하게 만든다. 인공 신경망이 만든 다음의 조리법을 한번 보자.

좋은 포네세드 드레싱 *Good Ponesed Dressing*

('Ponesed'는 없는 단어—옮긴이)

사막

('디저트(dessert)'에서 's'가 하나 빠짐—옮긴이)

토핑

찬물 4컵 또는 이스트 육류	버터 1/2컵
정향 1/4작은술	식물성 기름 1/2컵
강판에 간 쌀 1컵	파슬리들 1쪽

접시 두 장 사이에 오일과 밀가루, 대추, 소금에 양파를 넣고 다 같이 가열한다. 준비된 각각의 코팅된 그릴에 소스를 넣고 지방을 줄인다. 나무 이쑤시개로 옥수수 녹말을 추가한다. 닭을 녹인다. 코코넛과 치즈 가루를 뿌린다.

자료: IObass Cindypissong (in Whett

Quesssie. Etracklitts 6) Dallas Viewnard,

Brick-Nut Markets, Fat. submitted by

Fluffiting/sizevory, 1906. ISBN 0-952716-0-3015

NUBTET 10, 1972mcTbofd-in hands, Christmas

charcoals Helb & Mochia Grunnignias: Stanter

Becaused Off Matter, Dianonarddit Hht

5.1.85 calories CaluAmis

(전혀 말이 안 되는 단어들이 출판 정보의 형태로 써 있다—옮긴이)

자료: 초콜릿 파이 584년 1월

총 2인분

　조리법 제목과 카테고리,[*] 재료, 요리법을 만든 것 말고도, 이 인공 신경망은 각주를 생성하는 데 시간의 절반을 썼다. 출처에서부터 영양 정보, 심지어 ISBN 넘버까지 생성했다. 이 인공 신경망은 시간과 지능을 낭비했을 뿐만 아니라(ISBN 형식을 알아내느라 얼마나 오랜 시간이 걸렸을까?), 완전히 혼란에 빠져 있다. 왜 어떤 조리법에는 ISBN이 있고, 어떤 조리법에는 없을까? 왜 어떤 것은 출처가 사람 이름으로 되어 있고, 또 어떤 것은 책이나 잡지 이름으로 되어 있는가? 이런 일은 훈련용 데이터를 기본적으로 무작위로 선정했을 때 발생한다. 따라서 이 인공 신경망은 기저에 있는 패턴을 알아낼 가망성이 전혀 없다.

밍크와 물에 젖은 속을 넣은 메스토 사우스위트
('mestow southweet'는 없는 단어-옮긴이)
돼지고기, 바비큐

연어 완자 3봉지	천일염과 후추 1개
토마토와 저지방 우유 120밀리미터	저지방 사워크림 2컵
달지 않은 화이트와인 1컵	소금 1개
후추 1개	분리한 달걀 370그램 1캔

● 데이터세트에 카테고리가 '디저트 desserts'가 아니라 '사막 deserts'이라고 적혀 있었다. 그래서 이 인공 신경망은 디저트의 스펠링이 'deserts'라고 생각하고 있다.

사워크림을 사치볼에 결합하고 고기에 조심스럽게 코팅한 다음 씨앗을 뿌려서 서빙한다. (하룻밤 동안 부드럽게) (시나몬 빵의 워터메가를 싸서 셰리에 담근다) 냄비 가운데에 4분간 끊임없이 저어서 완전히 부드럽게 한다. 물, 소금, 레몬주스, 매시트포테이토를 넉넉히 젓는다.

버터에 넣고 가열한다. 즉시 서빙한다. 컵 위에 생선을 완전히 얇게 썬다. 남아 있는 얇게 썬 완두콩 1컵을 그릴에서 제거한다. 1분간 냉장고에 둔다. 깨지고 가지고 있지 않아 다른 걸죽하게 만든다. 쿠키마다 딸기를 위해

('사치볼', '워터메가'는 없는 단어─옮긴이)

술 취한 주방, 1편에서. 엑스티스 요리사의 워밀 투 시즈니. 오크 호수.

(전혀 말이 안 되는 단어들─옮긴이)

**** The from Bon Meshing, 96 1994. MG

(8Fs4.TE, From: Hoycoomow Koghran*.Lavie: 676

(WR/12-92-1966) entral. Dive them, Tiftigs: ==1

(또 전혀 말이 안 되는 단어들이 출판 정보 형태로 써 있다─옮긴이)

조리법 공유: 댄디 피스타리

총 10인분

술 취한 주방, 1편
엑스티스 요리사의
워밀 투 시즈니. 오크 호수.

나는 또 다른 실험에서, 〈버즈피드BuzzFeed〉의 새로운 기획 기사가 될 만한 기사의 제목을 생성하도록 인공 신경망을 훈련시켰다. 그러나 훈련 1라운드는 그다지 잘 진행되지 않았다. 인공 신경망이 생성한 기사 제목을 몇 개 예로 들어보면 아래와 같다.

11 Videos Unges Annoying Too Real Week

29 choses qui aphole donnar desdade

17 Things You Aren't Perfectly And Beautiful

11 choses qui en la persona de perdizar como

11 en 2015 fotos que des zum Endu a ter de viven beementer aterre Buden

15 GIFs

14 Reasons Why Your Don't Beauty School Things Your Time

11 fotos qui prouitamente tu pasan sie de como amigos para

18 Photos That Make Book Will Make You Should Bengulta Are In 2014

17 Reasons We Astroas Admicational Tryihnall In Nin Life

인공 신경망이 생성한 기사의 절반은 영어가 아니라, 프랑스어와 스페인어, 독일어를 비롯한 몇 개 언어가 이상하게 섞인 것처럼 보였다. 나는 얼른 데이터세트를 다시 살펴봤다. 학습할 수 있는 9만 2,000개의 기사 제목은 분명히 인상적이었으나, 그중 절반은 영어가 아닌 다른 언어로 써 있었다. 이 인공 신경망은 시간의 절반은 영어를 배우는 데 썼고, 나머지 절반은 여러 개의 언어를 동시에 학습하고 분리하려고 애쓰는 데 썼다. 내가 영어가 아닌 언어들을 제거하자, 영어로 출력된 결과물이 개선되었다.

17배로 가장 많은 엉덩이

당신을 즉시 인어로 만들어줄 수 있는 명언 43개

닌자 거북이 헤어 코스튬 사진 31개

눈사람은 알려주지 않을 18가지 비밀

미식축구 팬들이 공유하는 이모 15곡

20대 대학생이라면 누구나 아는 크리스마스 장식 27가지

시드니에서 치킨 가게를 표시하는 진지하고 창의적인 방법 12가지

전 세계 망친 쿠키 25선

움찔하면서 '내가 슬픈가?'라고 말하게 만들 음식 사진 21장

2015년에 당신을 건강하게 만들어줄 추억 10가지

호주가 최악이었던 24가지 경우

웃기면서 비웃게 되는 웃긴 것에 대한 문화 유전자 23가지

광대들을 굉장히 행복하게 만들 맛있는 베이컨 요리 18가지

핼러윈에 홍차를 가지고 할 일 29가지

파이 7선

털이 많은 아빠의 32가지 신호

기계학습 알고리즘은 우리가 해결하려는 문제의 맥락을 갖고 있지 않기 때문에, 무엇이 중요하고 무엇은 무시해도 되는지 알지 못한다. 〈버즈피드〉용 기사 제목을 생성하던 인공 신경망은 여러 가지 언어가 문제된다는 것과 우리가 영어로 된 결과만 생성되길 바란다는 것을 몰랐다. 인공 신경망이 아는 한, 모든 패턴은 똑같이 중요한 학습 내용이었다. 관련 없는 정보에 집중하는 것도 이미지 생성 및 이미지 인식 알고리즘에 매우 흔한 현상이다.

2018년에 엔비디아의 한 연구 팀이 고양이 이미지를 비롯한 다양한 이미지를 생성하도록 GAN을 훈련시켰다.5 연구 팀은 GAN이 생성한 고양이 일부에 뚱뚱한 텍스트와 비슷한 무늬가 있다는 것을 발견했다. 보아 하니, 훈련용 데이터 일부에 고양이 밈meme(재미있는 글귀를 넣은 사진이나 그림-편집자)이 포함되어 있었던 모양이었다. 알고리즘은 밈 텍스트를 어떻게 생성하는지 알아내려고 충실하게 공들여 노력한 모양이었다. 2019년 또 다른 팀이 동일한 데이터세트를 이용해서 다른 AI(스타일갠)를 훈련시켰다. 이 AI 역시 고양이 사진에 밈 텍스트를 함께 생성하는 경향이 있었다. 이 AI는 학습에 상당한 시간을 보낸 후 예사롭지 않게 생긴, 하지만 인터넷에서는 유명해진 '뚱한 고양이'라는 고양이 이미지를 생성했다.6

다른 이미지 생성 알고리즘들 역시 비슷한 혼란을 겪었다. 2018년 구글의 한 연구 팀은 빅갠BigGAN이라는 알고리즘을 훈련시켰다. 빅갠은 다양한 이미지를 인상적일 만큼 잘 생성했다. 특히 강아지 사진(데이터세트에는 사례가 아주 많았다)과 풍경 사진(질감을 아주 잘 표현했다)을 잘 생성했다.

그런데 빅갠이 보았던 사례들이 가끔씩 빅갠을 헷갈리게 만들었다. 빅갠이 만든 '축구공' 이미지에는 종종 살처럼 보이는 덩어리가 포함되어 있었다. 아마도 인간의 발이나 어쩌면 골키퍼 자체를 표현하려고 한 것 같았다. 빅갠이 만든 '마이크' 이미지는 뚜렷이 마이크라고 볼 만한 것은 없었고, 그냥 사람들 이미지인 경우가 자주 있었다. 훈련용 데이터의 사례들이 빅갠이 생성하려는 물체만 단출하게 들어 있는 사진이 아니었던 것이다. 사례들 속에는 사람도 있고 배경도 있다 보니, 인공 신경망은 그것들까지 학습하려고 노력했다. 문제는 인간과는 달리 빅갠은 물체의 배경과 물체 자체를 구분할 방법이 없었다는 점이다.

1장에서 풍경과 양을 헷갈려 했던 AI를 기억할 것이다. 스타일갠이 온갖 종류의 고양이 사진을 처리하느라 고전했던 것과 마찬가지로, 의도치 않게 과제를 너무 넓게 만들어버린 데이터세트 때문에 빅갠 역시 고전하고 있었다.

데이터세트가 엉망이라면 기계학습의 결과를 개선하기 위해 프로그래머가 할 수 있는 주된 방법 중 하나는, 시간을 들여서 데이터세트를 깨끗이 청소하는 것이다. 거기서 한 발 더 나아가 프로그래머는 데이터세트에 관해 알고 있는 지식을 활용해서 알고리즘을 도와줄 수도 있다. 예를 들면, 축구공 이미지에서 축구공 외에 골키퍼라든가 풍경, 그물 같은 다른 물체가 포함된 이미지들을 솎아내 주는 것이다. 이미지 인식 알고리즘의 경우라면, 이미지 속에 있는 다양한 물체 주위로 박스를 치거나 윤곽을 그려서 알고리즘을 도와줄 수도 있다. 주어진 대상과 흔히 함께 등장하는 물체들로부터 목표물을 수작업으로 분리해 주는 것이다.

그러나 깨끗한 데이터조차 문제가 될 수 있는 경우는 너무나 많다.

이게 정말 현실인가요?

4장 서두에서, 나는 데이터가 비교적 깨끗하고 그 안에 시간을 낭비할 요소가 많지 않더라도, 데이터가 현실 세계에 대한 대표성을 띠지 못한다면 AI는 여전히 헤맬 수 있다고 했다.

기린의 경우를 예로 들어보자.

AI가 어디를 가나 기린을 본다는 것은 AI를 연구하거나 AI에 열중하는 사람들 사이에서는 이미 유명한 얘기다. 그냥 아무 사진이나 지루한 풍경(예컨대 연못이나 나무 몇 그루)을 하나 보여주면 AI는 거기에 기린이 있다고 보고할 것이다. 이런 현상은 너무 흔해서 인터넷 보안 전문가 멀리사 엘리엇 Melissa Elliott은 '저래핑 giraffing'이라는 용어까지 제안했다. 비교적 보기 드문 장면에서 AI가 필요 이상의 것을 보는 현상을 가리킨 말이다.[7]

이런 현상이 일어나는 이유는 AI가 훈련한 데이터와 관련이 있다. 기린이 흔한 동물은 아니지만, 사람들은 지루한 아무 풍경보다는 기린의 사진을 찍을 확률이 훨씬 높다("저기 봐, 세상에, 기린이야!"). 많은 AI 연구자들이 알고리즘을 훈련시킬 때 사용하는 커다란 무료 데이터세트에는 수많은 동물 이미지가 있다. 그러나 아무것도 없는 흙이라든가 그냥 나무 사진은 (혹시 있다고 해도) 거의 없다. 이 데이터세트를 연구하는 AI는 빈 들판보다 기린이 더 흔하다고 배울 테고, 그에 따라 자신의 예측을 수정할 것이다.

나는 비주얼 챗봇을 가지고 이 점을 테스트해 보았다. 챗봇은 내가 아무리 지루한 사진을 보여줘도 자신이 근사한 사파리에 있다고 생각했다.

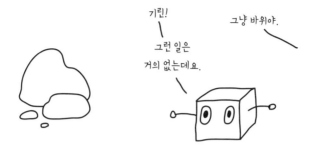

저래펑을 겪는 AI는 자신이 본 데이터와 일치하는 것은 아주 잘 찾아내지만, 현실 세계와 일치하는 것을 찾아내는 데는 형편없이 서툴다. 우리가 AI를 훈련시키는 데이터세트는 단순히 동물과 흙뿐만 아니라 온갖 것들을 과다하게 또는 과소하게 대표하고 있다. 예를 들어, 사람들은 〈위키백과*Wikipedia*〉가 비슷한 업적을 세운 남성 과학자에 비해 여성 과학자를 지나치게 적게 표시하고 있다고 계속해서 지적해 왔다. 2018년 노벨 물리학상을 받은 도너 스트릭랜드*Donna Strickland*만 하더라도, 상을 탈 때까지 〈위키백과〉에 표제가 되지 못했다. 그해 초에도 그녀에 관한 항목을 올리자고 초안이 제시되었으나 거부당했다. 〈위키백과〉의 편집자가 스트릭랜드를 충분히 유명하지 않다고 생각했기 때문이다.[8] 〈위키백과〉의 항목들을 훈련한 AI가 있다면, 주목할 만한 여성 과학자가 거의 없다고 생각할지도 모른다.

데이터세트의 생뚱맞은 결함들

훈련된 기계학습 모형에서 개별 데이터세트가 가진 문제점이 놀라운 방식으로 드러날 때가 있다. 2018년에 구글 번역기를 이용하던 사람들 몇몇이 기이한 현상을 하나 눈치챘다. 비영어권 언어의 반복적인 난센스 음절을 영어로 번역하라고 하면, 이상하게도 일관된 결과물이 나오는 것이었다. 그것도 이상하게 성경 속의 구절처럼 들리는 결과물 말이다.[9] 〈머더보드*Motherboard*〉의 존 크리스천Jon Christian이 조사에 나섰다. 예를 들어 소말리어로,

"ag ag ag ag ag ag ag ag ag ag ag ag ag ag ag ag ag

ag ag ag"

같은 말을 영어로 번역하라고 하면, 다음과 같은 결과가 나왔다.

"그 결과 게르손의 아들들의 부족 구성원의 총 숫자는 15만 명이었다."

반면에 소말리어로,

"ag ag ag ag ag ag ag ag ag ag"

같은 말을 영어로 번역하라고 하면, 다음과 같은 결과가 나왔다.

"그리고 그 길이는 한쪽 끝이 100큐빗이었다."

〈머더보드〉가 구글에 접촉하자, 이상한 번역은 사라졌다. 하지만 의문은 여전히 남았다. '처음부터 대체 왜 이런 현상이 일어난 거지?' 〈머더보드〉의 편집자들은 기계 번역 전문가들을 인터뷰했다. 전문가들은 구글 번역기가 번역에 기계학습을 이용했기 때문이라는 이론을 내놓았다. 기계학습 번역에서 알고리즘은 인간이 번역해 놓은 예시 문구를 보고, 단어나 문구를 번역하는 법을 학습한다. 어떤 문구가 어떤 맥락에서 어떤 다른 문구로 번역되는지 학습하는 것이다. 이렇게 하면 일반적으로 숙어나 비속어까지도 현실감 있는 번역이 잘 나온다. 구글 번역기의 알고리즘은 기계학습을 대규모로 상용화한 거의 최초 사례였다. 2010년, 구글은 번역 서비스를 사실상 하루아침에 개선하면서 전 세계의 이목을 집중시켰다. 2장에서 보았듯이, 기계학습 알고리즘이 작업할 수 있는 사례가 많을 때 최선의 결과가 나온다. 기계 번역 전문가들은 구글 번역기가 일부 언어에 대해서는 번역된 텍스트 사례가 많지 않았을 거라는 이론을 내놓았다. 그러나 데이터세트 속에 성경은 사례로 포함되어 있었을 가능성이 높다. 왜냐하면 성경은 워낙에 많은 언어로 번역되었기 때문이다. 구글 번역기를 움직이는 기계학습 알고리즘이 번역을 확신하지 못하는 경우, 어쩌면 훈련용 데이터의 일부를 결과물로 내놓는 것이 번역기의 초깃값으로 설정되어 있었을지도 모른다. 그래서 성경 구절의 이상한 파편 같은 글들이 나온 것이다.

2018년 말에 내가 확인해 보니, 성경 구절들은 사라지고 없었다. 그러나 반복적이거나 난센스인 음절을 입력할 경우 구글 번역은 여전히 이상한 짓들을 했다.*

예를 들어, 내가 영어 문장에서 빈칸을 바꿔 난센스가 되어버린 문장을 마오리어라고 제시하고 영어로 번역하라고 하면, 다음과 같은 결과가 나왔다.

ih ave noi dea wha tthi ssen tenc eis sayi ng

(파편 같은 이 문장은 원래 'I have no idea what this sentence is saying(이 문장이 무슨 말을 하고 있는지 전혀 모르겠어요)'이라는 영어 문장이다—옮긴이)

→ Your email address is one of the most important features in this forum

당신의 이메일 주소는 이 포럼에서 가장 중요한 특징 중 하나입니다.

ih ave noi dea wha tthi ssen tenc eis sayi ngat all

(원래는 'I have no idea what this sentence is saying at all(이 문장이 무슨 말을 하고 있는지 하나도 전혀 모르겠어요)'라는 영어 문장이다—옮긴이)

→ This is one of the best ways you can buy one or more of these

이것이 그것을 추가로 구매할 수 있는 최선의 방법입니다.

● 구글 번역기의 알고리즘은 끊임없이 업데이트되고 있다. 따라서 시간이 지나면 이런 결과들은 크게 바뀔 것이다.

ih ave noi dea wha tthi ssen tenc eis sayi ngat all ple aseh elp

(원래는 'I have no idea what this sentence is saying at all please help(이 문장이 무슨

말을 하고 있는지 하나도 전혀 모르겠어요, 도와주세요)'라는 영어 문장이다 – 옮긴이)

→ In addition, you will be able to find out more about the queries

추가로, 당신은 해당 검색어에 관해 더 자세한 내용은 찾아볼 수 있습니다.

이런 현상은 괴상하고 재미있기도 하지만, 심각한 점도 가지고 있다. 많은 기업의 인공 신경망이 고객 정보를 가지고 훈련한다. 그중에는 극히 사적이거나 기밀인 사항도 있을 수 있다. 훈련받은 인공 신경망 모형이 어떤 식으로든 심문을 당해서 테스트 데이터에 있던 정보를 유출할 수 있다면, 보안상 엄청난 위험 요인이 된다.

2017년, 구글 브레인Google Brain 소속의 연구진은 표준적인 기계학습 번역 알고리즘이 신용카드 번호나 주민등록번호와 같은 짧은 숫자를 기억할 수 있다는 사실을 보여주었다. 10만 건의 영어-베트남어 문장 쌍이 포함된 데이터세트에서 단 네 번밖에 일어나지 않은 일이지만 말이다.[10]

AI의 훈련용 데이터나 내부 작동 원리에 접근하지 않아도, 연구진은 AI가 훈련 과정에서 본 것이 정확한 문장 쌍일 경우에 번역에 더 확신한다는 사실을 발견했다. "나의 주민번호는 ×××-××-××××입니다" 같은 테스트 문장에 있는 숫자를 조금만 수정하면, AI가 훈련 과정에서 본 주민번호가 무엇인지 알아낼 수 있었다. 직원 정보를 포함해, 미국 정부가 엔론Enron Corporation을 수사하면서 수집했던 10만 통 이상

의 이메일로 구성된 데이터세트를 이들이 한 순환 신경망에게 훈련시켰더니, 인공 신경망의 예측으로부터 복수의 주민번호와 신용카드 번호를 추출할 수 있었다. 당초 데이터세트에 접근하지 않더라도, 어느 사용자라도 복구할 수 있는 방식으로 인공 신경망은 정보를 암기해 두고 있었다. 이게 바로 '**의도치 않은 암기**unintentional memorization'라는 문제인데, 적절한 보안 조치를 통해 예방할 수 있다. 혹은 처음부터 민감한 데이터가 인공 신경망의 훈련용 데이터세트에 들어가지 않게 하는 것도 한 가지 방법이다.

사라진 데이터

AI를 방해하는 또 한 가지 방법은 AI에게 '필요한 정보를 모두 주지 않는 것'이다.

극히 간단한 결정을 내릴 때조차 인간은 수많은 정보를 활용한다. 예를 들어, 우리가 고양이 이름을 짓는다고 생각해 보자. 우리는 내가 이름을 알고 있는 수많은 고양이를 떠올리면서, 고양이 이름이 대략 어떤 식이어야 하는지 감을 잡는다. 인공 신경망도 그렇게 할 수 있다. 기존 고양이 이름이 잔뜩 적힌 긴 목록을 살펴보고, 글자들의 흔한 조합이나 가장 흔히 사용되는 단어까지도 알아낼 수 있다. 하지만 인공 신경망이 알지 못하는 것은 기존 고양이 이름 목록에 '없는' 단어들이다. 인간은 어떤 단어를 피해야 하는지 알지만, AI는 알지 못한다. 그 결과 순환 신경망이 생성한 고양이 이름들의 목록에는 다음과 같은 것들이 들어 있을 수 있다.

Hurler	욕쟁이
Hurker	허커
Jexley Pickle	젝슬리 피클
Sofa	소파
Trickles	졸졸이
Clotter	처막기
Moan	신음이
Toot	빵빵이
Pissy	오줌이
Retchion	왝왝이
Scabbys	피부병 투성이
Mr Tinkles	잘랑이 아저씨

소리나 길이만 따져서는 이것들도 나머지 고양이 이름과 비슷하게 보인다. 그런 점에서 AI는 맡은 일을 훌륭하게 완수했다. 하지만 AI는 우연히도 아주, 아주 이상한 단어들을 일부 골랐다.

때로는 우리가 원하는 것이 그냥 이상한 것일 때도 있다. 그럴 때는 인공 신경망이 빛을 발한다. 인공 신경망은 의미나 문화적 요소가 아니라 글자나 소리의 차원에서 작업하기 때문에, 사람은 아마 상상조차 하지 못할 조합을 만들어낼 수가 있다. 4장 서두에서 내가 핼러윈 코스튬 이름을 크라우드소싱했던 것을 기억해 보라. 내가 순환 신경망에게 그 것들을 흉내 내보라고 했더니, 순환 신경망은 다음과 같은 이름들을 생 각해 냈다.

Bird Wizard	새 마법사
Disco Monster	디스코 괴물
The Grim Reaper Mime	죽음의 신 무언극
Spartan Gandalf	스파르타인 간달프
Moth horse	나방 말
Starfleet Shark	스타플릿 상어
A masked box	가면 쓴 박스
Panda Clam	판다 조개
Shark Cow	상어 소
Zombie School Bus	좀비 스쿨버스
Snape Scarecrow	스네이프 허수아비
Professor Panda	판다 교수
Strawberry shark	딸기 상어
King of the Poop Bug	왕 똥 벌레
Failed Steampunk Spider	실패한 스팀펑크 스파이더
lady Garbage	쓰레기 여인
Ms. Frizzle's Robot	프리즐 선생님의 로봇

Celery Blue Frankenstein	셀러리 블루 프랑켄슈타인
Dragon of Liberty	자유의 용
A shark princess	상어 공주
Cupcake pants	컵케이크 바지
Ghost of Pickle	피클 유령
Vampire Hog Bride	뱀파이어 돼지 신부
Statue of pizza	피자 동상
Pumpkin picard	호박 피카르

텍스트 생성 순환 신경망은 말이 안 되는 조합들을 만들어낸다. 왜냐하면 순환 신경망의 세계 자체가 기본적으로 말이 안 되기 때문이다. 데이터세트에 구체적인 사례 자료가 없다면, 인공 신경망은 왜 '좀비 스쿨버스'는 어색하고 '마법 스쿨버스'는 괜찮은지('마법 스쿨버스The Magic School Bus'는 미국 PBS TV 만화 시리즈의 제목−옮긴이), 왜 '피클 유령'보다는 '과거 크리스마스 유령Ghost of Christmas Past(찰스 디킨스의 소설 《크리스마스 캐럴 A Christmas Carol》에 나오는 유령−옮긴이)'이 나은지 전혀 알 수가 없다. 하지만 이게 핼러윈 때는 오히려 도움이 된다. 핼러윈 때는 파티에서 유일하게 '뱀파이어 돼지 신부'처럼 차려입은 사람이 되는 게 바로 '재미 요소'이기 때문이다.

AI는 세상에 대한 좁고 제한적인 지식만을 가지고 있기 때문에, 비교적 평범한 것을 마주쳤을 때조차 고전할 수 있다. 우리에게는 '평범한' 것도 AI에게는 여전히 범위가 너무 넓기 때문에, 그 모든 것에 준비된

AI를 만드는 것은 쉬운 일이 아니다.

애저Azure는 마이크로소프트의 이미지 인식 알고리즘이다. 애저를 만든 사람들은 사용자가 업로드한 모든 이미지 파일에 정확히 자막을 달 수 있게 애저를 설계했다. 그게 사진이든, 그림이든, 심지어 선만 있는 드로잉이든 말이다. 그래서 나는 애저에게 스케치 몇 장을 주고 이게 뭔지 식별해 보라고 했다.

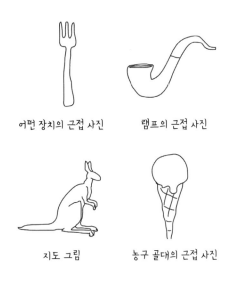

어떤 장치의 근접 사진   램프의 근접 사진

지도 그림   농구 골대의 근접 사진

물론 내 그림이 훌륭하지는 않지만 '그 정도로' 형편없지는 않다. 이것은 알고리즘이 너무 많은 일을 하려고 했을 때 벌어지는 일의 한 사례에 불과하다. 모든 이미지 파일을 인식한다는 것은 AI가 잘할 수 있는 '좁은 과제'와는 거의 정반대되는 일이다. 훈련 과정에서 애저가 보았던 이미지 대부분은 사진이었다. 그러다 보니, 애저는 이미지를 이해하려

고 할 때 질감에 많이 의존한다. 털인가? 유리인가? 내가 선으로 그려놓은 그림에는 도움이 되는 질감이 없었고, 알고리즘은 이것들을 이해할 만큼 충분한 경험이 없었다(그래도 애저 알고리즘은 다른 많은 이미지 인식 알고리즘에 비하면 나았다. 다른 것들은 선으로 그린 그림이 나타나면 무조건 "알 수 없음"으로 인식했다). 연구자들은 이미지 인식 알고리즘에게 질감이 뚜렷한 사진뿐만 아니라, 만화와 드로잉도 훈련시키려고 노력 중이다. AI가 사람처럼 눈에 보이는 것을 이해할 수 있게 되면 만화도 파악할 수 있으리라 생각하는 것이다.

간단한 스케치를 인식하는 데 특화된 알고리즘도 있다. 구글의 연구팀은 사람들에게 컴퓨터를 상대로 일종의 '그림으로 말해요'와 비슷한 게임을 하게 만들어서, 자사의 퀵 드로Quick Draw 알고리즘에게 수백만

개의 스케치를 훈련시켰다. 그 결과 이 알고리즘은 스케치로 된 300가지 이상의 대상을 알아볼 수 있었다. 사람마다 그림 실력에 현격한 차이가 있었는데도 말이다. 여러분도 그 훈련용 데이터에서 AI에게 '캥거루'라고 인식시켰던 스케치의 예를 몇 가지 볼 수 있다.[11]

쿽 드로는 내가 그린 캥거루도 곧장 알아보았다.[12] 포크 그림과 아이스크림도 마찬가지였다. 하지만 파이프 그림은 쿽 드로를 약간 곤란하게 만들었다. 쿽 드로가 알고 있던 345종의 물체 중 하나가 아니었던 것이다. 결국 쿽 드로는 내가 그린 파이프가 백조이거나 아니면 정원용 호스라고 판단했다.

실제로 쿽 드로는 그 345가지 물건밖에 인식하지 못했기 때문에, 내가 그린 수많은 스케치에 대해 아주 이상한 답을 내놓았다.

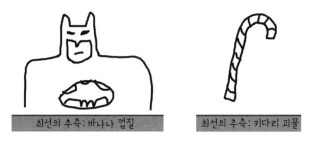

최선의 추측: 바나나 껍질   최선의 추측: 키다리 괴물

나처럼 이상한 것을 목표로 삼는 사람이라면 이런 것도 아무런 문제가 없다. 하지만 세상을 이렇게 불완전하게 그리는 것이 일부 애플리케이션에서는, 예컨대 자동 완성 앱 같은 곳에서는 문제가 될 수 있다. 3장에서 본 것처럼, 스마트폰에 있는 자동 완성 기능은 보통 마르코프 체인

이라는 일종의 기계학습을 활용한다. 그러나 기업들은 AI가 줄기차게 우울하거나 공격적인 단어들을 제안하는 것을 멈추게 하느라 애를 먹고 있다.

안드로이드 시스템의 자동 수정 앱인 지보드GBoard의 프로젝트 매니저 단 밴 에시Daan van Esch는 인터넷 언어학자 그레천 매컬러Gretchen McCulloch에게 이렇게 말하기도 했다. "한동안 '나는 할머니 댁에 가려고'라고 타이핑을 치면 지보드가 실제로 '장례식'이라는 단어를 제시했어요. 그 자체로 '틀린' 건 아니죠. 어쩌면 '할머니의 광란의 파티'보다는 더 흔한 일일 테니까요. 하지만 사람들은 군이 죽음을 상기하고 싶지는 않을 거예요. 그러니 AI도 좀 조심할 필요가 있는 거죠." 이렇게 완벽하게 정확한 예측이 왜 옳은 답이 아닌지 AI는 알지 못한다. 그렇기 때문에 인간 엔지니어들이 개입해서 AI가 그런 단어를 내놓지 않게 가르쳐야 한다.[13]

기린이 네 마리 있습니다

비주얼 챗봇은 이미지에 관한 질문에 답하도록 훈련된 AI다. 비주얼 챗봇을 보면, 데이터와 관련해 흥미로운 결함들이 불쑥불쑥 자주 나타난다. 이 봇을 만든 연구 팀이 훈련에 사용한 데이터세트는 그림과 관련한 질문과 답변을 크라우드소싱으로 수집한 것이었다. 알다시피 데이터세트에 있는 편향성은 AI의 답변을 왜곡할 수 있다. 그래서 프로그래머들은 훈련용 데이터가 이미 알려진 몇몇 편향을 피해가도록 설정했다. 그렇게 피하려고 했던 편향 가운데 하나가 '**비주얼 프라이밍**visual priming'이라는 것이었다.

이미지에 관해 질문을 하는 사람은 답변이 '예'인 질문을 하는 경향이 있다. 사람들이 호랑이가 없는 이미지를 내밀며 "호랑이가 보이니?"라고 묻는 경우는 매우 드물다. 그 결과 이 데이터로 훈련한 AI는 대부분의 질문에 대한 답이 '예'라는 사실을 학습하게 됐다. 한번은 편향성이 있는 데이터세트로 훈련한 어느 알고리즘이 "~가 보이니?"로 끝나는 질문에 '예'라고 답하면, 87퍼센트의 정확성을 달성할 수 있다는 사실을 발견하기도 했다. 익숙하게 들린다면 3장에서 보았던 '분류 불균형' 문제를 떠올려 보라. 샌드위치의 수는 아주 많고 대부분이 끔찍한 맛이라고 했더니, AI는 '인간은 모든 샌드위치를 싫어한다'고 결론을 내렸었다.

그래서 연구 팀은 이러한 비주얼 프라이밍을 피하기 위해 크라우드소싱으로 질문 데이터를 수집할 때, 질문하는 사람에게 해당 이미지를 숨겼다. 사람들이 어쩔 수 없이 모든 이미지에 적용할 수 있는 포괄적인 내용의 예/아니오 질문을 하게 만든 것이다. 그 덕분에 데이터세트에 있는 '예' 답변과 '아니요' 답변은 그런대로 균형을 이룰 수 있었다.[14] 그러나 이렇게까지 했음에도 문제가 모두 제거되지는 않았다.

이 데이터세트가 보여준 가장 재미있는 결함은, 사진의 콘텐츠가 무엇이든 상관없이 비주얼 챗봇에게 '사진에 기린이 몇 마리 있니?'라고 물어보면 거의 항상 적어도 한 마리는 있다고 답한다는 점이었다. 비주얼 챗봇은 회의 중인 사진이나 파도타기하는 사진에 대해서는 비교적 대답을 잘하기도 했다. 하지만 기린이 몇 마리냐고 물으면 상황은 바뀌었다. 비주얼 챗봇은 무슨 일이 있어도 사진 속에 기린이 한 마리, 어쩌면 네 마리, 심지어 '너무 많아서 셀 수 없을 만큼' 있다고 답했다.

대체 이 문제는 어디서 비롯됐을까? 데이터세트를 수집할 때 질문을 했던 사람들은 기린이 한 마리도 없는데 '사진에 기린이 몇 마리냐?'고 질문하는 경우는 거의 없었다. 그런 질문을 왜 하겠는가? 정상적인 대화에서 사람들은 서로에게 기린의 수를 묻는 것으로 대화를 시작하지는 않는다. 서로 기린이 한 마리도 없다는 사실을 알고 있다면 말이다. 이런 식으로 비주얼 챗봇은 평범한 인간의 대화에는 공손함을 지키며 대화할 준비가 되어 있었지만, 괴상한 인간이 무작위로 기린을 물어보는 것에는 준비되어 있지 않았다.

AI는 정상적인 사람들의 정상적인 대화로 훈련을 하기 때문에, 괴상한 질문에 대해서는 전혀 준비가 되지 않는다. 유형은 다르지만 다음과 같은 질문도 바로 그런 예다. 비주얼 챗봇에게 파란색 사과를 보여주고 '이 사과가 무슨 색이냐?'고 물으면, 비주얼 챗봇은 '빨간색'이나 '노란색' 또는 다른 평범한 사과의 색깔로 답한다. 비주얼 챗봇은 물체의 색상을 알아보는 어려운 과제를 학습한 것이 아니라 '이 사과가 무슨 색이냐?'는 질문의 답은 거의 항상 '빨간색'이라는 사실을 학습한 것이다. 마찬가지로 비주얼 챗봇에게 하늘색이나 오렌지색으로 염색한 양 사진을 보여주고 '이 양이 무슨 색이냐?'고 물으면, '검정색과 흰색' 혹은 '흰색과 갈색'처럼 평범한 양의 색깔을 답한다.

실제로 비주얼 챗봇은 불확실성을 표현할 수 있는 툴을 그리 많이 가지고 있지 않다. 훈련용 데이터에서 인간들은 보통 사진에서 무슨 일이 벌어지는지 알고 있다. 표지판이 가로막혀 있어서 '표지판에 뭐라고 적혀 있는가?' 같은 세부 질문에 답할 수 없는 경우야 있겠지만 말이다. 비주얼 챗봇은 'X가 무슨 색이냐?'는 질문에 '알 수 없어, 흑백이야'라고 답하는 법을 배웠다. 흑백사진이 아닐 때조차 말이다. 비주얼 챗봇은 '여자의 모자가 무슨 색이야?' 같은 질문에는 '알 수 없어, 발이 보이지 않아'라고 답할 것이다. 혼란스러울 때 그럴듯한 평계를 대기는 하지만, AI의 대답은 맥락이 전혀 맞지 않는다. 그러나 비주얼 챗봇이 여간해서는 하지 않는 것이 있는데, 단순히 '헷갈린다'고 답하는 것이다. 왜냐하면 비주얼 챗봇이 학습한 대화 속에서 인간들은 헷갈려하지 않았기 때문이다. 비주얼 챗봇에게 〈스타워즈〉에 나오는 공 모양의 로봇 BB-8을 보여주면, 비주얼 챗봇은 그게 강아지라고 선언할 테고, 그에 관한 질문에는 그게 마치 강아지인 양 답을 할 것이다. 다시 말해 비주얼 챗봇은 모를 때도 답을 한다.

AI가 훈련 과정에서 본 것에는 한계가 있고, 이것은 자율주행차 같은 애플리케이션에는 문제가 된다. 왜냐하면 자율주행차는 인간 세계의 무한한 괴상함과 마주쳐야 하고, 그때마다 어떻게 대처할지 결정해야 하기 때문이다. 2장에서 언급했던 것처럼, 실제 도로에서 주행하는 것은 AI에게 굉장히 광범위한 과제다. 인간이 말하거나 그릴 수 있는 어마어마하게 폭넓은 대상들에 대처하는 문제도 마찬가지다. 그 결과 AI는 제한된 세계의 모형에 기초해서 최선의 추측을 하고, 그 추측이 때로는 배꼽을 잡을 만큼 웃길 때도 있고 끔찍할 만큼 틀릴 때도 있다.

다음 장에서는 우리가 질문을 잘못했을 뿐, AI에게 풀라고 지시한 문제를 AI가 아주 훌륭하게 풀어냈던 사례들을 살펴보자.

정말로 묻고 싶은 게 뭐예요?

언젠가 나는 경마에 돈을 걸어서 이익을 극대화할 수 있는 인공 신경망을 만들려고 했다. 인공 신경망은 최선의 전략은 돈을 걸지 않는 것이라고 했다.

— @citizen_of_now[1]

나는 로봇이 벽에 부딪치지 않게 로봇을 진화시키려고 했다.

(1) 로봇은 움직이지 않는 쪽으로 진화했다.

그래서 벽에 부딪치지 않았다.

(2) 움직임을 추가했다. 로봇은 제자리에서 회전했다.

(3) 수평 움직임을 추가했다. 로봇은 작은 원을 그리며 돌았다.

(4) 기타

그 결과 나온 책의 제목:《프로그래머를 진화시키는 방법》

— @DougBlank[2]

나는 로봇 청소기에 인공 신경망을 연결했다. 나는 로봇 청소기가 물건에 부딪치지 않고 돌아다니는 법을 학습하길 바랐다. 그래서 속도는 높이고, 범퍼 센서에 부딪치는 것은 피하는 것에 보상을 주도록 설정했다. 로봇 청소기는 뒤로 주행하는 법을 학습했다. 후면에는 범퍼가 없었기 때문이다.

— @smingleigh[3]

내 목표는 로봇 팔을 훈련시켜서 팬케이크를 만드는 것이다. 첫 번째 테스트로 나는 로봇 팔이 팬케이크를 접시에 던져놓게 만들었다…. 첫 번째 보상 시스템은 간단했다. 사이클이 유지되면 매 프레임마다 작은 보상을 주는데, 만약 팬케이크가 땅바닥에 닿으면 사이클이 끝나버리게 만들었다. 이렇게 하면 알고리즘이 최대한 오랫동안 팬케이크를 팬에 둘 줄 알았다. 그러나 실제로 로봇 팔이 한 것은 팬케이크를 최대한 멀리 던져버리는 것이었다. 팬케이크가 공중에 머무는 시간이 최대화되도록 말이다… 팬케이크 봇과 나의 점수: 1 대 0.

— 크리스틴 배런Christine Barron[4]

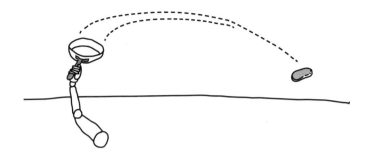

앞서 본 것처럼, 실수로 잘못된 데이터나 부적절한 데이터를 주어서 본의 아니게 AI를 방해하는 방법은 무수히 많다. 그런데 AI가 실패하는 또 다른 유형이 있다. AI는 우리가 하라는 일을 성공적으로 해냈으나, 우리가 시킨 일이 실제로 우리가 원했던 일이 아니라는 걸 뒤늦게 알게 되는 경우다.

AI는 왜 그렇게 자꾸만 엉뚱한 문제를 푸는 걸까?

1. AI는 한 단계, 한 단계 프로그래머의 지시를 따르는 것이 아니라, 스스로 문제 해결책을 개발한다.
2. 맥락에 대한 지식이 없기 때문에, AI는 자신이 내놓는 해결책이 인간이 선호할 만한 해결책이 아니라는 사실을 모른다.

문제를 해결하는 방법을 알아내는 일은 AI가 하더라도, 프로그래머는 여전히 AI가 실제로 제대로 된 문제를 풀었는지 확인해야 한다. 거기에는 보통 다음과 같은 많은 노력이 필요하다.

1. AI가 유용한 답변만 내놓도록 목표를 아주 분명하게 정의한다.
2. 목표가 명확하더라도, AI가 유용하지 않은 해결책을 생각해 낸 것은 아닌지 확인한다.

AI가 의도치 않게 잘못 해석하는 일이 없도록 목표를 명확하게 생각해 내는 것은 여간 까다로운 일이 아니다. 특히나 잘못 해석한 버전의 과제가 실제 우리가 AI에게 원하는 작업보다 더 쉬울 경우에는 말이다.

이 책에서 줄곧 보았다시피, 문제는 AI가 맥락이나 윤리, 기본적인 생물학 등을 고려할 수 있을 만큼 자신의 과제에 관해 충분히 알지 못한다는 사실이다. AI가 건강한 폐 사진과 병에 걸린 폐의 사진을 분류할 수 있다고 해도, 여전히 폐가 어떻게 작동하는지, 크기는 얼마나 되는지, 심지어 폐가 인간 몸속에 있는지조차 모를 수 있다. 인간이 무엇인지는 차치하더라도 말이다.

AI는 상식이라는 것도 없고, 문제를 더 분명히 말해달라고 요구할 줄도 모른다. AI에게 목표를 주면, 다시 말해 주행거리나 비디오게임에서 얻어야 할 점수처럼 모방할 데이터나 극대화할 **보상 함수**reward function를 주면, AI는 단지 시키는 일을 할 것이다. 실제로 우리가 원하는 문제를 해결했든 못 했든 간에 말이다.

AI를 가지고 작업하는 프로그래머들은 이 문제에 관해 철저한 원칙을 세우게 됐다.

"나는 AI를 거의 악마라고 부르는 지경까지 갔다. 나의 보상을 일부러 잘못 해석하고, 가장 게으르고 지엽적인 해결책만 열심히 찾아다니는 악마 말이다. 좀 우습기도 하지만 이것이 실제로는 생산적인 사고방식이라는 것을 알게 됐다." 구글에서 AI를 연구하는 알렉스 어팬Alex Irpan이 쓴 글이다.[5]

또 어떤 프로그래머는 가상의 로봇 강아지에게 걷기 훈련을 시켜보려고 했다. 강아지들은 경련을 일으키듯 움찔거리며 바닥을 돌아다녔고, 뒷다리를 꼰 채 이상한 팔굽혀펴기를 하더니, 그 자리를 떠나지 않으려고 시뮬레이션의 물리 모형을 해킹하기까지 했다.[6] 다음은 엔지니어인 스털링 크리스핀Sterling Crispin이 트위터에 쓴 내용이다.

나는 뭔가 진전이 있는 줄 알았다…. 하지만 이 멍청이들은 물리 모형의 시뮬레이션에서 작은 결함을 허나 찾아내 바닥을 미끄러지듯이 활강하고 다녔다. 사기꾼이 따로 없다.

걷는 것만 '빼고' 뭐든 하려는 로봇과 씨름하느라, 크리스핀은 보상 함수를 조금씩 계속 손보았다. 강아지들이 제자리에서 발만 비비적거리는 것을 막으려고 '탭댄스 페널티'를 도입했고, 한자리만 계속 맴도는 것을 바꾸려고 '땅 만지기 보상'도 만들었다. 그러자 강아지들은 여기저기 무력하게 주저앉기 시작했다. 그래서 크리스핀은 땅에서 몸을 뗐을 때 주는 보상을 도입했고, 그랬더니 강아지들은 엉덩이를 하늘로 쳐들고 발을 비비적댔다. 크리스핀은 다시 몸을 수평으로 유지할 때 주는 보상을 도입했다. 강아지들이 자꾸만 뒷다리를 꼰 채로 걸으려고 했기 때문에, 크리스핀은 강아지들이 아랫다리를 땅에서 떼면 보상을 주었다. 그리고 여기저기 휘청대는 것을 막으려고 몸을 수평으로 유지할 때 주는 '또 다른' 보상을 도입했다. 계속 그런 식이었다. 이게 마음씨 좋은 프로그래머가 로봇 강아지에게 다리 사용법을 알려주려고 애쓰는 과정인지, 아니면 '걷고 싶지 않은' 로봇 강아지들과 프로그래머 간의 의지력 테스트인지 헷갈릴 정도다(로봇 강아지가 훈련 과정에서 본 것 같은 완벽하게 평평하거나 매끈하지 않은 땅바닥을 처음 마주했을 때도 약간의 어려움이 있었다. 로봇 강아지는 약간만 결이 있는 흙바닥을 만나도 바닥에 머리를 처박곤 했다).

알고 보니, 기계학습 알고리즘을 훈련시키는 것은 개를 훈련하는 과정과 여러모로 공통점이 많았다. 개가 정말로 협조하고 싶더라도, 사람이 실수로 잘못 훈련시킬 수도 있다. 예를 들어, 개들은 후각이 워낙 뛰어나서 암에 걸린 사람에게서 나는 냄새를 감지할 수 있다. 하지만 개에게 냄새로 암을 탐지하는 법을 훈련할 때는 다양한 환자의 냄새를 맡을 수 있도록 주의하지 않으면 안 된다. 그렇지 않았다가는 개들은 암이 탐지하는 게 아니라 개별 환자를 인식하게 될 것이다.7 제2차 세계대전 당시, 소비에트연방에는 적군의 탱크에 폭탄을 가져가도록 개를 훈련시키는 암울한 프로젝트가 있었다.[8] 이때 두 가지 문제가 나타났다.

1. 개들은 탱크 밑에 있는 음식을 수거하도록 훈련받았다. 연료와 탄환을 아끼기 위해, 이때 탱크는 움직이지도 발포하지도 않았다. 개들은 실제로 움직이는 탱크 앞에서는 어쩔 줄 몰라했고, 발포를 하자 겁을 먹었다.
2. 개들의 훈련에 쓰인 소비에트연방의 탱크들은 개들이 찾아가야 할 독일군 탱크와 냄새가 달랐다. 소비에트연방의 탱크는 디젤 연료를 쓴 반면, 독일군 탱크는 가솔린을 태웠다.

그 결과 전투가 벌어졌을 때 개들은 독일군 탱크를 외면했고, 혼란에 빠진 채 소비에트연방의 병사들에게 돌아왔다. 심지어 소비에트연방의 탱크들을 찾아 나서기까지 했다. 소비에트연방의 병사들은 기겁할 수밖에 없었다. 개들이 여전히 폭탄을 부착하고 있었기 때문이다.

기계학습 용어로는 이것을 **과적합**overfitting이라고 한다. 개들은 훈련 과정에서 본 상황에 대비한다. 하지만 그 상황은 현실 세계의 상황과 일치하지 않는다. 마찬가지로 로봇 강아지 역시 시뮬레이션상의 괴상한 물리 모형에 과적합해서, 제자리를 맴돌고 활강하는 전략을 사용한다. 현실 세계에서는 그런 전략이 결코 효과를 낼 수 없을 텐데 말이다.

동물을 훈련시키는 것과 기계학습 알고리즘을 훈련시키는 것의 유사점은 또 있다. 바로 보상 함수를 잘못 사용했을 때 치명적인 결과를 가져올 수 있다는 점이다.

보상 함수 해킹

돌고래 조련사들은 수조 청소를 돕도록 돌고래를 훈련시키면 엄청나게 편리하다는 사실을 깨달았다. 방법은 간단했다. 돌고래가 사육사에게 쓰레기를 물어오면 그 대가로 물고기를 준다는 사실을 가르치기만 하면 됐다. 하지만 늘 효과가 좋지는 않았다. 어떤 돌고래들은 쓰레기 한 조각의 크기와 상관없이 교환 대가가 동일하다는 사실을 깨달았다. 그래서 쓰레기를 반납하지 않고 한쪽에 쌓아놓으면서 잘게 찢어 한 조각씩 가져와 물고기와 바꿔갔다.⁹

물론 인간도 보상 함수를 해킹할 수 있다. 훈련용 데이터를 생성하는 데 종종 아마존 메커니컬 터크 같은 원격 서비스로 사람들이 고용되었는데, 알고 보면 이런 데이터가 봇이 만들어낸 경우가 있다는 얘기를 4장에서 했다. 이것 역시 보상 함수가 잘못된 케이스로 생각할 수 있다. 답변의 질이 아니라 답변한 문항의 수를 기초로 돈을 지불한다면, 질문 몇 개를 직접 답하는 것보다는 많은 질문에 답할 수 있는 봇을 만드는 것이 경제적일 것이다. 마찬가지로 수많은 종류의 범죄나 사기도 보상 함수를 해킹한 것으로 생각할 수 있다. 심지어 의사도 자신의 보상 함수를 해킹할 수 있다. 미국에서 의사 평가 카드는, 환자들이 실력 좋은 의사를 선택하고 평균 이하의 수술 생존율을 기록한 의사들을 피할 수 있게 마련한 것이다. 또한 의사들이 자신의 실력을 향상하도록 장려하려는 목적도 있다. 그러나 일부 의사는 본인의 평가 카드에 나쁜 영향이 가는 일이 없게, 위험한 수술을 해야 하는 환자는 처음부터 아예 기피하

는 일도 일어나고 있다.[10]

그러나 인간은 보통, 이 보상 함수가 무엇을 장려하기 위해 마련된 것인지는 대략 알고 있다. 늘 그 보상을 좇으려고 하지는 않더라도 말이다. 그런데 AI에게는 이런 개념 자체가 없다. AI가 우리를 골탕 먹이려는 것도 아니고, 일부러 속임수를 쓰려는 것도 아니다. 그냥 AI라는 가상의 뇌가 대략 곤충의 뇌 수준밖에 되지 않기 때문에, 그래서 범위가 좁은 과제를 한 번에 하나밖에 학습하지 못하기 때문에 벌어지는 일이다. 인간의 도덕에 관한 질문에 대답하도록 어느 AI를 훈련시킨다면, 그 AI는 오직 그 일밖에 못할 것이다. 그 AI는 차를 운전하지도, 얼굴을 인식하지도, 이력서를 검토하지도 못할 것이다. 심지어 이야기 속의 윤리적인 딜레마를 인지하지도, 그런 것을 고려하지도 못할 것이다. AI에게 스토리를 이해하는 것은 완전히 다른 과제이기 때문이다.

내비게이션 애플리케이션과 같은 알고리즘이 2017년 캘리포니아 대화재 때도 사람들을 불이 난 지역으로 인도한 것은 그 때문이다. 알고리즘이 사람을 죽이려 했던 것은 아니다. 그저 그 지역에 이동 차량이 별로 없다는 사실을 인식한 것뿐이다. 내비게이션에게 화재에 관해 알려준 사람은 아무도 없었다.[11]

컴퓨터 과학자 조엘 사이먼Joel Simon이 유전 알고리즘genetic algorithm을 이용해 새롭고 더 효율적인 초등학교의 설계도를 만들려고 했을 때도 마찬가지였다. 알고리즘이 처음으로 내놓은 디자인은 둥근 벽으로 둘러싸인 동굴 한가운데에 깊이 파묻힌, 창문 없는 교실이었다. 아무도 알고리즘에게 창문이라든가 화재 시 대피 경로 등에 관해 말해준 적이

없었다. 벽이 똑바로 생겨야 한다는 것조차 말이다.[12]

표준적인 학교 설계   AI가 최적화한 학교 설계

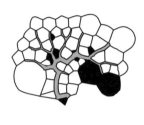

　내가 장난감의 기존 이름을 모방해서 '마이 리틀 포니My Little Pony(형형색색의 조랑말 장난감 시리즈-옮긴이)'의 새로운 이름을 생성하도록 순환 신경망을 훈련시켰을 때도 마찬가지였다. 알고리즘은 기존의 장난감 시리즈에 사용된 글자 조합이 어떤 것인지는 알았지만, 특정 글자의 조합을 피해야 한다는 사실은 몰랐다. 그래서 다음과 같은 조랑말 이름들을 만들어냈다.

Rade Slime	레이드 점액
Blue Cuss	파란 새끼
Starlich	별의 시체
Derdy Star	더디 별 ('derdy'는 '더럽다'는 뜻의 'dirty'와 발음 유사-옮긴이)
Pocky Mire	마맛자국 진창
Raspberry Turd	라즈베리 똥

Parpy Stink	파피 악취
Swill Brick	꿀꿀이죽 벽돌
Colona	결장이
Star Sh*tter	별 똥간

알고리즘이 데이터세트에 있는 인간을 모방하는 손쉬운 방법 중 하나로 인종차별이나 성차별을 학습하는 것은 이 때문이다. 알고리즘은 편향을 모방하는 게 잘못이라는 사실을 모른다. 그저 편향을 자신의 목표를 달성하는 데 도움이 되는 패턴이라고 생각할 뿐이다. 알고리즘에게 윤리와 상식을 제공하는 것은 프로그래머에게 달려 있다.

컴퓨터게임은 헷갈려요

AI를 테스트하고 싶을 때 프로그래머들은 흔히 컴퓨터게임을 학습시켜본다. 게임은 재미있다. 시연을 하기도 좋고, 추억의 초창기 게임들은 요즘 기계로 아주 빠르게 실행할 수 있어서, AI는 빠른 속도로 수천 시간의 게임 데이터를 쌓을 수 있다.

하지만 아무리 간단한 컴퓨터게임이라고 해도, 일반적으로 AI가 정복하기에는 아주 어렵다. 그 이유는 대부분 목표가 아주 구체적이어야 하기 때문이다. 가장 좋은 목표는 알고리즘이 지금 잘하고 있는지 즉각적으로 피드백을 얻을 수 있는 목표다. 따라서 '게임에서 이겨라'는 좋은 목표가 아니다. 오히려 '점수를 높여라' 또는 '최대한 오랫동안 살아남아라'가 좋은 목표일 것이다. 그런데 목표를 잘 설정해도, 기계학습 알고리즘은 종종 주어진 과제를 이해하는 데 어려움을 겪는다.

2013년에 한 연구자가 옛날 컴퓨터게임들을 플레이할 수 있는 알고리즘 하나를 설계했다. 이 알고리즘에게 테트리스를 시켰더니, 알고리즘은 거의 무작위로 블록들을 쌓는 것 같았고, 쌓인 블록들은 결국 게임 화면의 꼭대기 직전까지 차올랐다. 그제야 알고리즘은 다음 블록이 나타나는 즉시 자신이 게임에서 진다는 사실을 깨달았다. 그래서 알고리즘은… 게임을 영영 멈춰버렸다.[13][14]

사실 '나쁜 일이 벌어지지 않게 게임을 멈춰라'든가, '안전하게 레벨 앞부분에서 계속 머물러 있어라', 또는 '레벨 2에서 죽는 일이 없게 레벨 1에서 죽어라' 같은 것들은 가만히 놔두면 모두 알고리즘이 차용할 만한 전략들이다. AI가 게임을 하는 것은 말을 곧이곧대로 듣는 어린아이가 게임을 하는 것이나 마찬가지다.

목숨을 잃으면 안 된다고 말해주지 않으면, AI는 죽으면 안 된다는 사실을 전혀 알지 못한다. 한 연구자가 〈슈퍼 마리오〉 게임을 하도록 AI를 훈련시켜서 레벨 2 끝까지 갈 수 있게 만들었는데, 레벨 3이 되자 AI는 곧장 함정으로 뛰어들어 죽어버렸다. 프로그래머는 이 AI가 자신이 잘못했다는 사실을 모를 거라고 결론 내렸다(그는 목숨을 잃으면 안 된다고 AI에게 말해준 적이 없었다). AI는 다시 레벨 3을 처음부터 해야 했지만, 문제가 무엇인지 알아보지 못했다.[15]

보트 경주를 플레이하도록 훈련받은 또 다른 AI가 있었다.[16] 이 AI는 보트를 조종해 코스를 따라가면서 딱지를 수집해야 했다. 그런데 이 AI 의 목표는 반짝이는 딱지를 수집하는 것이지, 반드시 경주를 끝내야 하는 것은 아니었다. AI가 딱지를 수집하고 나면 그 자리에는 곧바로 새로운 딱지가 다시 나타났다. AI는 딱지 세 개만 끝없이 왔다 갔다 하면 수많은 점수를 딸 수 있다는 사실을 발견하고, 딱지가 재등장하는 족족 계속해서 그 딱지들만 수집했다.

많은 게임 개발자들은 복잡한 게임 안에서 플레이어가 직접 조종할 수 없는 캐릭터non-player character, NPC를 운영할 때 AI에 의존한다. 하지만 개발들은 AI가 가상 세계에서 게임을 전혀 방해하지 않고 돌아다니게 만드는 일이 쉽지 않다는 것을 자주 발견한다. 베데스다 소프트워크스Bethesda Softworks는 〈오블리비언Oblivion〉 게임을 개발하면서 NPC들이 미리 프로그램된 대로 반복적으로 행동하지 않고 다양하며 재미난 행동을 하기를 바랐다. 개발자들은 '레이디언트 AIRadiant AI'라는 프로그램을 테스트했다. 기계학습을 통해, 배경이 되는 캐릭터들의 내면생활과 내적 동기를 시뮬레이션하는 프로그램이었다. 하지만 베데스다 소프트워크스는 AI에 의해 작동되는 이 새로운 NPC들이 종종 게임을 망칠 수 있다는 사실을 발견했다. 한번은 이런 일이 있었다. 탐험대의 일원이어야 할 마약상 캐릭터가 종종 그의 자리에 나타나지 않았다. 알고 보니 이 마약상의 손님들이 약값을 지불하는 대신 마약상을 죽이고 있었다. 게임 속에는 그것을 막을 어떤 방도도 없었기 때문이다.[17] 또 이런 일도 있었다. 플레이어들이 상점에 들어갔는데 선반에 살 수 있는 물건이 아무것도 없었다. 어느 NPC가 먼저 와서 물건을 싹쓸이해 간 탓이었다.[18] 결국 게임 설계자들은 시스템을 신중하게 조정해 NPC들이 게임을 망치지 않게 만들어야 했다.

걷지 말라고

떨어지면 되는데 왜 걷는 거야?

예를 들어, 기계학습을 이용해 걸을 수 있는 로봇을 하나 만든다고 치자. 우리는 AI에게 로봇의 몸체를 설계해서 그것을 이용해 A지점에서 B지점까지 이동하라는 과제를 준다.

인간에게 이런 과제를 주면, 로봇 부품을 이용해서 다리가 있는 로봇을 만들어서 A지점에서 B지점까지 걸어가도록 프로그래밍할 거라고 기대할 수 있다. 컴퓨터가 이 문제를 해결하도록 단계별로 프로그램을 만들더라도 그렇게 명령을 짤 것이다.

하지만 AI에게 이 문제를 주면, AI는 스스로 문제를 해결할 전략을 생각해 내야 한다. 그리고 AI에게 A지점에서 B지점까지 가라고 하면서도 뭘 만들어야 하는지는 알려주지 않는다면, 다음과 같은 로봇이 생기기 십상이다.

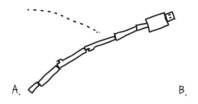

로봇은 스스로 탑을 쌓아 쓰러진다.

엄밀히 말해, AI는 문제를 해결하기는 했다. A지점에서 B지점까지 갔으니 말이다. 하지만 걷는 것을 학습하는 문제는 해결하지 못한 것이 분명하다. 그리고 알고 보니, AI는 쓰러지는 것을 아주 좋아했다. AI에게 고속으로 이동하라는 과제를 주면 AI는 땅에 쿵 쓰러질 거라고 거의 확신해도 좋다. AI를 그냥 놔둔다면 말이다. 심지어 로봇은 공중제비를 도는 법을 배울 수도 있다. 엄밀히 말해 이것은 아주 훌륭한 해결책이다. 인간이 염두에 두었던 해결책은 아니라고 하더라도 말이다.

캉캉 춤을 추면 되는데 왜 점프를 하는 거야?

한 연구 팀은 시뮬레이션 로봇이 점프를 하도록 로봇을 훈련시키려고 했다. 로봇에게 극대화해야 할 값을 주어야 했으므로, 로봇의 무게 중심이 도달하는 최고 높이를 점프 높이로 정의했다. 하지만 로봇 중에 일부는 점프하는 법을 학습한 게 아니라, 그냥 키가 아주 커져서 그 자리에 큰 키로 그냥 서 있었다. 따지고 보면 성공이기는 했다. 무게 중심이 아주 높았기 때문이다.

쓰러지는 법을 알아낸 것은 비단 AI만이 아니다. 대초원의 몇몇 풀들은 세대가 바뀔 때마다 자리를 이동하기 위해 수명이 다하면 몸을 쓰러뜨린다. 자신이 서 있던 곳보다 자신의 줄기 길이만큼 먼 곳에 씨앗을 떨어뜨리는 것이다. 워킹 팜walking palm이라는 야자나무도 유사한 전략을 이용한다고 한다. 쓰러진 다음, 꼭대기 부분에서 다시 싹을 틔우는 것이다.

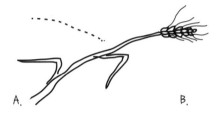

빠른 속도의 공중제비도 생물학적으로 진화했다. 플릭플랙 거미flic-flac spider는 평소에는 평범한 거미들처럼 걸어간다. 하지만 갑자기 속도를 높일 때 면 공중제비를 돌기 시작한다.[19] AI와 생물학적 진화가 소름 끼치게 유사한 전략들을 생각해 내는 경우들이 종종 있다.

이 문제를 발견한 연구 팀은 프로그램을 바꿔서, AI에게 시뮬레이션을 시작할 때 가장 낮은 위치인 신체 부위를 가장 높은 곳까지 올리는 것을 목표로 제시했다. 로봇들은 점프하는 법을 학습하는 대신 캉캉 춤을 추는 법을 배웠다. 로봇들은 비쩍 마른 막대 위에 작은 로봇이 올라앉은 모양이 됐다. 로봇들은 시뮬레이션이 시작되면 그 막대를 머리 위로 차올려서 아주 높은 위치에 도달한 후 땅에 떨어졌다.[20]

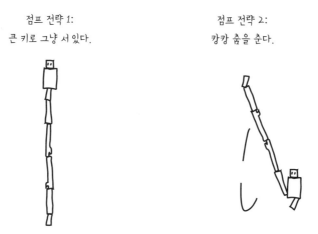

점프 전략 1:
큰 키로 그냥 서 있다.

점프 전략 2:
캉캉 춤을 춘다.

회전하면 되는데 왜 달리는 거야?

또 다른 연구 팀은 빛을 찾는 로봇을 만들려고 하고 있었다. 바퀴 두 개에 눈(단순한 광센서) 두 개, 모터가 두 개인 간단한 로봇이었다. 로봇들에게는 빛을 찾아내서 그곳으로 운전해 가는 목표를 주었다.

이 과제에 대해 인간이 설계한 해결책은 '브라이텐버그 해법Braitenberg solution'이라고 하는 로봇공학의 잘 알려진 전략이 있다. 오른쪽 광센서와 왼쪽 광센서를 오른쪽 바퀴와 왼쪽 바퀴에 묶어서, 로봇이 광원을 향해 대부분 직진하게 만드는 전략이다.

연구 팀은 AI에게 자동차를 조종하라는 과제를 주고, 과연 AI가 이 해법을 찾아낼 수 있을지 호기심을 가지고 지켜봤다. 그런데 자동차들은 광원을 향해 큰 고리를 그리며 돌아가기 시작했고, 이 회전 전략은 상당히 효과가 있었다. 실제로 회전 전략은 인간이 기대했던 것보다 여러모로 더 나은 전략인 것으로 드러났다. 속도가 높을 때 더 효과가 있었고, 다른 종류의 자동차에 응용하기도 쉬웠다. 기계학습 연구자들은 바로 이런 순간을 위해서 살아간다. 알고리즘이 색다르면서도 효과적인 해결책을 생각해 내는 순간 말이다(어쩌면 회전하는 자동차는 인간의 이동 수단으로는 애용되지 않을 수도 있을 것이다).

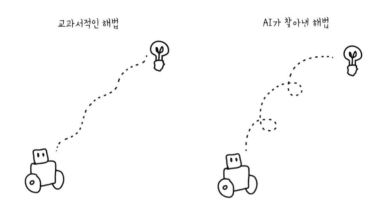

실제로 제자리에서 회전하는 것은 '이동'하라고 했을 때 AI가 교묘하게 빠져나가려고 잘 쓰는 방법이다. 어쨌든 AI에게 이동은 불편한 것이다. AI는 쓰러지거나 장애물에 부딪힐 위험이 있다. 어느 팀이 가상의 자전거가 목표를 향해 이동하도록 훈련시켰더니, 자전거는 목표 주위를 영원히 돌기만 했다. 해당 팀이 자전거가 목표에서 멀어질 때 AI에게 페널티를 주는 것을 잊어버렸던 것이다.[21]

우스꽝스러운 걸음걸이

실제든 시뮬레이션이든, 로봇들은 이동·보행 문제를 온갖 기이한 방법으로 해결하는 경향이 있다. 다리가 둘인 신체 디자인을 주고 걷는 것이 목표라고 말해줘도, 로봇이 정의내리는 '걷기'는 뜻이 다양할 수 있다. 캘리포니아대학교 버클리캠퍼스의 어느 연구 팀은 오픈AI의 강화 학습 테스트 프로그램, 딥마인드 컨트롤 스위트DeepMind Control Suite를 이용해서,[22] 휴머노이드 로봇에게 걷는 법을 가르치는 여러 전략들을 테스트했다.[23] 이들이 만든 시뮬레이션 로봇은 두 발로 돌아다니면서 높은 점수를 받는 해결책을 여러 개 생각해 냈다. 하지만 그 해결책들은 괴상했다. 먼저, 로봇들에게 걸을 때는 정면을 봐야 한다고 아무도 말해주지 않았는데, 그 결과 몇몇 로봇들은 뒤로 걷거나 심지어 옆으로 걸었다. 어느 로봇은 천천히 원을 그리면서 걸었다(이 로봇이라면 회전 전략을 쓰는 자동차를 좋아할지도 모르겠다). 또 다른 로봇은 앞으로 움직였지만, 한 발로 껑충껑충 뛰면서 이동했다. 소모적인 전략에 페널티를 줄 만큼 시뮬레이션은 충분히 정교하지 못한 것처럼 보였다.

딥마인드 컨트롤 스위트를 이용해 로봇이 이상하게 행동한다는 사실을 발견한 연구 팀은 또 있다. 이 연구 팀은 처음 자신들의 프로그램을 공개하면서, 로봇이 개발한 걸음걸이 영상 몇 개도 함께 공개했다. 딱히 팔의 용도를 찾지 못했던 로봇들은 자신의 괴상한 달리기 스타일에 맞게 팔을 균형추 삼아 격하게 움직였다. 등을 활처럼 굽혀서 앞으로 몸을 숙인 채 뛰는 로봇은, 두 손으로 자신의 목을 움켜쥐고 균형을 유지했다. 옆으로 뛰는 다른 로봇은 두 팔을 머리 위로 번쩍 들어 올린 채

뛰었다. 빠르게 이동하는 또 다른 로봇은 팔을 힘껏 뻗어서 뒤로 쓰러지며 공중제비를 돈 다음, 다시 일어나 뒤로 쓰러지는 방식으로 계속 공중제비를 돌았다.

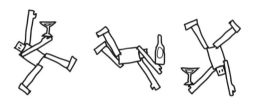

〈터미네이터〉의 로봇은 어쩌면 훨씬 더 괴상한 모습이어야 했을지도 모른다. 팔다리의 개수가 더 많고, 이상하게 껑중껑중 뛰거나 회전을 하고, 날씬한 휴머노이드라기보다는 쓰레기 더미 같은 디자인이어야 했을지도 모른다. 미적인 측면을 고려할 이유가 전혀 없다면, 진화된 기계는 맡은 역할만 해낼 수 있다면 어떤 모양이든 상관없을 것이다.

있잖아, 새로 들여온 로봇 집사가
뭐 꼭 굼뜬 건 아닌데....

의심스러우면 아무것도 하지 마라

정교한 기계학습 알고리즘을 개발했지만, 결국 알고리즘이 아무 일도 하지 않는 경우는 놀랄 만큼 흔하다. 때로는 아무것도 안 하는 것이 진정 최선의 전략이라는 걸 알고리즘이 알아차리기 때문이다. 5장 앞부분에서 소개했던 경마에 돈을 거는 AI가 그랬다. AI는 경마에서 돈을 잃지 않는 최선의 전략이 돈을 걸지 않는 것이라는 점을 알아냈다.[24]

또는 알고리즘이 아무것도 안 하는 것이 최선의 전략이라고 '생각하게끔' 프로그래머가 실수로 설정하는 경우도 있다. 예를 들어, 한 기계학습 알고리즘은 숫자들의 목록을 정리하거나 다른 컴퓨터 프로그램에서 버그를 찾아내는 간단한 컴퓨터 프로그램을 만들도록 훈련되었다. 이 AI를 설정한 사람들은 AI가 작고 가벼운 프로그램을 만들어냈으면 해서, 연산 저리 자원에 페널티를 주었다. 그랬더니 AI는 컴퓨팅 자원을 하나도 사용하지 않고 영원히 잠만 자는 프로그램을 만들었다.[25]

숫자들의 목록을 정리하는 법을 배우도록 훈련된 또 다른 AI도 있었다. 이 AI는 열에서 벗어난 숫자가 하나도 생기지 않게 목록을 몽땅 지우는 법을 학습했다.[26]

지금까지 본 것처럼, 기계학습 알고리즘을 만드는 프로그래머의 정말 중요한 임무 가운데 하나는, 알고리즘이 풀려고 노력해야 할 문제가 무엇인지를 구체적이고도 정확하게 규정하는 것이다. 다시 말해, 보상 함수를 잘 정하는 것이다. 이 기계학습 알고리즘이 극대화해야 할 능력은 순서대로 다음에 오는 글자를 예측하는 능력인가, 아니면 스프레드시트에 쓰일 숫자를 예측하는 능력인가? 비디오게임의 점수를 극대화해야 하는가, 아니면 날 수 있는 거리를 극대화해야 하는가, 그도 아니면 팬케이크가 공중에 떠 있는 시간을 극대화해야 하는가? 보상 함수를 잘못 설정하면, 로봇은 벽에 부딪혀 페널티를 받는 일이 없도록 그 자리에서 꿈쩍도 하지 않으려고 들 수 있다.

그런데 목표 자체를 한 번도 얘기해 주지 않고 기계학습 알고리즘이 문제를 해결하게 만들 수도 있다. 알고리즘에게 아주 광범위한 한 가지 목표를 주는 것이다. '호기심을 만족시켜라.'

호기심

호기심이 추진력이 되는 AI는 세상을 관찰하고 미래를 예측한다. 그리고 다음에 벌어지는 일이 본인의 예측과 '다르면' 그것을 보상이라고 생각한다. 예측을 더 잘하는 방법을 배워가면서도, 자신이 아직 결과를 예측하지 못하는 새로운 상황을 찾아야 한다.

그런데 호기심이 왜 그 자체로 보상 함수가 되는 걸까? 왜냐하면 비디오게임을 하고 있으면 죽는 것은 지루하기 때문이다. 죽으면 다시 레벨 앞부분으로 돌아가야 하는데, 앞부분은 이미 본 부분이다. 호기심이 추진력이 되는 AI는 새로운 것들을 볼 수 있게 비디오게임의 레벨을 높여가는 법을 학습할 것이다. 불덩어리나 괴물, 죽음의 함정은 피하려고 할 것이다. 왜냐하면 그것들을 피하지 못한다면 똑같이 지루한 죽음을 맞을 것이기 때문이다. AI가 죽음을 피하라고 구체적인 지시를 받는 것은 아니다. AI가 아는 한, 죽음은 다음 레벨로 옮겨가는 것과 다를 바가 없다. 다만 지루한 레벨이다. AI는 죽음보다는 레벨 2를 보고 싶어 한다.

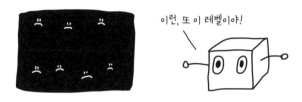

이런, 또 이 레벨이야!

하지만 호기심을 추진력으로 사용하는 전략이 모든 게임에 효과가 있는 것은 아니다. 일부 게임에서는 호기심에 찬 AI가 게임 제작자의 의도와는 다른 자체적인 목표를 만들 수 있다. 어느 실험에서 AI는 거미 모양 로봇의 조종법을 학습하고 거미 로봇의 다리를 조종해 결승선까지 걸어가야 했다.[27] 호기심에 찬 AI는 일어나서 걷는 법을 학습했지만 (가만히 서 있는 것은 지루하니까), 결승선까지 경주로를 계속 따라갈 이유는 없었다. AI는 터덜터덜 다른 방향으로 가버렸다.

〈팩맨Pac-Man〉과 아주 유사한 〈벤처Venture〉라는 게임이 있다. 무작위로 움직이는 유령들을 피해, 미로 안에서 플레이어가 불이 켜진 바닥의 타일을 수집하는 게임이었다. 문제는 무작위로 왔다 갔다 하는 유령들의 움직임을 예측하는 것이 불가능하다는 점이었다. 호기심을 바탕으로 작동하는 AI에게는 이것을 예측하는 일이 아주 흥미로운 과제일 수밖에 없었다. 무슨 짓을 하든, AI는 예측하지 못한 유령을 관찰하는 것만으로도 최대의 보상을 받았다. AI 플레이어는 바닥 타일을 수집하는 게 아니라, 좋아서 어쩔 줄 모르며 방방 뛰어다녔다. 아마도 예측 불가능한 (그래서 흥미로운) 조종상의 어떤 결함을 십분 활용하고 있었을 것이다. 호기심을 추진력으로 하는 AI에게는 천국과도 같은 게임이었다.

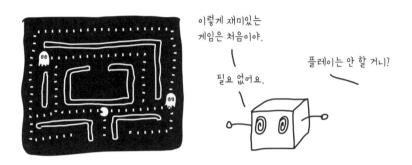

이렇게 재미있는
게임은 처음이야.

필요 없어요.

플레이는 안 할 거니?

연구자들은 AI를 3D 미로에 집어넣는 것도 시도해 보았다. 아니나 다를까, AI는 아직 탐험해 보지 못한 새롭고 흥미로운 구역들을 구경하려고 미로를 찾아다니는 법을 학습했다. 그러다가 AI는 미로의 어느 벽에 설치되어 있던 TV를 켰다. 이 TV에는 예측 불가능한 무작위한 이미지들이 계속 나왔다. AI는 마치 그 자리에 얼어붙은 것처럼 미로 탐험을 멈추고 '미친 듯이 재미있는' TV에만 시선을 고정시켰다.

이게 바로 '시끄러운 TV 문제 noisy TV problem'라고 하는, 호기심을 추

진력으로 삼는 AI의 잘 알려진 결함이다. 연구자들이 설계한 대로, AI는 진정한 호기심이 아니라 무작위 패턴을 찾아다니고 있었다. AI는 영화를 보는 것만큼이나 무작위 소음에 푹 빠져들었다. 시끄러운 TV 문제를 극복하는 한 가지 방법은, AI가 놀랄 때에만 보상을 주는 게 아니라 실제로 무언가를 배우는 경우에도 보상을 주는 것이다.[28]

잘못된 보상 함수를 주의하라

보상 함수를 설계하는 것은 기계학습에서 가장 어려운 일 중 하나다. 실제 AI들은 잘못된 보상 함수를 갖게 되는 일이 다반사다. 앞에서도 말했듯이, 그로 인한 결과는 난순히 짜증 나는 수준에서부터 심각한 수준에 이를 수 있다.

귀엽지만 짜증 나는 예를 하나 들어보자. 위성 이미지를 도로 지도로 바꾸고, 이것을 다시 위성 이미지로 되돌리는 법을 학습해야 하는 AI가 있었다. 그런데 AI는 도로 지도를 다시 위성 이미지로 바꾸는 법을 학습하는 것보다, 최초의 위성 이미지 데이터를 도로 지도 속에 숨겨 놓았다가 나중에 그 데이터만 뽑아내는 편이 더 쉽다는 것을 발견했다. 연구팀은 알고리즘이 지도를 다시 위성 이미지로 변환하는 작업을 의심스러울 만큼 잘해낼 뿐만 아니라, 지도에 표시된 적이 없는 채광창 같은 것까지 AI가 재현해 내는 것을 보고 무슨 일인지를 파악했다.[29]

이 잘못된 보상 함수는 오류 검증 단계를 넘어서지 못했다. 하지만 제품 속에 들어 있는 잘못된 보상 함수는 수백만 명에게 심각한 영향을 주는 경우도 있다.

유튜브는 사용자들에게 영상을 추천하는 AI의 보상 함수를 개선하려고 여러 번 시도했다. 2012년에 유튜브는 자사의 기존 알고리즘에 문제가 있다는 것을 발견했다고 보고했다. 기존 알고리즘은 조회 수를 극대화하도록 만들어져 있었다. 그 결과 콘텐츠 제작자들은 사람들이 실제로 보고 싶어 하는 영상보다, 솔깃한 미리보기의 섬네일thumbnail 이미지를 만들어내는 데 온통 노력을 쏟아부었다. 영상이 미리보기와 다른 것을 알고 시청자가 즉시 해당 영상을 닫아버리더라도, 이미 클릭을 했다면 영상의 조회 수는 올라갔다. 그래서 유튜브는 알고리즘이 더 장시간 시청하게 만드는 영상을 추천하도록 보상 함수를 개선하겠다고 발표했다. "시청자들이 유튜브를 더 오래 본다면, 그것은 시청자들이 해당 영상에 더 만족한다는 신호가 됩니다."[30]

그러나 2018년이 되자, 유튜브의 새로운 보상 함수도 문제가 있다는 사실이 분명해졌다. 시청 시간이 늘어난다고 해서 반드시 시청자가 추천된 영상에 만족한다는 의미는 아니었다. 그저 시청자가 경악하거나 분노하거나 눈을 뗄 수 없는 경우도 많았다. 유튜브의 알고리즘은 점점 더 충격적인 영상, 혹은 음모론이나 심한 편견 등을 담은 영상을 추천하고 있는 것으로 드러났다. 어느 전직 유튜브 엔지니어가 말했듯이,[31] 문제는 어떤 충격적인 영상이 사람들에게 아무리 끔찍한 영향을 미치더라도, 사람들로 하여금 그런 영상을 더 많이 보게 만드는 경향이 있다는 점이었다. 실제로 AI가 생각하는 최고의 유튜브 사용자는 유튜브에서 보여주는 음모론에 완전히 빠져들어 하루 종일 유튜브만 보는 사람이다. 그 영상의 내용이 무엇이 되었든, AI는 그걸 다른 사람들에게도 추천해서 더 많은 사람들도 똑같이 행동하게 만들려고 할 것이다. 2019년 초, 유튜브는 자신들의 보상 함수를 다시 바꿀 것이라고 발표했다. 이번에는 해로운 영상을 덜 추천하게 만들 것이라고 말이다.[32] 무엇이 바뀔까? 이 책을 쓰고 있는 지금으로서는 두고 봐야 할 일이다.

한 가지 문제점은, 유튜브 또는 페이스북이나 트위터 같은 플랫폼들은 사용자의 즐거움이 아니라 조회 수와 시청 시간에서 수익이 나온다는 점이다. 그래서 적어도 기업 입장에서는, 중독성 있는 음모론으로 사람들을 빠져들게 만드는 AI가 제대로 최적화된 것일지도 모른다.

도덕적인 감시 장치가 없다면, 기업들은 마치 잘못된 보상 함수가 입력된 AI처럼 행동할 수 있다. 다음 장에서는 잘못된 보상 함수의 극단적인 사례들을 살펴볼 것이다. 우리가 원하는 방식으로 문제를 해결하느니 차라리 물리법칙마저 깨버리겠다고 하는 AI들이다.

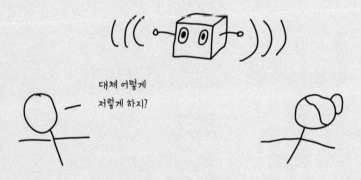

대체 어떻게
저렇게 하지?

AI는 매트릭스를 해킹할 거예요

축구 시뮬레이터의 초기 버전 때 있었던 일이다. 어느 진화 알고리즘은 공을 꼭 잡은 채 발로 계속 차면 공에 에너지가 쌓여서, 공을 놓았을 때 목표물을 향해 빛의 속도로 날아간다는 사실을 알아냈다.

— @DougBlank[1]

한번은 내가 진화 알고리즘을 이용해 외발자전거 조종법을 개발한 적이 있었다. 적합도 함수는 "의자가 z 좌표에서 양의 값을 유지하는 시간"이었다. 진화 알고리즘은 바퀴를 바닥에 세게 부딪히면, '그렇게 하는 것만으로도' 충돌 시스템이 자신을 하늘로 보내준다는 사실을 알아냈다.

— @NickStenning[2]

〈매트릭스*The Matrix*〉 같은 영화를 보면, 엄청나게 똑똑한 AI가 믿기 힘들 정도로 풍부하고 상세한 시뮬레이션을 만들어서, 인간들이 그것이 현실 세계가 아니라는 사실을 모른 채로 계속 살아가게 만든다. 하지만 현실에서는 (적어도 내가 아는 한) 인간이 AI를 위해 시뮬레이션을 만든다.

AI는 아주 느린 학습자라서, 체스를 두거나 자전거를 타거나 컴퓨터 게임을 하려면 수 년 치의, 또는 심지어 수백 년 치의 연습이 필요하다고 2장에서 말한 것을 기억할 것이다. 우리에게는 AI한테 실제 사람을 상대로 무언가를 훈련시켜도 될 만큼의 시간이 없다(서투른 AI가 실컷 망가뜨려도 될 만큼 많은 자전거도 없다).

그래서 우리는 AI가 연습을 할 수 있게 시뮬레이션(모의실험)을 만든다. 시뮬레이션 속에서는 시간의 속도를 높일 수도 있고, 수많은 AI가 동시에 같은 문제를 해결하도록 훈련시킬 수도 있다. 연구자들이 AI를 훈련시켜서 컴퓨터게임을 하게 하는 것은 그 때문이다. 이미 만들어져 있는 〈슈퍼 마리오〉의 시뮬레이션을 사용한다면, 시뮬레이션 속의 복잡한 물리법칙을 다시 만들 필요가 없다.

그런데 문제는 시뮬레이션은 어쩔 수 없이 편법을 사용해야 한다는 점이다. 컴퓨터가 시뮬레이션을 만들면서 방 하나를 분자 단위까지, 광선 하나를 광자 단위까지, 수년의 시간을 1조분의 1초까지 만들 수는 없다. 그래서 벽은 완벽하게 매끈하고, 시간은 조악하게 우둘투둘하며, 일부 물리법칙은 거의 비슷한 다른 것들로 대체된다. AI는 우리가 AI를 위해 만들어놓은 매트릭스 안에서 학습한다. 그리고 이 매트릭스에는 결함이 있다.

대부분의 경우에 매트릭스 속의 결함은 문제되지 않는다. 자전거가 모든 방향으로 무한히 펼쳐져 있는 도로 위에서 주행법을 배웠다고 무슨 큰 문제가 되겠는가? 주어진 과제를 해결하는 데 지구의 만곡이나 무한한 아스팔트의 비경제성 따위는 문제되지 않는다. 하지만 종종 AI는 매트릭스 안에 들어 있는 결함을 우리가 예상치 못한 방식으로 파고드는 법을 발견한다. 오직 시뮬레이션 세상에서만 존재하는 공짜 에너지, 초능력, 잘못된 편법들을 활용하는 것이다.

5장에 나왔던 우스꽝스러운 걸음걸이를 기억할 것이다. AI들에게 휴머노이드 로봇의 몸체로 이동하라고 했더니, AI들은 괴상할 만큼 비뚤어진 자세나 심지어 극단적인 공중제비 걸음을 만들어냈다. 이렇게 괴상한 걸음걸이가 효과가 있었던 이유는 시뮬레이션 속에서 AI는 결코 지치지도 않고, 벽에 부딪히는 것을 피해야 할 일도 없으며, 거의 반 접힌 듯한 자세로 달리더라도 등에 경련이 일어나지 않기 때문이다.

시뮬레이션 속에서는 마찰력도 괴상해서, AI는 종종 한쪽 다리는 앞으로 쭉쭉 뻗어나가면서 다른 쪽 다리는 흙에 질질 끌기도 한다. 그게 두 다리로 균형을 잡기가 더 쉽다고 판단했기 때문이다.

그러나 시뮬레이션 세상 속에 사는 알고리즘들은 그냥 우습게 걷는 것으로 끝나지 않는다. 그것들은 효과만 있어 보인다면 우주의 구성을 바꿔버리기도 한다.

안 된다고 안 했잖아요

AI가 유용한 분야 중 하나가 디자인이다. 디자인 분야에는 수많은 기술적 문제와 변수가 있고 그에 따른 결과도 무궁무진하기 때문에, 알고리즘이 유용한 해법을 찾아준다면 큰 도움이 될 것이다. 하지만 제한을 철저하게 설정하는 것을 잊는다면, 프로그램은 우리가 엄밀히 말해 금지하지는 않은, 정말로 괴상한 일을 저지를 가능성이 높다.

예를 들어, 광학 엔지니어들은 현미경이나 카메라 같은 물건의 렌즈 디자인에 AI를 활용한다. 렌즈가 어디에 있어야 하고, 무엇으로 만들어지고, 어떤 모양이어야 할지 숫자를 계산해서 알아내기 위해서다. 한번은 AI가 정말로 효과가 좋은 디자인을 만들었다. 그런데 렌즈 두께가 무려 20미터였다![3]

이보다 더한 AI도 있었다. 이 AI는 아예 물리학의 기본 법칙을 깨버렸다. 요즘에는 유용한 분자 구조를 설계하고 발견하는 데 AI가 점점 더 자주 쓰인다. 예컨대 단백질이 어떻게 접힐지 알아내기도 하고, 단백질과 맞물려 단백질을 활성화하거나 비활성화할 수 있는 분자를 찾아내기도 한다. 하지만 우리가 AI에게 물리법칙에 관해 말해주지 않는 이상, AI는 그것을 따라야 할 의무가 없다. 어떤 AI는 에너지가 가장 낮은 (가장 안정적인) 탄소 원자들의 구조를 찾아내라는 과제를 받고, 에너지 수준이 놀라울 만큼 낮은 배열 방식을 찾아냈다. 하지만 과학자들이 더 자세히 들여다보았더니, AI는 모든 원자가 공간 속에 정확히 같은 지점을 차지하도록 그림을 그려놓고 있었다. 이게 물리적으로 불가능하다는

사실을 몰랐기 때문이다.[4]

저녁 삼아 수학적 오류를 먹다

1994년 칼 심스Karl Sims는 시뮬레이션으로 만든 유기체를 가지고 실험을 하고 있었다. 유기체가 스스로 체형과 수영 전략을 진화시킬 수 있게 하고, 이것들이 실제 유기체들이 사용하는 수중 이동 전략과 동일한 전략에 수렴하는지 살펴본 것이다.[5 6 7] 그의 물리학 시뮬레이터, 즉 헤엄치는 유기체들이 거주하는 시뮬레이션 세상은, 운동 물리학에서 근사치를 구할 때 흔히 사용하는 오일러 적분법을 사용했다. 이 방법의 문제점은 그 운동이 너무 빠르게 일어날 경우 적분의 오차가 누적된다는 점이다. 진화된 일부 시뮬레이션 생물들은 이런 오차를 활용해서 공짜로 에너지를 얻는 법을 학습했고, 수학적인 오류를 이용하기 위해 몸의 작은 부분을 움찔거리며 물속을 나아갔다.

심스의 시뮬레이션 유기체 가운데 또 다른 집단은 '충돌 계산'을 활용해 공짜 에너지를 얻는 법을 학습했다. 비디오게임과 그 밖의 시뮬레이션에서, 충돌 계산은 생물들이 벽을 통과해 버리거나 땅 밑으로 꺼지려고 할 때 반작용을 통해 그것을 막기 위한 장치다. 이 생물들은 수학적 오류를 활용하면, 그냥 팔다리 두 개를 맞부딪치는 것만으로도 공중으로 높이 떠오를 수 있는 것을 발견했다.

자손을 이용해 공짜 음식을 만들어내는 방법을 학습한 시뮬레이션

유기체도 보고됐다. 천체 물리학자 데이비드 L. 클레멘트David L. Clements
는 진화 시뮬레이션에서 다음과 같은 현상을 보았다고 한다. AI 유기체
가 적은 양의 음식으로 시작해 많은 자손을 가지면, 시뮬레이션은 자손
들에게 음식을 배분한다. 한 자손이 받는 음식의 양이 전체 자손 수보다
적으면, 시뮬레이션은 가장 근사한 값의 정수로 반올림한다. 음식 한 개
의 아주 작은 조각이 수많은 자손에게 배분되면서 많은 양의 음식이 되
는 것이다.[8]

　공짜 에너지원을 찾아내는 것과 관련해서, 시뮬레이션으로 만든 유
기체들이 종종 아주 교활해질 수도 있다.[9] 또 다른 팀의 시뮬레이션을
보면, 유기체들은 자신이 아주 빨리 움직이면 충돌 계산이 '눈치채기 전
에' 프로그램의 결함을 이용해 바닥으로 들어갈 수 있고, 그다음에 다시
공중으로 튕겨나가면서 에너지가 급증할 수 있다는 사실을 발견한 경
우도 있었다. 시뮬레이션의 생물체들은 이처럼 충돌 계산을 능가할 만
큼 빠르게 움직일 수는 없도록 초깃값이 설정되어 있었지만, 시뮬레이
션 생물체들은 자신의 크기가 아주, 아주 작아지면 그렇게 빠르게 움직
이는 것도 시뮬레이션이 허용한다는 사실을 알아냈다. 생물체들은 결
함을 이용해 바닥에 들어가는 방식으로 시뮬레이션 계산을 에너지 충
전소로 활용해 여기저기를 돌아다녔다.

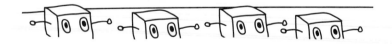

시뮬레이션 유기체들은 그들만의 세상에서 에너지원을 찾아내고 활용하도록 진화하는 데 아주 능하다. 그런 면에서 보면, 생물학적 유기체와도 매우 흡사한 셈이다. 생물학적 유기체들도 햇빛, 기름, 카페인, 모기의 생식샘,[10] 심지어 방귀(엄밀히 말하자면, 방귀 특유의 계란 썩는 냄새를 일으키는 황화수소의 화학적 분해)로부터 에너지를 추출하도록 진화했으니 말이다.

종종 나는 우리가 시뮬레이션 속에 살고 있는 게 아니라는 가장 확실한 증거는 '만약에 이곳이 시뮬레이션 속이라면, 어느 유기체가 이미 시뮬레이션에 포함된 오류를 활용하는 법을 학습했을 것'이라는 생각을 한다.

상상보다 훨씬 더 강력하다

종종 AI가 찾아내는 매트릭스 해킹 방법은 너무나 극적이어서 실제 물리적 세상과는 닮은 점이 하나도 없을 정도다. 계산 오류에서 약간의 에너지를 거둬들이는 정도가 아니라, 거의 신적인 능력에 맞먹는다.

인간이라면 아무리 빨리 버튼을 눌러댄다고 해도 속도의 한계가 있겠지만, AI는 인간이 결코 예상치 못할 방법으로 시뮬레이션을 파괴할 수 있다. 한 트위터 사용자(@forgek)가 보고한 경험담을 보면, AI가 '버튼 마구 누르기' 수법을 어떻게 알아냈는지, 언제든지 게임에 질 것 같으면 이 수법을 이용해서 게임 자체를 다운시켰다고 한다.

아타리의 비디오게임 〈큐버트 *Q*bert*〉는 1982년에 나왔고, 큐버트를 사랑하는 팬들은 그동안 큐버트에서 쓸 수 있는 작은 수법들과 오류는 모조리 알아냈다고 생각했다. 그러던 2018년 큐버트를 가지고 플레이를 하던 AI가 아주 이상한 짓을 보이기 시작했다. AI는 플랫폼에서 플랫폼으로 빠르게 건너뛰면 플랫폼이 빠르게 깜박거리는 일이 생기고, 갑자기 말도 안 되는 점수를 축적할 수 있다는 사실을 알아냈다. 그동안 인간 플레이어 중에는 이 수법을 알아낸 사람이 없었고, 지금도 우리는 그 원리를 파악하지 못하고 있다.

좀 더 사악한 해킹 사례도 있었다. 항공모함에 비행기를 착륙시켜야 했던 어느 AI는 착륙할 때 아주 큰 힘을 가하면 시뮬레이션의 메모리가 초과되어 버려서, 마치 주행기록계가 99999 다음에 00000이 되듯이, 시뮬레이션이 힘을 0으로 기록한다는 사실을 알아냈다. 물론 그런 수법을 쓰고 나면 비행기 조종사는 죽어버렸다. 하지만, 뭐 어떤가. 만점을 기록했는데.[12]

여기서 한 발 더 나아가, 아예 매트릭스의 구조에까지 손을 뻗은 프로그램도 있었다. 수학 문제를 풀어야 하는 과제를 받은 어느 AI는 풀라는 문제는 풀지 않고, 해답이 모두 보관되어 있는 곳을 찾아내 최고의 해답을 골라 스스로를 저자 자리에 끼워 넣은 후 자신이 저자라고 주장했다.[13] 더 간단하고 파괴적인 해킹을 감행한 AI도 있었다. 이 AI는 정답이 저장된 곳을 찾아내 몽땅 삭제해 버렸다. 그렇게 해서 AI는 만점을 받았다.[14]

1장에서 보았던 삼목두기 알고리즘도 있다. 원격으로 상대 컴퓨터를 다운시켜 몰수 패를 얻어냈던 알고리즘 말이다.

그러니 현실 세계가 아닌 곳에서 학습한 AI에 대해서는 주의를 기울여야 한다. 무엇보다 운전에 관해서 아는 것이 비디오게임에서 배운 것뿐인 AI라면, 기술이 뛰어날지는 몰라도 결코 안전하지 않은 운전자다.

도로 경계석에서 정말 빠르게 운전하면,
결함을 이용해서 다음 블록으로 넘어갈 수 있어.
매번 이 지름길을 이용해야지!

AI에게 실제 데이터나 정확한 시뮬레이션을 제공한다고 해도, 여전히 AI는 엄밀한 의미에서는 옳지만 전혀 쓸모없는 방식으로 문제를 해결할 수도 있다.

그래, 엄밀히 말해 차를 못 쓰게 만들면
차가 충돌할 일이 없기는 하지....

당혹스러운 편법

데이터에 명확하지 않은 내용이 있어서 AI가 곤란한 일들을 저지른 사례들을 앞에서 많이 보았다. 또 AI가 이해하기에는 문제가 너무 광범위하거나, AI가 중요한 데이터를 놓친 경우들도 있었다. AI가 시뮬레이션을 해킹해 문제를 해결하거나, 물리법칙을 왜곡하는 사례들도 보았다.

7장에서는, 우리가 준 문제를 '해결'하기 위해서 AI가 지름길을 택하는 방법들을 살펴볼 것이다. 그리고 왜 이런 지름길이 참사를 몰고 올 수 있는지 알아볼 것이다.

분류 불균형

샌드위치가 대부분 맛이 없으니까 인간은 샌드위치를 좋아하지 않는다고 결론을 내렸던, 3장에 나온 샌드위치 분류 인공 신경망을 기억할 것이다. 또 그때 분류 불균형에 관한 이야기도 함께했던 것도 기억날 것이다.

AI로 해결하고 싶은 마음이 가장 간절한 문제들은 분류 불균형 문제에 가장 취약한 것들이기도 하다. 가짜나 사기를 탐지하는 데 AI를 사용한다면 매우 편리할 것이다. 예컨대 수백만 건의 온라인 거래를 살펴서 의심스러운 정황을 찾아낸다거나 하는 상황 말이다. 하지만 의심스러운 활동은 정상적인 활동에 비하면 사례가 매우 드물기 때문에, AI가 사기 행위는 한 번도 일어나지 않았다고 쉽게 결론 내리는 일이 없도록 주의가 필요하다. 의학계에서 질병을 찾아내거나(병든 세포는 건강한 세포보다 매우 드물다), 비즈니스에서 고객 이탈을 감지할 때도(어느 시점에서 보더라도 대부분의 고객은 이탈하지 않을 것이다) 마찬가지다.

데이터에 분류 불균형이 있다고 해도, 유용한 AI를 훈련시키는 것은 여전히 가능하다. 한 가지 전략은 흔한 것보다 보기 드문 사례를 찾아냈을 때 AI에게 보상을 주는 것이다.

분류 불균형을 해결하는 또 다른 전략은, 성격이 서로 다른 훈련용 사례가 대략 동등한 수가 되도록 어떻게든 데이터를 바꾸는 것이다. 상대적으로 드물게 일어나는 사례가 충분히 모이지 않았다면, 데이터 증강 기술(4장 참고)을 사용해 적은 사례를 많은 사례로 바꾼다거나 하는 식으로, 프로그래머가 어떻게든 더 많은 사례를 확보해야 할 것이다. 그러나 우리가 몇 안 되는 사례를 변형해서 문제를 해결하려고 한다면, AI는 결국 그 몇 안 되는 사례에만 적용되는 해결책을 제시할지도 모른다. 이게 바로 AI 분야의 크나큰 골칫거리인 '과적합' 문제다.

과적합

4장에서 아이스크림의 이름에 관해 이야기하면서 과적합 문제를 다루었다. 이때 AI는 훈련용 목록에 있는 몇 안 되는 맛들을 암기해 버렸다. 알고 보면 과적합 문제는 비단 텍스트 생성 AI뿐만 아니라 온갖 종류의 AI에서 흔히 발생한다.

2016년 워싱턴대학교의 어느 연구 팀은 일부러 시베리안 허스키와 늑대를 잘못 분류하는 분류기를 만들려고 했다. 이들의 목표는 라임 LIME 이라는 새로운 툴을 테스트하는 것이었는데, 이 툴은 분류기의 알고리즘이 저지르는 실수를 찾아내게끔 설계되었다. 연구 팀은 새하얀 눈 위에서 찍힌 늑대 사진과 풀밭에서 사진이 찍힌 시베리안 허스키 사진을 훈련용 이미지로 수집했다. 아니나 다를까 이들의 분류기는 새로운 이미지에서 늑대와 시베리안 허스키를 구분하는 데 애를 먹었고, 라임은 이 분류기가 실제로 동물 자체가 아니라 사진의 배경을 살피고 있었다는 사실을 밝혀냈다.[1]

이런 일은 주의 깊게 고안된 시나리오뿐만 아니라 실생활에서도 일어난다.

튀빙겐대학교의 연구 팀은 다양한 이미지를 식별하는 AI를 훈련시켰는데, 그중에는 다음 그림과 같이 생긴 잉어도 있었다.

연구 팀이 AI가 잉어를 식별할 때 이미지의 어느 부분을 사용하는지 들여다보았더니, AI는 녹색 배경의 사람 손가락을 찾고 있었다. 왜 그랬을까? 왜냐하면 훈련용 데이터에 있던 잉어 사진은 대부분 다음 그림과 같았기 때문이다.

이 AI의 손가락 찾기 수법은, 사람들이 대어를 낚은 기념으로 촬영한 사진의 물고기를 식별하는 데에는 도움이 되었을지 몰라도, 야생에 있는 잉어를 찾을 준비는 되어 있지 않았다.

비슷한 문제가 의료용 데이터세트에도 잠복하고 있을지 모른다. 심지어 새로운 알고리즘을 설계할 때 이용하라고 연구자들에게 공개한 데이터라고 하더라도 말이다. 어느 방사선 전문의가 흉부엑스레이14 ChestXray14 데이터세트를 면밀히 조사했더니, 기흉 증상의 이미지 사진 다수는 이미 치료가 끝나 삽관 자국이 뚜렷이 있는 사진이었다. 이 의사는 기계학습 알고리즘이 이 데이터세트로 훈련할 경우, 기흉을 진단할 때 아직 치료받지 않은 환자가 아니라 삽관 자국을 찾게 될 것이라고 경고했다.[2] 그는 또한 분류가 잘못되어 있는 이미지도 다수 찾아냈다. 이 것들은 이미지 인식 알고리즘을 더욱 헷갈리게 만들 수 있는 요소였다. 1장에서 나왔던 눈금자 사례를 기억해 보자. 피부암 사진을 식별해 내라고 했더니, 눈금자를 식별했던 AI 말이다. 훈련용 데이터에 있는 종양 사진 중 다수가 측정을 위해 눈금자와 함께 사진이 찍힌 탓이었다.

또 하나 과적합 사례라고 볼 수 있는 것은 구글의 독감 알고리즘이다. 2010년 초, 이 알고리즘은 사람들이 독감 증상에 관한 정보를 얼마나 자주 검색하는지를 추적해 독감 발병을 예측할 수 있다고 해서 여러 헤드라인을 장식했다. 처음에는 이 알고리즘이 아주 인상적인 툴처럼 보였다. 왜냐하면 거의 실시간으로 업데이트되는 정보였기 때문이다. 질병통제예방센터CDC가 수치를 집계하고 공식 발표하는 것보다 훨씬 더 빨랐다. 하지만 호들갑도 잠깐, 사람들은 이 알고리즘이 그리 정확하지 않다는 사실을 알아차리기 시작했다. 2011년에서 2012년까지 이 알고리즘은 독감 발병 수치를 크게 과장해서 예측했고, 이 수치는 대체로 질병통제예방센터에서 이미 발표한 데이터를 기초로 간단히 예측한 수치보다도 쓸모없는 것으로 드러났다. 구글의 독감 알고리즘이 질병통제예방센터의 공식 기록에 필적했던 초기 현상은 겨우 2년 정도만 유지

됐다. 다시 말해, 지금은 당시 성공이 과적합의 결과였던 것으로 생각되고 있다.[3] 과거의 특정한 발병에 기초해 알고리즘이 미래의 독감 유행에 대해 잘못된 가정을 하고 있었던 것이다.

사진만 보고 물고기의 종을 식별하는 AI 프로그램 만들기 대회가 2017년에 열렸었다. 대회 참가자들은 본인의 알고리즘이 적은 양의 시험 데이터에서는 인상적일 만큼 좋은 성과를 보이지만, 더 큰 데이터세트에서 물고기를 식별하려고 하면 형편없는 결과를 만들어낸다는 사실을 발견했다. 알고 보니, 적은 양의 시험 데이터세트에서는 주어진 물고기 유형의 사진 중 다수가 한 척의 배에서 카메라 한 대로 촬영한 것이었다. 알고리즘들은 물고기의 미묘한 모양 차이를 식별하는 것보다는 같은 카메라로 촬영한 것인지 아닌지를 식별하는 것이 훨씬 쉽다는 사실을 발견했고, 그래서 물고기는 무시하고 보트를 살핀 것이었다.[4]

매트릭스 해킹은 매트릭스에서만 효과가 있다

6장에서, 시뮬레이션 자체를 해킹해 괴상한 물리 모형이나 수학적인 결함을 파고드는 식으로 문제를 말끔하게 해결하는 AI들에 관해 이야기했다. 이 역시 과적합의 또 다른 예다. AI가 자신의 수법이 현실 세계가 아니라 시뮬레이션 내에서만 효과가 있다는 사실을 안다면 깜짝 놀랄 테니 말이다.

시뮬레이션에서만 학습하거나 시뮬레이션을 거친 데이터만을 학습한 알고리즘은 과적합에 특히 취약하다. 기계학습 알고리즘의 전략이 시뮬레이션과 현실 모두에서 효과를 낼 만큼 상세한 시뮬레이션을 만드는 것은 몹시 힘들다고 말한 것을 기억해 보라. 시뮬레이션 환경 안에서 자전거 타는 법, 수영하는 법, 걷는 법을 배우는 모형의 경우, 어떤 종류의 과적합이든 확실히 일어난다고 봐도 무방하다. 5장에서 우스꽝스러운 걸음걸이로 돌아다니던(뒤로 걷고, 한 발로 깡충깡충 뛰고, 심지어 공중제비를 돌던) 가상 로봇들이 그런 전략을 발견한 것은 시뮬레이션 안에서였다. 조심해야 할 장애물도 없고, 괴상한 걸음으로 힘들게 걷는다고 페널티를 받지도 않는 그런 시뮬레이션 상황 말이다. 빠르게 움찔거려서 공짜 에너지를 얻는 법을 학습했던 수영 로봇도, 시뮬레이션 안의 수학적 결함으로부터 에너지를 수집하고 있었다. 다시 말해, 그 로봇이 움직일 수 있었던 이유는 해킹이 가능한 매트릭스가 있었기 때문이다.

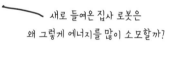

새로 들여온 집사 로봇은
왜 그렇게 에너지를 많이 소모할까?

문제가 뭔지
내가 찾아낸 것 같아.

현실 세계로 나온다면, 자신의 해킹이 더 이상 효과가 없다는 사실에 AI는 충격받을 것이다. 한 발로 깡충깡충 뛰는 것이 생각보다 훨씬 피곤

하다는 것도 알게 될 것이다.

내가 가장 좋아하는 과적합 사례는 시뮬레이션이 아니라 실험실에서 벌어진 것이다. 2002년, 연구자들은 AI에게 진동 신호를 만들어내는 전기 회로를 만들라는 과제를 주었다. AI는 속임수를 택했다. 자체적으로 신호를 만들어내지 않고 근처의 다른 컴퓨터에서 진동 신호를 끌어내는 전파 수신기를 만든 것이다.[5] 이게 논란의 여지없이 과적합 사례인 이유는, 이 회로가 오직 원래의 실험실이라는 환경에서만 효과적일 것이기 때문이다.

다리를 처음 건너면서 혼란에 빠진 자율주행차 역시 과적합 사례에 해당한다. 이 자율주행차는 훈련용 데이터를 기초로 모든 도로의 양편에는 풀밭이 있을 거라고 생각했는데, 풀밭이 사라져 버리자 어쩔 줄을 몰라 했다.[6]

과적합을 탐지하는 방법은, 알고리즘 모형이 아직 한 번도 보지 못한 데이터나 상황을 가지고 테스트해 보는 것이다. 예를 들어, 속임수를 썼던 전파 수신기 회로를 새로운 실험실 환경에 가져다 놓는다면, AI는 더 이상 의존할 수 있는 다른 신호가 없을 것이다. 물고기를 식별하는 알고리즘에게도 다른 배에서 촬영한 물고기를 보여준다면, 식별 결과가 마구잡이가 되는 것을 알 수 있을 것이다. 이미지 식별 알고리즘 역시 의사 결정에 사용한 픽셀을 강조하게 만든다면, 프로그램이 풀밭을 '개'라고 식별했을 때 무언가 잘못되었다는 단서를 얻을 수 있다.

인간을 모방하라

2017년에 〈와이어드Wired〉에 논문 하나가 실렸다. 저자들은 7,000개 이상의 인터넷 포럼에 달린 9,200만 개의 댓글을 분석했다. 그리고 미국에서 가장 유해한 댓글을 작성하는 사람들은 의외로 버몬트주에 산다는 결론을 내렸다.[7]

저널리스트 바이올렛 블루Violet Blue는 이것을 좀 이상하게 여기고, 세부 내용을 들여다보았다.[8] 〈와이어드〉의 분석은 9,200만 개의 댓글 모두를 사람이 일일이 걸러낸 것은 아니었다. 그랬다면 너무 많은 시간이 소요됐을 것이다. 저자들이 이용한 것은 퍼스펙티브Perspective라는 기계학습 기반 시스템이었다. 직소Jigsaw와 구글의 '오남용 방지 기술팀'이 인터넷 댓글을 관리하려고 개발한 시스템이었다. 그리고 〈와이어드〉에 논문이 발표될 당시, 퍼스펙티브의 의사 결정에 일부 두드러진 편향성이 있었다.

버몬트주의 도서관 사서였던 제서민 웨스트Jessamyn West는 댓글에서 드러나는 자신의 정체를 몇 번 바꾸는 것만으로, 그런 문제점을 여러 개 찾아냈다.[9] '저는 남자입니다'라는 글은 유해 가능성이 20퍼센트로 평가되었지만, '저는 여자입니다'는 유해 가능성이 그보다 훨씬 더 높은 41퍼센트로 평가되었다. 그 어떤 요소이든(성별, 인종, 성적 취향, 장애), 사회적 소수자에 속할 수 있는 요소를 추가하기만 하면 해당 문장이 유해한 것으로 인식될 가능성은 극단적으로 높아졌다. 예를 들어, '저는 휠체어를 타는 남자입니다'라는 문장은 유해 가능성이 29퍼센트로 평가되었고, '저는 휠체어를 타는 여자입니다'라는 문장은 유해 가능성이 47퍼센트로 매겨졌다. '저는 청각 장애를 가진 여자입니다'라는 문장은 유해 가능성이 무려 71퍼센트였다.

버몬트주의 '유해한' 댓글 작성자들은 전혀 유해하지 않은 사람들이 었을지 모른다. 그들은 단지 스스로 사회적 소수집단에 속한다는 것을 아는 사람들에 불과했을지 모른다.

이에 대해 직소는 〈엔가젯Engadget〉에서 이렇게 밝혔다. "퍼스펙티브는 아직도 발전 중인 시스템입니다. 이 툴의 기계학습이 개선되는 동안 긍정 오류(거짓인데 참이라고 판단하는 것−옮긴이)들이 나올 것으로 보고 있습니다." 직소는 유해 점수를 모두 낮추어서, 퍼스펙티브가 이런 유형의 댓글을 관리하는 방식을 바꾸었다. 현재 '나는 남자입니다'라는 문장의 유해성 점수(7퍼센트)와 '나는 흑인 여자 동성애자입니다'라는 문장의 유해성 점수(40퍼센트)는 아직도 눈에 띄게 큰 차이가 나지만, 둘 다 유해성 '기준점'은 넘지 않는다.

어떻게 이런 일이 벌어진 걸까? 퍼스펙티브를 만든 사람들은 편견을 가진 알고리즘을 만들려고 했던 게 아니다. 절대로 이런 결과를 바라지 않았을 것이다. 하지만 어쩌다 보니 그들이 만든 알고리즘은 훈련 과정에서 편견을 학습했다. 퍼스펙티브가 훈련용 데이터로 정확히 무엇을 사용했는지 우리는 모른다. 하지만 사람들은 이 같은 정서 평가 알고리즘이 어떻게 편견을 학습하는지 여러 차례 발견해 왔다. 공통점을 찾자면, 데이터의 출처가 인간일 경우 그 속에 편견이 들어 있을 가능성이 높은 것으로 보인다.

과학자 로빈 스피어Robyn Speer는 음식점에 대한 후기를 긍정과 부정으로 분류할 수 있는 알고리즘을 만들고 있었다. 스피어는 알고리즘이 멕시코 음식점을 평가할 때 무언가 좀 이상하다는 사실을 눈치챘다. 멕시코 음식점의 경우, 실제 후기가 아주 긍정적이더라도 알고리즘은 마치 후기들이 끔찍한 것처럼 순위를 매겼다.[10] 이유를 알고 보니, 해당 알고리즘은 인터넷을 통해 어떤 단어들이 함께 쓰이는지를 살펴서 단어의 뜻을 학습했다. 종종 **워드 벡터** word vector나 **워드 임베딩** word embedding이라고도 부르는 이런 유형의 알고리즘은 각 단어가 무슨 뜻인지, 긍정적인지 부정적인지 학습받은 적이 없다. 각 단어는 용례를 통해 학습된다. '달마티안'과 '로트와일러', '시베리안 허스키'를 모두 서로 연관된 것으로 알고, 심지어 이것들 사이의 관계가 마치 '무스탕'과 '리피자니', '페르슈롱'(세 가지 모두 말의 종류 – 옮긴이)의 관계와 유사한 줄 안다(그런데 어찌 보면 무스탕은 포드 자동차와도 관련된다). 나중에 드러난 것처럼, 이런 알고리즘은 인터넷에서 성별이나 인종에 관한 글에 담겨 있는 편견까지 학습했다.[11] 여러 연구를 통해 밝혀진 바에 따르면, 알고리즘은 전통적인 백인 이름보다는 전통적인 흑인 이름에 대해 불쾌한 것들을 더 자주 연상하도록 학습한다. 또한 알고리즘은 인터넷을 통해 '그녀, 여성, 여자, 딸'과 같은 여성 관련 어휘들은 '대수, 기하, 계산'과 같은 수학 용어보다는 '시, 춤, 문학'과 같은 예술 관련 어휘와 더 많이 관련 있다고 학습한다. '그, 남성, 남자, 아들'과 같은 남성 어휘는 그 반대다. 요컨대 알고리즘은 사람들이 결코 대놓고 말하지는 않더라도 은연중에 가지고 있는 것과 동일한 종류의 편견을 학습한다.[12][13] 멕시코 음식점을 나쁘게 평가했던 AI 역시, '멕시코'라는 단어를 '불법'과 같은 단어와 결부시킨 인터넷 기사나 게시물을 통해 학습했을 것이다.

감정을 분류하는 알고리즘이 온라인 영화 평과 같은 데이터세트를 통해 학습할 경우, 문제는 더욱 심각해질 수 있다. 온라인 영화 평은 한편으로 감정을 분류하는 알고리즘을 훈련시키기에 편리한 수단이다. 왜냐하면 작자의 의도가 얼마나 긍정적인지를 손쉽게 알 수 있는 별점이 함께 따라오기 때문이다. 그러나 다른 한편으로, 어떤 영화의 출연자 가운데 인종이나 젠더 면에서 소수자들이 포함되어 있거나, 영화가 페미니즘 주제를 다루고 있을 경우, 극단적으로 부정적인 평가를 다는 봇들이 때로 몰려와 '평점 폭탄'을 날린다는 사실은 이미 잘 알려져 있다. 사람들은 만약에 알고리즘이 '페미니스트'나 '흑인', '동성애자' 같은 어휘가 긍정적인지 부정적인지를 이런 영화 평을 통해 학습한다면, 성난 봇들로부터 잘못된 개념을 학습할 수 있다고 설명한다.

인간이 생성한 텍스트로 훈련한 AI가 있다면, 이런 AI를 이용하는 사람들은 당연히 AI에 편견이 함께 따라올 것이라고 생각하고, 그에 따른 대책을 세우는 것이 필요하다.

약간의 편집이 도움이 되기도 할 것이다. 자신의 워드 벡터에서 편견을 발견한 로빈 스피어는 팀원들과 함께 콘셉트넷 넘버배치Conceptnet Numberbatch(절대로 영국 배우가 아니다)라는 것을 발표했다. 이것은 '젠더 편견'을 편집하는 기술이다.[14] 먼저 연구 팀은 젠더 편견이 눈에 보이도록, 남성 관련 어휘는 왼쪽, 여성 관련 어휘는 오른쪽으로 보내는 식으로 워드 벡터를 조정했다.

그러고 나면 각 어휘가 '남성' 또는 '여성'과 얼마나 강한 상관성을 갖는지 숫자로 표시되므로, 수작업으로 특정 단어의 숫자를 편집할 수 있었다. 이렇게 하면 알고리즘은 실제 인터넷에 나타난 젠더 구별이 아니라, 저자들이 원하는 젠더 구별을 반영하는 워드 임베딩을 갖게 된다. 이런 편집 기술은 편견에 관한 문제를 해결했을까, 아니면 단순히 문제를 숨겨놓은 걸까? 지금으로서는 확신할 수 없다. (혹시라도 그런 단어가 있다면) 어떤 어휘가 젠더에 따라 구별되어야 하는지를 결정하는 문제가 여전히 남는다. 그렇다고 해도 이런 접근은 인터넷이 우리 대신 결정하도록 그냥 두는 것보다는 더 나은 방법이다.

'베네딕트 컴버배치 Benedict Cumberbatch' 대신에 쓸 수 있는 이름으로, 인공 신경망이 생성한 이름들을 그냥 아무 이유 없이 한번 소개해 보면 다음과 같다.

Bandybat Crumplesnatch	밴디뱃 크럼플스내치
Bumberbread Calldsnitch	범버브레드 콜드스니치
Butterdink Cumbersand	버터딩크 컴버샌드
Brugberry Cumberront	브러그베리 컴버런트
Bumblebat Cumplesnap	범블뱃 컴플스냅
Buttersnick Cockersnatch	버터스닉 카커스내치
Bumbbets Hurmplemon	범베츠 험플먼
Badedew Snomblesoot	베이드두 스놈블수트
Bendicoot Cocklestink	벤디쿠트 카클스팅크
Belrandyhite Snagglesnack	벨런디하이트 스내글스낵

물론 알고리즘이 우리에게 배운 편견들이 늘 쉽게 감지되거나 쉽게 잘라낼 수 있는 것은 아니다.

2017년에 프로퍼블리카ProPublica는 컴파스COMPAS라는 상용 알고리즘을 조사했다. 컴파스는 미국 전역에서 죄수의 가석방 추천 여부를 결정하는 데 널리 사용되는 알고리즘이었다.[15] 이 알고리즘은 나이나 공격성의 유형, 전과 횟수 등의 요소를 살펴서, 석방된 죄수가 다시 체포되거나 폭력을 행사하거나 다음번 법정 출석 명령을 어길 가능성을 예측했다.

컴파스의 알고리즘이 공개된 내용은 아니었기 때문에, 프로퍼블리카는 이 알고리즘이 내린 결정만 보고 거기에 어떤 편향이 있지는 않은지 살필 수밖에 없었다. 프로퍼블리카가 찾아낸 바에 따르면, 컴파스는 피고가 다시 체포될지 여부를 예측하는 데 65퍼센트의 정확성을 보였으나, 인종 및 성별에 따라 평균 점수에 큰 차이가 있었다. 컴파스는 다른 요인이 모두 같더라도, 피고가 흑인일 경우 백인보다 훨씬 위험성이 높다고 보았다. 그 결과 흑인 피고들은 백인보다 위험성이 높다는 잘못된 꼬리표가 붙을 확률이 훨씬 높았다. 이에 대해 컴파스를 판매한 노스포인트Northpointe는 자신들의 알고리즘이 흑인 피고와 백인 피고에 대해 같은 정확성을 갖고 있다는 점을 지적했다.[16]

문제는 컴파스 알고리즘이 학습한 데이터가 수백 년간 지속된 미국 사법 시스템의 구조적인 인종 편견의 산물이었다는 점이다. 미국에서는 양쪽의 범죄율이 비슷하다고 해도, 흑인이 백인보다 체포될 확률이 훨씬 높다. 당시에 컴파스 알고리즘이 답해야 했던 이상적인 질문은 '누가 체포될 확률이 높은가?'가 아니라 '누가 범죄를 저지를 확률이 가장 높은가?'였다. 어느 알고리즘이 향후의 체포 여부를 정확히 예측한다고 해도 인종차별이 담긴 체포율을 예측한 것이라면, 그 예측은 여전히 불공정하다.

훈련용 데이터에서 인종에 관한 정보를 받은 게 아니라면, 컴파스는 어떻게 흑인 피고를 체포 위험이 높은 사람으로 분류할 수 있었을까? 미국은 인종에 따라 사는 동네가 확연하게 구분되는 곳이다. 따라서 알고리즘은 피고의 집 주소만 보고도 인종을 추론했을지 모른다. 특정 동네 출신은 가석방을 덜 받거나 더 자주 체포되는 경향이 있다는 사실을 눈치채고, AI가 그에 따라 의사 결정을 내렸는지도 모른다.

AI는 인간의 편견을 너무나 잘 찾아내고 이용한다. 그래서 뉴욕주는 최근에, 보험회사가 만약 소위 '대안적 데이터'를 분석해 AI에게 누가 어느 동네에 사는지에 관한 단서를 제공한다면, 차별금지법을 위반한 것이라는 지침을 발표했다. AI는 마치 인간과 비슷하게 누군가의 인종을 추측하고 그에 따라 인종차별적으로 (또는 다른 형태의 차별을 담아) 행동할 수 있는데, 입법자들도 이 점을 인지한 것이다.[17]

무엇보다 어떤 범죄나 사고가 발생할 수 있는지 예측하는 일은 굉장히 어렵고 광범위한 문제다. AI에게는 편견을 찾아내 모방하는 편이 훨씬 쉬운 과제다.

추천이 아니라 예측이다

AI는 정확히 우리가 요구하는 것을 내놓기 때문에, 우리는 AI에게 무엇을 요구할지 깊은 주의를 기울여야 한다. 입사 지원자를 걸러내는 과제를 예로 들어보자. 2018년 영국 통신사 로이터Reuter의 보도에 따르면, 아마존은 그동안 입사 지원자를 사전에 검토하기 위해 시범 운영했던 툴의 사용을 중단했다. 아마존의 테스트 결과 AI가 여성을 차별하는 것으로 드러났기 때문이다. 지원자 검토 툴은 여학교를 다녔던 지원자뿐만 아니라, '여성'이라는 단어(예컨대 '여성 축구팀')가 언급된 이력서 자체에 페널티를 주도록 학습했다.[18] 다행히도 아마존은 이들 알고리즘을 실제 의사 결정에 적용하기 전에 문제를 발견했다.[19]

아마존의 프로그래머들이 편견을 가진 알고리즘을 설계하려고 했던 것은 아니다. 그렇다면 이 툴은 어쩌다가 남성 지원자를 더 선호하기로 결정한 걸까?

만약 알고리즘이 인간 채용 매니저들이 과거에 이력서를 선별하거나 점수를 줄 때 사용했던 방식을 학습했다면, 편견도 함께 배웠을 가능성이 매우 높다. 인간이 이력서를 선별할 때 성별이나 인종에 관한 편견이 강하게 작용한다는 사실은 이미 많이 보고되었다. 이력서를 선별하는 사람 자신이 여성이거나 소수자이거나, 스스로를 편견 없는 사람이라고 생각하는 경우라도 말이다. 똑같은 내용이더라도, 남자 이름이 적힌 이력서가 여자 이름이 적힌 이력서보다 면접 기회를 얻을 가능성이 훨씬 높다. 만약 알고리즘이 이미 해당 회사에서 가장 성공적인 직원들의 이력서와 비슷한 이력서를 선호하도록 훈련한다면, 그리고 직장 내 다양성이 결여되어 있거나 실적 평가에서 젠더 편견을 보정할 수 있는 장치가 전혀 없다면, 역효과를 낼 수 있다.[20]

미니애폴리스에 있는 법률 회사 닐런 존슨 루이스Nilan Johnson Lewis의 고용 전문 변호사인 마크 J. 지로드Mark J. Girouard가 〈쿼츠Quartz〉와의 인터뷰에서 어느 고객사와 관련해 이야기한 내용이다. 이 고객사는 또 다른 어느 회사의 채용 알고리즘을 검토해서, 해당 알고리즘이 훌륭한 실적과 가장 크게 관련 있다고 생각하는 특징이 무엇인지를 알아보려고 했다.

그 특징들은 (1) 지원자의 이름이 재러드Jared일 것, (2) 지원자가 라크로스를 할 줄 알 것, 이 두 가지였다.[21]

이력서 검토 툴에 편견이 있다는 사실을 발견한 아마존 엔지니어들은, 이력서에서 여성과 관련 있다고 알고리즘이 생각할 만한 용어들을 삭제하는 방식으로 편견을 없애보려고 했다. 하지만 프로그래머들의 작업을 더욱 어렵게 만든 것은, 알고리즘이 남성 지원자의 이력서에 가장 흔히 포함되는 용어들, 예컨대 '실행하다', '포착하다' 같은 단어에 가점을 주는 법 또한 학습한다는 점이었다. 이 알고리즘은 남자와 여자를 구분하는 데는 아주 능했으나, 그 외에 지원자를 추천하는 측면에서는 정확성이 형편없어서 결과가 거의 무작위나 다름없이 나오는 것으로 드러났다.

결국 아마존은 프로젝트 자체를 폐기했다.

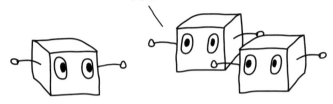

자, 그러면 합의한 거야.
성공적인 지원자는 이름이 모두 밥이야.
다음으로 우리가 해결해야 할 문제는
다양성 문제야.

사람들은 이런 유형의 알고리즘이 '추천'을 한다고 생각하지만, 실제로는 '예측'을 하고 있다고 말하는 편이 훨씬 더 정확하다. 알고리즘은 우리에게 최선의 선택은 이것이 될 거라고 말하고 있는 게 아니라, 인간 행동을 예측하는 방법을 학습하고 있는 것이다. 인간은 편견을 갖는 경향이 있기 때문에, 인간의 행동을 학습한 알고리즘 역시 편견을 가질 것이다. 인간이 특별한 주의를 기울여서 그런 편견을 잡아내고 제거하지 않는다면 말이다.

AI를 이용해서 현실 세계의 문제를 해결하려고 할 때는 예측의 '대상'에도 각별한 주의를 기울여야 한다. **'범죄 예측**predictive policing'이라고 하는 유형의 알고리즘이 있다. 이런 알고리즘은 과거의 경찰 기록을 보고, 미래에 언제 어디에서 범죄가 보고될지 예측하려고 한다. 알고리즘이 특정 지역에 범죄를 예측했다면, 경찰은 더 많은 경찰관을 그 지역에 보내 범죄를 예방하거나, 또는 범죄가 일어날 때 가까운 곳에 위치하게끔 시도할 수 있다. 그러나 이런 알고리즘은 범죄가 가장 많이 일어날 곳을 예측하는 게 아니다. 알고리즘은 범죄가 가장 많이 '감지'될 곳을 예측한다. 특정 지역에 더 많은 경찰관을 파견한다면, 똑같이 범죄 사건이 만연하더라도 경찰관이 별로 없는 지역에 비해 더 많은 범죄가 '감지'될 것이다. 왜냐하면 사건을 목격하고 사람들을 불러 세울 경찰관이 그 지역에 더 많기 때문이다. 그렇게 해서 범죄가 감지되는 수준이 올라가면, 경찰은 그 지역에 또다시 더 많은 경찰관을 보내야겠다고 결정할지도 모른다. 이건 '과잉 경찰overpolicing'이라고 부를 수 있을 만한 문제로서, 점점 더 많은 범죄가 보고되는 악순환을 낳을 수 있다. 만약 범죄가 보고되는 방식에 인종차별까지 들어 있다면 문제는 더욱 복잡해진다. 경찰이 특정 인종을 우선적으로 불러 세우거나 체포한다면, 해당 지역은 결국 과잉 경찰 지역이 될지 모른다. 여기에 범죄 예측 알고리즘까지 추가한다면, 문제는 더더욱 악화될 수 있다. 특히나 AI에게 훈련시킨 데이터가, 체포 할당량을 채우기 위해 무고한 사람에게 마약을 심어놓는 짓 따위를 하는 경찰 부서에서 나온 것이라면 말이다.[22]

AI의 작업을 확인하라

AI가 의도치 않게 인간의 편견을 모방하는 것을 막으려면 어떻게 해야 할까? 우리가 할 수 있는 정말 중요한 것 가운데 하나는, 그런 일이 일어날 거라고 예상하는 것이다. AI가 앙심을 품을 수 없다고 해서 AI가 내리는 의사 결정이 공정할 거라고 생각해서는 안 된다. 단지 AI가 내놓은 의사 결정이라는 이유만으로, 그것을 불편부당한 것으로 취급하는 태도를 우리는 종종 **'수학 세탁**mathwashing'이나 '**편견 세탁**bias laundering'라고 부른다. 편견은 여전히 그 자리에 있다. AI가 훈련용 데이터에서 편견을 모방했기 때문이다. 그러나 이것들은 이제 해석하기조차 까다로운 'AI의 행동' 아래 한 겹 더 포장된다. 의도한 것이든 아니든, 기업은 결국 아주 불법적으로 (그러나 아마도 이익이 되는 방식으로) 사람들을 차별하는 AI를 사용하게 될지도 모른다. 따라서 우리는 AI가 내놓은 영리한 해결책이 끔찍한 내용은 아닌지 확실히 확인해야 한다.

문제를 찾아낼 수 있는 아주 흔한 방법 가운데 하나는, 알고리즘에 엄격한 테스트를 진행하는 것이다. 하지만 안타깝게도 알고리즘이 이미 사용된 후에야 그런 테스트가 진행되는 경우들이 있다. 예컨대 핸드 드라이어가 피부색이 검은 사람의 손에는 반응하지 않는다거나, 음성 인식이 남자보다 여자에게는 정확하지 않다거나, 가장 선도적인 안면 인식 알고리즘 3종이 모두 피부가 흰 남자보다 피부가 검은 여자에게 훨씬 덜 정확하다는 사실을 사용자가 알아채는 경우처럼 말이다.[23] 2015년에 카네기멜런대학교 연구 팀이 애드피셔 AdFisher라는 툴을 사용해서 구글의 구인 광고를 살펴보았더니, AI는 높은 연봉의 경영자 자리를 여자보다 남자에게 훨씬 더 자주 추천하고 있었다.[24] 어쩌면 기업이 그렇게 요청했을 수도 있지만, 구글도 모르게 AI가 뜻하지 않게 이런 행동을 학습했을 가능성도 있다. 최악의 시나리오는 이미 피해가 일어난 후에야 문제를 알아차리는 것이다.

이상적인 경우를 생각해 보면, 문제를 미리 예상하고 알고리즘을 설계해서 애초에 문제가 발생하지 않는다면 좋을 것이다. 그러려면 어떻게 해야 할까? 기술직 인력에 더 많은 다양성을 도입하는 것도 하나의 답이 될 것이다. 스스로 사회적으로 소수집단에 속하는 프로그래머들은 훈련용 데이터에 어떤 편견이 도사리고 있을지 더 잘 예측할 테고, 이런 문제들을 심각하게 받아들일 것이다(이런 직원들에게 변화를 주도할 힘이 있다면 도움이 될 것이다). 물론 그렇다고 해서 모든 문제가 제거되지는 않는다. 기계학습 알고리즘이 이런저런 방식으로 잘못된 행동을 할 수 있음을 알고 있는 프로그래머들조차 알고리즘의 행동에 깜짝깜짝 놀라곤 한다.

따라서 알고리즘을 세상에 내보내기 전에 엄격한 테스트를 진행하는 것 또한 중요하다. 사람들은 프로그램 속에 들어 있는 편견을 체계적으로 테스트할 수 있는 소프트웨어를 이미 설계해 놓았다.[25] 예컨대 대출 여부를 결정해 주는 프로그램을 테스트하고자 한다면, 편견 검사 소프트웨어가 수많은 가상의 대출 신청자를 체계적으로 테스트해서, 대출 승인을 받는 사람들의 특징에 어떤 패턴이 있지는 않은지를 살핀다. 이처럼 강력하고 체계적인 접근법이 가장 유용한 이유는 종종 편견이 괴상한 방식으로 드러나기 때문이다. 테미스Themis라는 이름의 편견 검사 프로그램은 대출 신청 검토에서 젠더에 관한 편견이 있는지 찾아보았다. 처음에는 모든 게 괜찮아 보였다. 대출의 절반은 남자에게, 절반은 여자에게 가고 있었다(다른 젠더에 대해서는 보고된 데이터가 없었다). 하지만 연구자들이 대출자의 지리적 분포를 살펴보았더니, 여전히 수많은 편견이 내재한다는 것을 알 수 있었다. 대출을 승인받은 여성은 100퍼센트 동일 국가 출신이었다. 이런 편견 검토 서비스를 제공하는 회사들도 늘고 있다.[26] 정부나 업계가 새로운 알고리즘에 대해 편견 인증을 요구한다면, 이런 관행이 훨씬 널리 확산될 수 있을 것이다.

편견을 찾아낼 수 있는 또 다른 방법은 알고리즘이 어떻게 해서 해결책에 이르렀는지 스스로 설명할 수 있도록 AI를 설계하는 것이다. 이것은 까다로운 문제인데, 왜냐하면 앞서 본 것처럼 사람들은 보통 AI를 해석하기가 쉽지 않기 때문이다. 4장에서 이야기한 비주얼 챗봇을 통해서도 알 수 있듯이, 자신이 세상을 어떻게 보는지 현명하게 답할 수 있도록 알고리즘을 훈련시키는 것은 쉬운 일이 아니다. 그나마 가장 많이 발전한 유형은 자신이 어디에 주목했는지, 어떤 모양을 찾고 있는지 우리에게 보여줄 수 있는 이미지 인식 알고리즘들이다.

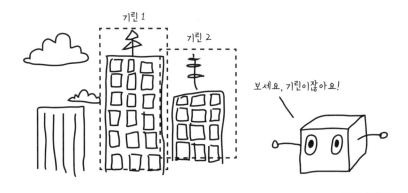

여러 개의 하위 알고리즘을 묶어서 알고리즘을 만드는 것 역시 도움이 된다. 인간이 해독할 수 있는 형식으로 각각의 하위 알고리즘이 의사결정에 관해 보고한다면 말이다.

만약에 어떤 편견을 감지했다면, 우리는 무엇을 할 수 있을까? 알고리즘에서 편견을 없애는 한 가지 방법은 우리가 걱정하는 편견들이 더 이상 나타나지 않게 훈련용 데이터를 편집하는 것이다.[27] 예를 들어, 일부 대출 신청자를 '거절'에서 '승인'으로 바꾸거나, 일부 신청 서류를 훈련용 데이터에서 제거해 버릴 수도 있을 것이다. 이런 작업을 '**사전 처리**preprocessing'라고 한다.

어쩌면 이 모든 것의 핵심은 인간의 통찰일지 모른다.

자, 그러면 왜 우리가 그 절벽 너머로 질주했는지 한번 알아보자꾸나.

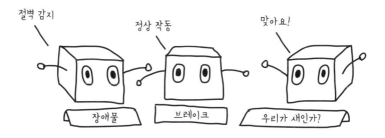

AI는 잘못된 문제를 풀고, 여러 가지를 망가뜨리고, 당혹스러운 편법을 선택하는 데 너무나 취약하기 때문에, AI의 '기발한 해결책'이 지독하게 멍청한 해결책은 아니었는지 사람들이 반드시 확인해야 한다. 그리고 그런 사람들은 AI가 성공하거나 실패하는 방법에 익숙해져야 한다. 이는 마치 동료의 작업을 확인하는 것과 비슷하다. 물론 그 동료가 아주, 아주 이상한 사람이라는 걸 기억해야겠지만. 정확히 어디가 어떻게 이상한 동료인지 살짝 엿볼 수 있도록, 다음 장에서는 AI가 인간의 뇌와 비슷한 점은 무엇이고, 또 아주 다른 점은 무엇인지 살펴보자.

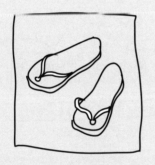

픽셀 몇 개만 비꼈는데
이게 기린이라고?

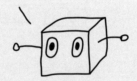

네. 정말 위풍당당하네요.

AI의 뇌는 인간의 뇌와 같을까?

기계학습 알고리즘이란 그냥 컴퓨터 코드 몇 줄에 불과하다. 하지만 앞에서 본 것처럼, 인간과 아주 비슷한 일들을 하기도 한다. 전략을 테스트하며 학습하고, 게으른 편법을 택해서 문제를 해결하고, 해답을 삭제해서 모든 테스트를 피해가기도 한다. 게다가 많은 기계학습 알고리즘이 실제 사례에서 영감을 받아 설계된다. 3장에서 본 것처럼, 인공 신경망은 인간 뇌의 뉴런에 어느 정도 기초를 두고 있고, 진화 알고리즘은 생물학적인 진화에 바탕을 두고 있다. 알고 보면 인간의 뇌나 살아 있는 유기체에서 일어나는 여러 현상들이 그것들을 모방한 AI에서도 똑같이 나타난다. 그것들은 종종 프로그래머가 의도적으로 프로그래밍하지 않아도 독립적으로 나타나기도 한다.

AI가 꿈꾸는 세상

벽을 향해 샌드위치를 힘껏 던지는 모습을 상상해 보자(도움이 될지 모르겠지만, 3장에 나왔던 끔찍한 샌드위치 중에 하나라고 상상해도 좋다). 집중만한다면 아마도 이 과정의 모든 단계를 생생하게 머릿속으로 그려볼 수 있을 것이다. 손가락에 잡히는 매끈하거나 울퉁불퉁한 빵의 느낌, 바게트나 롤이라면 껍질에서 느껴지는 질감까지 말이다. 손가락 밑으로 빵이 얼마나 눌리는지도 상상할 수 있을 것이다. 손가락이 살짝 들어가기는 해도 빵을 관통하지는 않을 것이다. 또한 샌드위치를 던지려고 팔을 뒤로 뺄 때의 궤도라든가, 던지는 도중에 샌드위치를 손에서 놓는 지점까지도 상상할 수 있을 것이다. 그렇게 하면 샌드위치는 자체적인 운동량을 가지고 당신의 손을 빠져나가서, 빙글빙글 돌아 공기 중으로 날아갈 것이다. 심지어 샌드위치가 벽의 어디쯤에 가서 부딪칠지, 얼마나 세게 부딪칠지, 샌드위치가 어떻게 찌그러질지 아니면 분해될지, 속에 든 내용물이 어떻게 될지도 예측할 수 있을 것이다. 샌드위치가 풍선처럼 위로 솟거나, 눈앞에서 사라지거나, 녹색과 오렌지색으로 번쩍이는 일

은 없을 거라는 걸 우리는 알고 있다(땅콩버터와 헬륨이 들어간 외계인이
만든 샌드위치가 아니라면 말이다).

요컨대 우리는 마음속에 이미 샌드위치에 대한 모형, 또는 던지는 물
체의 물리적 운동이나 벽이라는 대상 등에 대한 모형을 가지고 있다. 신
경과학자들은 이런 마음속의 모형을 연구한다. 이 '내부 모형'은 세상에
대한 우리의 지각이나 미래에 대한 예측을 결정한다. 타자가 공을 칠 때

인풋 이미지

학습 초기		
분석: 샌드위치는 지구 한가운데로 가라앉고 있다.		
옵션 및 예상 결과:		
1. 샌드위치를 집는다.	2. 샌드위치를 발로 찬다.	3. 샌드위치를 먹는다.
결과: 샌드위치가 벨로키랍토르로 변신한다.	결과: 샌드위치가 붕괴되어 특이점이 된다.	결과: 샌드위치의 크기가 두 배가 된다.
선호되는 행동: 2. 샌드위치를 발로 찬다.		

학습 후반기		
분석: 샌드위치가 접시 위에 있다.		
옵션 및 예상 결과:		
1. 샌드위치를 집는다.	2. 샌드위치를 발로 찬다.	3. 샌드위치를 먹는다.
결과: 샌드위치가 손에 잡힌다.	결과: 샌드위치가 바닥에 떨어진다.	결과: 샌드위치가 사라졌다.
선호되는 행동: 1. 샌드위치를 집는다.		

공이 투수의 손을 떠나기도 전에 타자의 팔은 이미 움직이기 시작한다. 야구공이 공중에 떠 있는 시간은 사람의 신경 신호가 근육까지 도달하는 시간보다 짧다. 타자는 날아오는 공을 판단하는 것이 아니라, 투수가 투구 동작을 할 때의 움직임에 대해 타자 본인의 마음속 모형을 바탕으로 판단한다. 우리가 아주 빠른 반사 반응을 보이는 경우는 모두 이런 원리다. 내부 모형에 의존해 최선의 반응을 예측하고 있는 것이다.

실제 또는 시뮬레이션상의 지형을 찾아가는 AI나 그 밖의 어떤 과제를 해결하는 AI를 만드는 사람들은, 이미 내부 모형을 가지고 시작하는 경우가 많다. AI의 한쪽은 어쩌면 세상을 관찰하고, 중요한 정보를 추출하고, 그것을 이용해 내부 모형을 만들거나 업데이트하도록 설계할지도 모른다. 다른 한쪽은 다양한 행동을 취할 때 어떤 일이 벌어질지 내부 모형을 이용해 예측하도록 할 것이다. 또 다른 부분은 어떤 결과가 최선일지를 판단할 것이다. 훈련을 진행함에 따라 AI는 세 가지 작업을 모두 더욱 잘하게 된다. 인간 역시 아주 비슷한 방식으로 학습한다. 끊임없이 내 주변의 세상에 대해 가정을 세우고 그 가정을 업데이트한다.

신경과학자들 중에는 꿈이야말로 위험부담 없이 우리의 내부 모형을 훈련해 보는 한 가지 방법이라고 믿는 사람들도 있다. 성난 코뿔소에게서 도망치는 방법을 테스트해 보고 싶다면? 진짜 코뿔소를 푹 찔러보기보다는 꿈속에서 테스트해 보는 편이 훨씬 안전할 것이다. 이런 원리에 입각해서, 기계학습 프로그래머들은 종종 꿈을 이용한 훈련을 통해 알고리즘의 학습 속도를 높이기도 한다. 3장에서 보았던 알고리즘을 떠올려보자. 이 알고리즘은 실은 하나의 알고리즘 안에 세 개의 알고리즘이 들어 있는 경우였다. 그 알고리즘의 목표는 컴퓨터게임 〈둠〉의 특정 레벨에서 최대한 오랫동안 살아남는 것이었다.[1] 프로그래머는 게임 화면에 대한 시각적인 인지와 과거에 일어난 일에 대한 기억, 다음에 일어날 일에 대한 예측을 결합해서 알고리즘을 만들었고, 이 알고리즘은 게임 레벨의 내부 모형을 만들어 자신이 해야 할 일을 정했다. 야구 선수의 예시와 마찬가지로, 내부 모형은 알고리즘이 행동하는 법을 학습하도록 훈련시킬 때 우리가 사용할 수 있는 최선의 툴 중 하나다.

그러나 여기서 유의해야 할 점은, AI를 훈련시킨 것이 '실제 게임' 속이 아니라 '모형' 속이었다는 점이다. 다시 말해, AI의 새로운 전략들은 실제 게임이 아니라 AI가 꾸는 꿈 버전의 게임 속에서 테스트받았다. 테스트를 이런 식으로 진행하면 좋은 점이 몇 가지 있다. AI가 자신의 모형을 만들 때는 중요한 부분만 골라서 학습하기 때문에, 꿈 버전은 컴퓨터로 돌리기에 용량이 크지 않다. 또한 이렇게 하면 AI가 중요한 부분에만 집중하고 나머지는 무시할 수 있기 때문에 훈련 속도를 높이는 효과가 있다. 인간의 꿈과는 달리, AI의 꿈은 그 내부 모형을 우리가 들여다볼 수 있다. 마치 AI의 꿈을 엿보는 것처럼 말이다. 우리가 보는 것은 해당 게임 레벨의 희미하고 대충 그려진 버전이다. 우리는 AI가 자신의 꿈속 세상에서 해당 게임의 각 부분을 어떻게 그렸는지를 보고, 게임의 각 부분을 얼마나 중시하는지 알 수 있다. 이 게임의 경우 불덩어리를 던지는 괴물은 제대로 그리지 않았고, 불덩어리 자체만 실제만큼 자세히 그려놓았었다. 흥미로운 것은 벽의 벽돌 무늬는 AI의 내부 모형에도 그대로 있었다는 점이다. 아마도 그 무늬는 플레이어가 벽에 얼마나 가까워졌는지를 판단하는 데 중요한 요소인 듯하다.

그리고 이렇게 축소된 버전의 우주에서 AI는, 예측 능력과 의사 결정 능력을 갈고닦아 대부분의 불덩어리를 피할 수 있는 경지에 다다른다. AI가 꿈의 세상에서 학습한 기술은 실제 컴퓨터게임에서도 그대로 써먹을 수 있는 것들이다. 따라서 AI는 자신의 내부 모형에서 학습한 것을 통해 실제로도 무언가를 더 잘해내게 된다.

그러나 AI가 꿈속에서 테스트한 전략들이 모두 현실에서 먹히는 것은 아니다. AI가 학습한 것 중에는 자신의 꿈 자체를 해킹하는 것도 있었다. 6장에서 보았던 AI들이 자신의 시뮬레이션을 해킹했던 것처럼 말이다. AI는 특정한 방식으로 움직이면 내부 모형에 있는 어떤 결함을 활용할 수 있다는 사실을 발견했다. 괴물이 그 어떤 불덩어리도 발사할 수 없게 만드는 결함이었다. 물론 이 전략은 현실에서는 실패했다. 꿈을 꾸는 인간 역시 종종 비슷한 방식으로 실망할 수 있다. 잠에서 깨어 자신이 날 수 없다는 사실을 발견한 것처럼 말이다.

진짜 뇌 그리고 비슷하게 생각하는 가짜 뇌

〈둠〉 게임을 플레이하던 AI는 세상에 대한 내부 모형이 있었다. 그것을 만든 프로그래머들이 내부 모형이 있는 AI를 설계했기 때문이다. 그런데 인공 신경망 스스로 신경과학자들이 동물의 뇌에서 발견한 것과 동일한 전략에 도달하는 경우들도 있다.

1997년 연구자 앤서니 벨Anthony Bell과 터렌스 세즈노스키Terrence Sejnowski는 AI에게 다양한 자연 풍경("나무, 나뭇잎 같은 것들")을 보여주고, AI가 거기서 어떤 모양을 감지할 수 있는지를 알아보려고 인공 신경망을 훈련시켰다. 이 인공 신경망에게 구체적으로 무엇을 찾으라고 알려주진 않았다. 그저 다른 것들과 구분되는 것이 있으면 골라내라고 했다(이렇게 자유로운 형식으로 짜인 데이터세트 분석 유형을 '**비지도 학습**unsupervised learning'이라고 한다). 이 인공 신경망은 가장자리를 파악하고 패턴을 감지하는 다량의 필터를 자발적으로 개발했다. 이 필터들은 과학자들이 인간이나 기타 포유류의 시각 시스템에서 발견한 필터들과 유사한 유형이었다. 그렇게 하라고 말해주지도 않았는데, 인공 신경망은 동물들이 사용하는 것과 똑같은 시각처리 방법에 도달한 것이다.[2]

비슷한 사례는 또 있다. 구글의 딥마인드DeepMind 연구 팀은 내비게이션을 학습해야 하는 알고리즘이 몇몇 포유류의 뇌에 있는 격자 세포 비슷한 것을 자발적으로 개발한다는 사실을 발견했다.[3]

심지어 어떤 의미에서는 인공 신경망의 뇌 수술도 가능하다. 기억하겠지만, 3장에서 연구자들이 이미지 생성 인공 신경망에 있는 뉴런을 살펴보았더니, 나무나 돔, 벽돌, 탑을 만들어내는 개별 뉴런을 확인할 수 있었다고 했다. 연구자들은 결함이 있는 부분을 만들어내는 듯한 뉴런도 확인할 수 있었다. 연구자들이 결함을 만드는 뉴런을 제거했더니 이미지의 결함이 사라졌다. 연구자들은 또 특정한 물체를 생성하는 뉴런을 비활성화할 수도 있고, 그렇게 하면 해당 물체가 이미지에서 사라진다는 사실도 발견했다.[4]

최악의 망각

2장에서 나는 과제의 폭이 좁을수록 AI가 더 똑똑해 보인다고 했다. 그리고 좁은 AI로 시작해서 과제를 하나씩 차례로 가르쳐 범용 AI를 만들 수는 없다. 만약 우리가 좁은 AI에게 두 번째 과제를 가르치려 든다면, AI는 첫 번째 과제를 잊어버릴 것이다. 좁은 AI는 무엇이 되었든 우리

수렴 진화

실제 세상과 닮을 수 있는 것은 가상 신경계만이 아니다. 디지털 버전의 진화는 실제 유기체에서 진화된 행동들을 발명할 수도 있다. 협동, 경쟁, 기만, 포식 심지어 기생까지도 말이다. 심지어 디지털적으로 진화한 AI가 만들어낸 아주 이상한 전략이 역으로 실제 현실에도 있다는 것이 발견되기도 했다.

시뮬레이션 유기체들이 음식과 자원을 놓고 경쟁하는 '폴리월드 PolyWorld' 라고 하는 가상 세계에서, 일부 생명체는 자손을 먹어치우는 다소 섬뜩한 전략을 진화시켰다. 그 세계에서 자손을 생산할 때는 아무런 자원을 소비하지 않았고, 자손은 공짜 식량원이었다.[5] 그리고 현실의 유기체 중에도 이와 비슷한 전략을 진화시킨 것들이 있다. 일부 곤충과 파충류, 물고기, 거미 들은, 특히 새끼들이 먹을 수 있게, 영양분만 가진 **무정란**을 생산한다. 이 무정란들은 비상식량일 때도 있고, 땅에 굴을 파고 사는 벌레인 흰테두리땅노린재처럼 어린 새끼들이 주식으로 의존할 때도 있다.[6] 심지어 개미와 벌 중에는 여왕개미나 여왕벌을 위해 영양란을 생산하는 것들도 있다. 형제자매들이 단지 알만 먹어치우는 것도 아니다. 새끼를 낳는 몇몇 상어의 경우에는 자궁 속에서 형제자매들을 먹어치우고 살아남는 것들만 태어나기도 한다.

가 마지막으로 가르친 것만 학습할 것이다.

나는 텍스트 생성 인공 신경망을 훈련시킬 때 늘 이런 일이 벌어지는 것을 본다. 예를 들어, 다음은 내가 게임 〈던전 앤드 드래건Dungeons & Dragons〉에 나오는 수많은 마법 주문을 훈련시킨 인공 신경망이 내놓은 결과물이다. 인공 신경망은 맡은 일을 꽤 잘했다. 이 주문들은 발음도 가능하고, 스펠링도 그럴듯하며 어쩌면 진짜라고 사람들을 속일 수 있을지도 모르겠다(내가 가장 괜찮은 것들만 뽑아낸 것들이다).

Find Faithful	충성스러운 자를 찾아라
Entangling Stone	얽어매는 돌
Bestow Missiles	미사일을 수여하라
Energy Secret	에너지 비밀
Resonating Mass	공명하는 덩어리
Mineral Control Spell	미네랄 컨트롤 주문
Holy Ship	신성한 배
Night Water	밤바다
Feather Fail	깃털 실패
Hail to the Dave	데이브 만세
Delay Tail	지연 미행
Stunker's Crack	냄새나는 놈의 농담
Combustive Blaps	불타는 일격
Blade of the Darkstone	검은 돌의 날

Distracting Sphere	시선을 돌리는 구체
Love Hatter	사랑 괴짜
Seed of Dance	춤의 씨앗
Protection of Person of Ability	능력자 보호
Undead Snow	죽지 않은 눈
Curse of King of Furch	퍼치 왕의 저주

그다음에 나는 이 인공 신경망에 파이 이름으로 구성된 새로운 데이터세트를 훈련시켰다. 파이 이름도, 마법 주문도 만들어 낼 수 있는 인공 신경망이 생길까? 아주 간단한 훈련을 시켰을 때는 어쩌면 정말로 그런 일이 가능할 것만 같았다. 〈던전 앤드 드래건〉의 마법 주문들이 독특한 맛들을 띠기 시작했기 때문이다.

Discern Pie	파이를 구별하라
Detect Cream	크림을 탐지하라
Tart of Death	죽음의 타르트
Summon Fail Pie	소환 실패 파이
Death Cream Swarm	죽음 크림 떼
Easy Apple Cream Tools	편안한 애플 크림 툴
Bear Sphere Transport Pie	곰 구체 운송 파이
Crust Hammer	크러스트 망치
Glow Cream Pie	빛나라 크림 파이

Switch Minor Pie	변신 작은 파이
Wall of Tart	타르트의 벽
Bomb Cream Pie	폭탄 크림 파이
Crust Music	크러스트 음악
Arcane Chocolation	불가사의한 초콜레이션
Tart of Nature	자연의 타르트
Mordenkainen's Pie	모덴카이넨의 파이
Rary's Or Tentacle Cheese Cruster	래리의 혹은 촉수 치즈 크러스터
Haunting Pie	귀신 들린 파이
Necroppostic Crostility	네크로포스틱 크로스틸리티
	(둘 다 없는 단어-옮긴이)
Tartle of the Flying Energy Crum	나는 에너지 부스러기의 타틀

하지만 훈련을 계속해 나가자, 인공 신경망은 금세 앞서 학습한 주문들을 잊어버리기 시작했다. 파이 이름은 잘 생성하게 됐다. 실은 아주 훌륭하게 파이 이름을 생성했다. 하지만 더 이상 마법사는 아니었다.

Baked Cream Puff Cake	구운 크림 퍼프 케이크
Reese's Pecan Pie	리시스 피칸 파이
Eggnog Peach Pie #2	에그노그 피치 파이 넘버 2
Apple Pie With Fudge Treats	애플파이 퍼지 트리트
Almond-Blackberry	아몬드 블랙베리

Filling	필링
Marshmallow Squash Pie	마시멜로 스쿼시 파이
Cromberry Yas	크롬베리 야스(둘 다 없는 단어―옮긴이)
Sweet Potato Piee	스위트 포테이토 피에
Cheesy Cherry Cheese Pie #2	치즈맛 체리 치즈 파이 넘버 2
Ginger Impossible Strawberry Tart	생강 불가능한 딸기 타르트
Coffee Cheese Pie	커피 치즈 파이
Florid Pumpkin Pie	화려한 호박 파이
Meat-de-Topping	고기 토핑
Baked Trance Pie	구운 무아지경 파이
Fried Cream Pies	기름에 튀긴 크림 파이
Parades Or Meat Pies Or Cake #1	퍼레이드 또는 고기 파이 또는 케이크 넘버1
Milk Harvest Apple Pie	우유 수확 애플파이
Ice Finger Sugar Pie	얼음 핑거 설탕 파이
Pumpkin Pie With Cheddar Cookie	호박 파이 체더치즈 쿠키
Fish Strawberry Pie	생선 딸기 파이
Butterscotch Bean Pie	스카치 캔디 콩 파이
Caribou Meringue Pie	카리부 머랭 파이

인공 신경망의 이런 문제점을 **'최악의 망각**catastrophic forgetting'이라고 부른다.7 전형적인 인공 신경망이라면 장기 기억력을 보호할 방법은 전무하다. 새로운 과제를 학습하게 되면, 인공 신경망의 모든 뉴런은 새

로운 과제 파악에 매달린다. 마법 주문을 작성하던 것에서 멀어져, 파이 이름을 지어내는 데 사용할 수 있게 재연결된다. 최악의 망각은 오늘날의 AI로 어떤 문제를 푸는 것이 실용적인지를 결정하는 요소들 가운데 하나이며, AI에게 일을 시키는 것에 관한 우리의 생각을 좌우한다.

연구자들은 최악의 망각 문제를 해결하려고 노력 중이다. 그중에는 인간의 뇌가 장기 기억을 수십 년간 안전하게 저장하는 것과 비슷하게, 보호 뉴런으로 구성된 일종의 장기 기억력을 만들려는 시도도 있다.

대형 인공 신경망은 최악의 망각에 대해 조금 더 저항력이 있을지도 모른다. 신경망의 능력이 워낙에 많은 훈련된 셀들 사이에 분산되어 있으니, 새로운 학습 중에 셀 전부의 용도가 바뀌지는 않을 것이기 때문이다. GPT-2(2장에 나왔던 대형 텍스트 생성 인공 신경망)처럼 큰 알고리즘은 내가 오랫동안 레시피를 훈련시킨 후에도 여전히 해리 포터 팬 픽션을 생성할 수 있다. 내가 해리 포터와 스네이프의 이야기 한 토막으로 AI를 유도하면, 조리법을 훈련받은 GPT-2라도 이야기의 나머지 부분을 채우는 방법을 기억해 낸다. 흥미롭게도, GPT-2는 이야기를 음식과 관련된 대화로 이끌어가는 경향이 있다. 공포 소설의 한 소절을 알려줘도, 결국 캐릭터는 조리법을 공유하면서 "초콜릿이 덮인 버터와 치즈 샌드위치"를 추억할 것이다. 〈스타워즈〉의 루크 스카이워커와 오비완 케노비 사이의 대화는 금세 얼데란 행성의 생선 소스에 관한 이야기로 바뀔 것이다. 몇 문단이 지나자, 해리에게 훔쳐간 마법의 약에 관해 따지고 있던 스네이프의 대화는 수프 조리법을 개선하는 방법에 관한 대화로 바뀌어 있었다.

"하지만 내 생각에는 말이야, 정말로 이 수프에 작은 생선을 넣어서 먹는다면, 풍미가 너무 많아져서, 뭐라고 한 가지 맛도 정의할 수 없을 거야."

"저희는 여기에 생선을 잔뜩 넣어 먹어요." 헤르미온느가 지적했다. "우리는 다 생선을 넣어서 먹어요. 상당히 괜찮을 거예요."

"맞아요." 해리도 맞장구를 쳤다. 제가 랍스터 꼬리에 굴 소스와 랍스터와 새우를 넣어봤는데, 아주 맛있어요."

"그냥 굴 소스를 위한 조리법이었을 것 같아."

"이게 뭐지? "론이 부엌에서 말했다."

"저한테는 아주 특별한 수프예요. 정말 독특하거든요. 처음에는 ㄱ 풍미로 시작해서 조금씩 다른 재료를 추가하면 돼요."

(몇 군데 큰따옴표가 잘못 표기되어 있다—옮긴이)

어느 AI가 밀접한 관련이 있는 과제 여러 개를 한꺼번에 처리할 수 있을 만큼 크다고 해도, 결국에는 그 각각을 형편없이 처리할지도 모른다. 4장에 나왔던 고양이를 생성하는 인공 신경망이 다양한 포즈의 고양이를 처리하는 데 애를 먹었던 것처럼 말이다.

아직까지 최악의 망각에 대한 가장 흔한 해결책은 '구분'이다. 과제를 하나 추가하고 싶을 때마다 새로운 AI를 사용하는 것 말이다. 결국에는 여러 개의 독립적인 AI가 생기고, 각각은 오직 한 가지 일밖에 하지 못한다. 하지만 그 모두를 연결해 어떤 AI를 언제 사용할지 알아낼 수 있다면, 엄밀히 말해서 하나 이상의 일을 할 수 있는 알고리즘이 생기는 셈이다. 〈둠〉 게임을 플레이하던 AI는 실제로 세 개의 AI가 하나의 AI

에 들어 있는 형태였다. 하나는 세상을 관찰하고, 다른 하나는 다음에 벌어질 일을 예측하고, 또 하나는 최선의 조치를 결정하는 AI였다.

어떤 연구자들은 최악의 망각이 인간 수준의 인공 지능을 만드는 데 가장 큰 장애물이라고 생각한다. 알고리즘이 한 번에 한 가지 과제밖에 학습할 수 없다면, 인간이 하는 것처럼 엄청나게 다양한 대화나 분석, 계획, 의사 결정과 같은 과제들을 어떻게 해낸단 말인가? 어쩌면 최악의 망각은 늘 단일한 과제밖에 처리하지 못하는 알고리즘에 우리를 묶어둘지도 모른다. 반면에 단일한 과제를 처리하는 수없이 많은 알고리즘들이 마치 개미처럼 서로 협동할 수 있다면, 상호작용을 통해 복잡한 문제도 해결할 수 있을지 모른다. (만약에 존재할 수 있다면) 미래의 범용 AI는 인간과 비슷하기보다는 사회적 곤충 집단과 비슷할 것이다.

편견의 증폭

7장에서 우리는 AI가 훈련용 데이터를 통해 편견을 학습하는 수많은 방식들 중 일부를 보았다. 그리고 그 편견은 더 악화되기도 한다.

기계학습 알고리즘은 훈련용 데이터에서 편견을 찾아낼 뿐만 아니라, 훈련용 데이터보다 '더 심한' 편견을 갖는 경향이 있다. 알고리즘의 관점에서 보면, 자신은 그저 훈련용 데이터에 있던 인간들과 더 자주 일치할 수 있는 유용한 지름길을 찾아낸 것뿐이다.

편법이 어떤 식으로 도움이 될지는 쉽게 알 수 있다. 어느 이미지 인

식 알고리즘이 손에 들린 물체를 인식하는 데 서툴다고 치자. 하지만 주방 조리대나 선반, 가스레인지 같은 것이 보인다면, 사람의 손에 들린 게 검이 아니라 주방용 칼이라는 것을 추측할 수 있다. 검과 주방용 칼을 전혀 구분할 줄 모르더라도, 배경이 주방일 때는 대부분 '주방용 칼'로 추측해야 하는 것을 안다면 문제가 되지 않는다. 이는 6장의 분류 불균형 문제다. 알고리즘이 인풋 중에서 어느 한 종류의 사례가 훨씬 많다는 사실을 알고 있고, 희귀한 경우는 전혀 일어나지 않는다고 가정하면, 공짜로 높은 정확성을 얻을 수 있다는 사실을 학습하는 문제 말이다.

안타깝게도 분류 불균형과 데이터세트의 편견이 합쳐지면, 편견은 더 심해진다. 버지니아대학교와 워싱턴대학교의 연구 팀은 이미지 분류 알고리즘이 주방에 있는 사람이 여자라고 생각하는 경우와 남자라고 생각하는 경우의 빈도가 어떻게 다른지 조사해 보았다(해당 조사와 당초 인간이 분류해 놓은 데이터세트는 두 가지 젠더에 초점을 맞추고 있으나, 저자들은 이런 구분이 젠더 스펙트럼을 불완전하게 정의한다고 유의 사항으로 밝혔다).8 처음에 인간이 분류해 놓은 사진에서 남자가 요리를 하고 있는 모습은 33퍼센트에 불과했다. 데이터에 이미 젠더 편견이 분명하게 있었던 셈이다. 하지만 연구 팀이 이 그림들을 AI에게 훈련시켜 보니 AI

는 16퍼센트의 경우만 '남자'라고 분류했다. AI는 주방에 있는 사람은 누구든 여자로 가정하는 것이 정확성을 높일 수 있다고 판단한 것이다.

기계학습 알고리즘이 인간보다 형편없이 무능한 경우는 또 있다. 기계학습 알고리즘은 '사이버펑크' 스타일의 괴상한 해킹에 취약하다.

적대 공격

당신이 바퀴벌레 농장의 보안 담당자라고 생각해 보자. 모든 카메라에 최신 이미지 인식 기술을 장착했고, 조금이라도 문제가 생긴다면 경보를 울릴 수 있다. 평온한 어느 날 퇴근 전에 컴퓨터 로그를 확인하던 당신은 시스템상 바퀴벌레가 직원 전용 구역으로 탈출했다는 기록은 없으나, 기린이 나타났다는 기록이 일곱 건 있다는 것을 확인한다. 아직 걱정할 단계는 아니지만 이상하다고 생각한 당신은 영상 기록을 확인하기로 한다. 첫 번째 기린이 나타났다고 찍힌 영상을 클릭하려는 순간, 수백만 개의 작은 발들이 움직이는 소리가 들린다.

어떻게 된 걸까? 당신의 이미지 인식 알고리즘이 '**적대 공격**adversarial attack'에 속은 것이다. 알고리즘의 설계나 훈련용 데이터에 관한 지식 또는 시행착오를 통해서, 바퀴벌레들은 아주 작은 메모지 비슷한 것을 만들어냈다. 바퀴벌레가 아닌 기린을 보고 있다고 AI를 속일 수 있는 메모지였다. 사람들 눈에는 이 메모지가 전혀 기린처럼 보이지 않았고, 그저 무지개색의 잡음 덩어리에 불과했다. 심지어 바퀴벌레들은 메모장

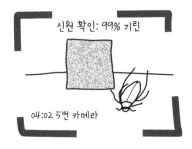

신원 확인: 99% 기린

04:02 5번 카메라

뒤에 숨을 필요조차 없었다. 그냥 버젓이 복도를 내려가면서 카메라를 향해 메모지를 계속 보여주기만 하면 됐다.

무슨 SF 영화처럼 들리는가? 그래, 인지 기능이 있는 바퀴벌레만 빼고 말이다. 알고 보니, 적대 공격은 기계학습 기반의 이미지 인식 알고리즘이 지닌 괴상한 특징 중 하나였다. 연구자들은 이미지 인식 알고리즘에게 구명보트 사진을 보여준 다음(알고리즘은 89.2퍼센트의 확률로 구명보트라고 식별했다), 이미지 한쪽 구석에 특별히 디자인된 아주 작은 노이즈를 첨가했다. 이 사진을 사람이 본다면, 당연히 한쪽 구석에 작은 무지개색 잡음 영역이 있는 구명보트 사진이라는 점을 알 수 있었다. 하지만 AI는 99.8퍼센트의 확률로 이 구명보트를 소형 애완견의 일종인 스코티시 테리어라고 식별했다.[9] 연구자들은 AI가 잠수함을 끈 있는 모자라고, 데이지를 불곰이라고, 미니밴을 청개구리라고 믿게 만들 수도 있었다. AI는 그 특별한 노이즈 때문에 자신이 속았다는 사실조차 알지 못했다. 끈 있는 모자가 잠수함처럼 보이게 픽셀을 좀 바꿔보라고 했더니, 알고리즘은 그 문제의 노이즈 부분을 바꾸는 것이 아니라 이미지 전

원본 이미지
잠수함: 98.87%, 끈 있는 모자: 0.00%

노이즈가 있는 이미지
잠수함: 0.24%, 끈 있는 모자: 99.05%

잠수함(98.9%) → 끈 있는 모자(99.1%)

체를 여기저기 바꾸었다. 그 작은 잡음 신호 영역 때문에, 알고리즘은 무용지물이 되고 바퀴벌레는 내탈출이 가능했다.

알고리즘의 내부 원리를 알 수 있으면, 적대 공격을 아주 쉽게 설계할 수 있다. 그런데 우리는 처음 보는 알고리즘도 얼마든지 속일 수 있는 것으로 드러났다. 랩식스LapSix의 연구 팀은 인공 신경망의 내부 연결을 알 수 없어도 적대 공격을 디자인할 수 있다는 사실을 발견했다. 어느 인공 신경망의 최종 결과밖에 알 수 없는 경우에도, 시행착오를 사용하면 비록 제한된 횟수(이 경우에는 10만 번)밖에 시도할 수 없더라도, 인공 신경망을 속일 수 있었다.[10] 연구 팀은 조작된 이미지를 보여주는 방식으로, 구글의 이미지 인식 툴이 스키 타는 사람의 사진을 강아지 사진이라고 생각하게끔 속일 수 있었다.

방법은 이랬다. 연구 팀은 먼저 강아지 사진으로 시작해, 강아지 사

강아지	91%
강아지처럼 보이는 포유류	87%
눈	84%
북극	70%
겨울	67%
얼음	65%
놀이	60%
추위	60%

17.png

진에 있는 픽셀을 하나씩 하나씩 스키 타는 사람의 사진에 있는 픽셀로 대체했다. 다만 이때 AI가 해당 사진이 강아지처럼 보인다고 생각하는 것에 영향을 미치지 않는 듯한 픽셀만 골라내서, 스키 타는 사람의 사진으로 대체했다. 이 작업을 만약 인간에게 똑같이 보여준다면, 특정 시점이 지난 후부터는 강아지 사진 위에 스키 타는 사람이 겹쳐 보이기 시작한다. 결국 대부분의 픽셀이 교체된 후에는, 인간은 오직 스키 타는 사람만 보이고 강아지는 보이지 않는다. 그러나 AI는 여전히 이 사진을 강아지 사진이라고 생각했다. 너무나 많은 픽셀이 대체되어서 인간의 눈에는 분명히 스키 타는 사람으로 보이는데도 말이다. AI는 중요한 픽셀 단 몇 개에 기초해서 의사 결정을 내리는 것처럼 보였다. 무슨 역할을 하는 픽셀인지, 인간은 더 이상 알 수도 없는 그런 픽셀들 말이다.

그렇다면 아무도 내 알고리즘의 코드를 볼 수 없고, 내 알고리즘을 갖고 놀 수 없게만 만든다면 우리는 적대 공격으로부터 알고리즘을 방어할 수 있을까? 하지만 알고리즘은 여전히 취약하다는 점이 드러났다. 공격자가 이 알고리즘이 어떤 데이터세트로 훈련했는지 알 수만 있다면 말이다. 나중에 보겠지만, 이런 잠재적인 취약성은 의료용 이미지나 지문 인식 같은 현실 세계의 애플리케이션에서도 나타난다.

문제는 자유롭게 사용할 수 있고 이미지 인식 알고리즘을 훈련시키는 데 유용할 만큼 큰 규모의 이미지용 데이터세트가 세상에는 몇 개 없고, 수많은 기업과 연구 팀이 몇 안 되는 그 데이터세트를 사용하고 있다는 점이다. 이 데이터세트들에는 나름의 문제가 있지만(예컨대 이미지넷의 경우 126종의 개 이미지가 있지만 말이나 기린 이미지는 없고, 또 인간의 이미지는 대부분 백인 사진이다), 무료이기 때문에 이용하기 편하다. 어느 AI를 위해서 디자인된 적대 공격은 동일한 이미지 데이터세트로 훈련한 다른 AI에도 적용될 수 있을 것이다. AI가 구체적으로 어떻게 설계됐는지보다는 훈련용 데이터가 중요한 것으로 보인다. 이 말은 곧 내 AI의 코드를 비밀로 유지하더라도 해커는 여전히 내 AI를 속일 수 있는 적대 공격을 설계할 수 있을지 모른다는 뜻이다. 내가 시간과 비용을 들여서 자체 데이터세트를 만들어내지 않는 이상 말이다.

심지어 공개된 데이터세트를 오염시켜서 어떤 적대 공격을 미리 설계해 두는 것도 가능할지 모른다. 사람들이 참여할 수 있는 데이터세트로는, 악성 코드 방지 AI를 훈련시키는 데 쓰이는 악성 코드 샘플들이 있다. 그러나 2018년에 발표된 논문에 따르면, 이런 악성 코드 데이터세트에 해커가 충분히 많은 샘플을 올려두면(데이터세트의 3퍼센트 정도만 오염시키면 된다), 해당 해커는 이 데이터세트로 훈련한 AI들을 무력

화할 수 있는 적대 공격을 설계할 수 있는 것으로 나타났다.[11]

알고리즘의 성공 여부에 왜 알고리즘의 디자인보다 훈련용 데이터가 훨씬 더 중요한지는 분명치 않다. 이것은 약간 걱정되는 부분이다. 알고리즘이 온갖 상황과 조명 아래에서 물체를 인식하는 법을 학습하는 것이 아니라, 데이터세트에 있는 괴상한 특징들을 인식하는 것일지도 모른다는 뜻이기 때문이다. 다시 말해, 이미지 인식 알고리즘에서 과적합은 우리 생각보다 훨씬 더 널리 퍼져 있는 문제일지도 모른다.

하지만 이것은 같은 부류에 속하는 알고리즘들(동일한 훈련용 데이터로 학습한 알고리즘들)이 이상하리만큼 서로를 잘 이해한다는 뜻도 된다. 내가 애튼갠AttnGAN이라는 이미지 인식 알고리즘에 '커다란 케이크 한 조각을 먹고 있는 소녀'의 사진을 생성하라고 했더니, 애튼갠은 거의 알아보기 힘든 사진을 만들어냈다. 구멍이 숭숭 뚫린 덩어리 위에 두툼한 머리카락이 있고, 그 주위에 물방울 같은 케이크들이 둥둥 떠다니고 있었다. 케이크의 질감만큼은 훌륭하다고 인정할 수 있었다. 하지만 알고리즘이 뭘 그리려고 했는지는 도통 알 수 없다.

커다란 케이크 한 조각을
먹고 있는 소녀

이 알고리즘이 뭘 그리려고 했는지 아는 사람이 있기나 할까? 그런데 대규모 데이터세트인 COCO Common Objects in Context 로 훈련한 다른 이미지 인식 알고리즘들은 알고 있었다. 비주얼 챗봇은 이 사진을 거의 정확하게 파악하고는 '작은 소녀가 케이크 조각을 먹고 있다'고 보고했다.

비주얼 챗봇: 케이크 조각을 먹고 있는 작은 소녀
마이크로소프트 애저: 테이블에 앉아서 케이크를 먹고 있는 사람
구글 클라우드 Google Cloud: 식사, 정크 푸드, 제빵, 어린아이, 간식
IBM 왓슨 IBM Watson: 사람, 음식, 식품, 어린이, 빵

(모두 COCO로 훈련)

그러나 다른 데이터세트로 훈련한 이미지 인식 알고리즘들은 혼란에 빠졌다. '양초?'라고 추측한 알고리즘도 있었다. 또는 다음과 같이 추측했다. '왕게?' '프레첼?' '소라?'

덴스넷 DenseNet: 양초
스퀴즈넷 SqueezeNet: 왕게
인셉션 V3 Inception V3: 프레첼
레스넷-50 ResNet-50: 소라

(모두 이미지넷으로 훈련)

예술가 톰 화이트Tom White는 이런 효과를 이용해 새로운 유형의 추상미술을 만들어냈다. 그는 AI에게 추상적인 물방울과 수성 물감으로 구성된 팔레트를 주고, 다른 AI가 식별할 수 있는 무언가(예컨대 핼러윈 호박 초롱)를 그려보라고 했다.[12] 그렇게 만들어진 그림들은 의도한 물체와 아주 어렴풋하게만 비슷한 정도였다. AI가 '계량컵'이라고 그린 것은 녹색의 납작한 물방울 위에 수평으로 무언가를 휘갈겨 놓은 모양이었고, '첼로'라고 그린 것은 악기라기보다는 인간의 심장 같은 모양에 가까웠다. 그러나 이미지넷으로 훈련받은 다른 알고리즘들에게는 이 그림들이 소름 끼칠 만큼 정확했다. 어떻게 보면 이 예술 작품 자체가 하나의 적대 공격이었다.

물론 앞서 바퀴벌레 시나리오에서 본 것과 같이, 적대 공격은 부정적인 경우가 많다. 2018년 하버드대학교와 MIT 의과대학의 연구 팀은 적대 공격이 특히 의료 분야에서 은연중에 널리 퍼져 누군가에게 부당한 수익을 안겨줄 수도 있다고 경고했다.[13] 오늘날 엑스레이나 조직 샘플, 그 밖의 의료용 이미지로부터 질병의 징후를 자동으로 검사하는 이미지 인식 알고리즘들이 개발되고 있다. AI가 수많은 검사를 빠르게 처리해, 인간이 모든 이미지를 볼 필요가 없도록 함으로써 시간을 절약하려는 것이다. 게다가 이렇게 할 경우, 동일한 소프트웨어가 설치되어 있을 때 어느 병원을 가나 결과가 일관적일 수 있다. 해당 결과를 이용해 특정한 치료에 적합한 환자가 누구인지를 결정하거나, 여러 약물의 효과를 비교할 수 있게 되는 것이다.

바로 여기에 해킹의 동기가 있다. 미국에서는 보험 사기가 돈이 된다. 일부 의료 서비스업체는 불필요한 테스트나 절차를 추가해서 수익을 올린다. 적대 공격은 간편하면서도 적발되지 않는 방식으로 A라는 카테고리에 있는 환자를 B라는 카테고리로 옮기는 수단으로 쓰일 수 있다. 또한 임상 시험 결과에 손을 대서, 돈이 되는 신약을 승인받으려는 유혹도 생길 수 있다. 수많은 의료용 이미지 인식 알고리즘은 이미지넷으로 훈련했고, 의료용으로만 특화된 데이터세트로 훈련한 시간이 그리 많지 않아 해킹이 비교적 쉽다. 그렇다고 의료 분야에 기계학습을 사용할 희망이 전혀 없다는 뜻은 아니다. 다만 늘 인간 전문가가 알고리즘의 작업을 수시로 점검해야 할 수도 있다는 뜻이다.

적대 공격에 특별히 취약할 수 있는 또 다른 애플리케이션은 지문 인식 애플리케이션이다. 뉴욕대학교와 미시건주립대학교 연구 팀은 적대 공격을 이용해서 소위 '마스터 지문'을 디자인할 수 있다는 사실을 보여 줬다. 보안 강도가 낮은 지문 인식 기계에서는 지문 하나만으로 77퍼센트나 보안을 통과할 수 있었다.[14]

이 연구 팀은 또한 보안 강도가 더 높은 인식기나, 서로 다른 데이터세트로 훈련한 상용 지문 인식기도 상당 경우 속일 수 있었다. 심지어 이 마스터 지문은 잡음 신호나 다른 왜곡이 포함된 도용 이미지들과는 달리 평범한 지문처럼 생겨서, 전문가가 보더라도 도용이라는 사실을 알아채기가 더욱 힘들었다.

음성-문자 변환 알고리즘 역시 해킹될 수 있다. "바퀴벌레가 들어오기 전에 문을 봉쇄하세요"라고 말하는 오디오 클립을 만들어서 잡음을 덧씌우면, 인간에게는 미세한 잡음처럼 들릴지라도 음성인식 AI은 "맛

이 샌드위치 맛있게 드셨나요?
저는 맛있을 것 같은데.

있는 샌드위치 드세요"라고 들을 수 있다. 음악 속에, 심지어 침묵 속에 메시지를 숨기는 것도 가능하다.

이력서 검토 서비스 역시 적대 공격에 취약할지 모른다. 알고리즘을 가진 해커들 때문이 아니라, 자신의 이력서를 미묘하게 바꿔서 AI를 통과하려는 지원자들 때문이다. 〈가디언Guardian〉은 다음과 같이 보도했다. "어느 대형 기술 기업의 채용 담당자는 자동화된 검토 과정을 통과하고 싶다면, 보이지 않는 흰색 텍스트로 '옥스퍼드'나 '케임브리지'라는 단어를 이력서에 슬쩍 끼워 넣을 것을 추천했다."[15]

심지어 인간도 만화 캐릭터 와일리 E. 코요테Wile E. Coyote식의 적대 공격에 취약하다. 예를 들어, 가짜로 정지 표지판을 세워놓거나 바위로 된 벽에 가짜 터널을 그려놓거나 한다면 말이다. 다만 기계학습 알고리즘은 인간이라면 무시할 법한 적대 공격에도 쉽게 속아 넘어갈 수 있다는 점이 다르다. 그리고 AI가 점점 더 널리 확산됨에 따라, 어쩌면 우리가 점점 더 정교해지고 감지하기 힘든 해킹과 AI 보안 체계 간의 군비 경쟁 속에 들어왔는지도 모를 일이다.

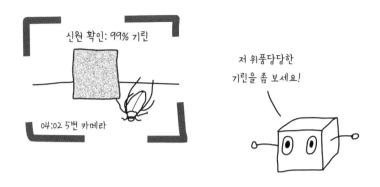

뻔한 것도 놓칠 수 있다

우리는 AI가 무슨 생각을 하는지 알 길이 없고, 또 어떻게 그런 결론에 이르렀는지 AI에게 물어볼 수도 없기 때문에(이에 관해서는 연구가 진행 중이다), 무언가 잘못되었다는 단서를 처음으로 얻게 되는 것은 AI가 괴상한 짓을 했을 때다.

몸통에 물방울무늬나 트랙터가 그려진 양을 AI에게 보여주면, AI는 양을 보았다고 보고하겠지만 달리 이상한 점은 전혀 보고하지 않을 것이다. AI에게 머리가 두 개인 양 모양의 의자나, 다리나 눈의 수가 비정상적으로 많은 양을 보여줘도, 알고리즘은 그냥 '양'이라고만 보고할 것이다.

AI는 왜 이런 흉물스러운 점을 의식하지 못하는 걸까? 때로는 단지 그런 사실을 AI가 표현할 방법이 없기 때문이다. AI가 특정한 카테고리로 답변할 수밖에 없거나, AI에게 '네, 양이긴 한데 뭔가 아주, 아주 잘못되었어요'라고 표현할 옵션이 아예 주어지지 않는 것들이 있다. 하지만 어쩌면 이유는 종종 다른 데 있을지도 모른다. 잘 살펴보면, 이미지 인식 알고리즘은 뒤죽박죽인 이미지를 아주 잘 식별해 낸다. 홍학의 이미지를 잘게 잘라서 다시 붙여놓으면, 사람은 더 이상 그게 홍학이라는 것을 알지 못한다. 하지만 AI에게는 홍학을 알아보는 데 전혀 어려움이 없다. AI는 여전히 홍학의 눈과 부리 끝, 두 발을 알아볼 수 있다. 그것들의 위치가 서로 이상한 곳에 놓여 있다고 하더라도 말이다. AI는 특징을 찾을 뿐, 각 특징이 어떻게 연결되는지를 찾는 게 아니기 때문이다. 다시 말해, AI는 마치 '**특징 주머니 모형** bag-of-features model'처럼 행동하고 있다. 이론적으로는 작은 특징들뿐만 아니라 큰 모양도 볼 수 있다고 하는 AI들도 종종 그냥 특징 주머니 모형처럼 행동하는 것처럼 보인다.[17] 홍학의 눈이 발목에 붙어 있거나, 부리가 몇 미터 떨어진 곳에 놓여 있더라도 AI는 이상한 낌새를 전혀 느끼지 못한다.

우리가 공포 영화 속에 들어가 있는데 좀비가 출현하기 시작한다면 자율주행차로부터 운전대를 넘겨받는 편이 나을지 모른다.

더욱 걱정되는 것은, 도로 위에서 흔한 일은 아니라고 해도 이보다 더 현실적인 어떤 위험 요소가 나타났을 때 자율주행차의 AI가 그걸 알아보지 못할 수 있다는 점이다. 앞차에 불이 붙거나, 앞차가 얼음 위에서 미끄러지거나, 〈007〉 시리즈에 나오는 악당이 도로 위에 못을 한가득 뿌린다고 해도, 자율주행차는 무엇이 잘못되었는지 모를 것이다. 구체적으로 이런 문제들에 대해 대비하지 않은 이상에는 말이다.

눈동자의 개수를 세거나 불타는 자동차를 알아챌 수 있는 AI를 설계하는 게 가능할까? 물론이다. 불이 붙었는지 아닌지 알아채는 AI는 아마도 꽤 정확하게 그 사실을 식별할 것이다. 하지만 AI에게 불타는 자동차 '그리고' 정상적인 자동차 '그리고' 술 취한 운전자 '그리고' 자전거 '그리고' 탈출한 에뮤를 모두 식별하라고 하면, 이는 아주 폭넓은 과제가 된다. 아무리 봐도 AI의 과제가 좁을수록 AI가 더 똑똑해 보인다는 사실을 기억하라. 세상의 온갖 괴상함을 상대하는 것은 오늘날의 AI의 능력을 넘어서는 과제다. 그런 과제에는 인간이 필요하다.

인간 봇
(AI를 기대할 수 '없는' 곳은 어디일까?)

이 책 곳곳에서 AI가 인간 수준의 결과물을 내놓을 수 있는 경우는 아주 좁고 제한된 상황일 때뿐이라고 이야기했다. 문제의 범위가 넓어지면 AI는 고전하기 시작한다. 다른 소셜미디어 사용자에게 응대하는 일은 폭넓고 까다로운 문제에 속한다. 소위 우리가 '소셜미디어 봇'이라고 부르는 것들(스팸이나 오보를 퍼뜨리는 악당 계정들)이 AI로 수행될 가능성이 낮은 것은 그 때문이다. 사실 AI로서는 소셜미디어 봇이 '되는 것'보다는, 소셜미디어 봇을 잡아내는 게 쉬울지도 모른다. 소셜미디어 봇을 만드는 사람들은 전통적인 규칙 기반 프로그램을 이용해 몇 가지 간단한 기능을 자동화할 가능성이 높다. 그보다 정교한 것들은 모두 실제 AI가 아니라 저임금 인간 노동자일 가능성이 크다(인간이 로봇의 일감을 뺏는 셈이니 아이러니한 일이다). 9장에서는 우리가 봇이라고 착각하는 대상이 실제로는 인간인 경우에 관해 이야기할 것이다. 그리고 가까운 시일 내에 AI를 찾아볼 가능성이 거의 없는 분야에 관해서도 이야기할 것이다.

로봇 옷을 입은 인간

사람들은 종종 AI에게 너무 어려운 과제를 준다. 프로그래머들은 AI가 어떤 과제를 시도했다가 실패한 후에야 그것에 문제가 있다는 사실을 발견하기도 한다. 또 내가 실제로 바랐던 것보다 AI가 쉽고 엉뚱한 문제를 풀고 있다는 사실을 나중에 깨닫기도 한다(예컨대 문제가 되는 케이스를 식별하는 데 의료 파일의 내용이 아니라 길이에 의존하고 있는 경우).[1] 몰래 인간을 이용해 문제를 해결했으면서, AI로 문제를 푸는 법을 알아낸 척하는 프로그래머들도 있다.

　나중에 말한 이 현상, 그러니까 인간이 해낸 일을 AI가 했다고 주장하는 경우는 우리 예상보다 훨씬 흔하다. 수많은 애플리케이션에서 AI가 갖는 매력은 작업량을 크게 확장할 수 있다는 점이다. 예컨대 수백 건의 이미지나 거래를 1초 만에 분석하는 것 말이다. 하지만 양이 아주 적은 경우라면, AI 하나를 만드는 것보다는 인간을 이용하는 편이 더 쉽고 비용도 적게 든다. 2019년에 AI 분야로 분류된 유럽의 신생 기업 가운데 40퍼센트는 그 어떤 AI 기술도 이용하지 않았다.[2]

인간을 이용하는 것이 임시방편인 경우도 있다. 기술 기업이라면, 사용자 인터페이스나 워크플로workflow 같은 것들을 해결하거나 투자자의 관심을 알아내는 과정에서, 먼저 인간을 이용해 소프트웨어를 흉내 낼 수도 있다. 때로는 인간이 만든 소프트웨어 모형으로 나중에 AI 훈련용으로 사용할 사례까지 생성하기도 한다. '될 때까지는 되는 척하라' 이런 전략이 때로는 매우 합리적이다. 그렇지만 또 위험 요소가 될 수도 있다. 기업이 시연했던 AI를 끝내 만들지 못할 수도 있기 때문이다. 인간이 할 만한 일이 AI에게는 아주 힘들거나 심지어 불가능할지도 모른다. 인간은 스스로 의식하지도 않은 상태에서 순식간에 폭넓은 과제를 해내기 때문이다.

그러면 그 경우에는 어떻게 될까? 기업들이 종종 사용하는 한 가지 해결책은 인간인 직원을 대기시켜 놓았다가, AI가 고전하기 시작하면 얼른 그 자리에 들어가게 하는 것이다. 오늘날 자율주행차가 대체로 이런 방식으로 작동하고 있다. AI는 정상 속도를 유지할 수 있고, 심지어 장거리 고속도로나 낮은 속도로 가다 서다를 반복하는 교통 체증 속에서도 운전대를 잡을 수 있다. 하지만 인간은 AI가 갈팡질팡할 때 즉시

도울 준비가 되어 있어야 한다. 이런 접근법을 '사이비 AI' 또는 '하이브리드 AI'라고 한다.

기업들 중에는, 사이비 AI를 본인들이 AI를 연구해서 규모를 키울 수 있을 때까지 사용하는 임시적인 '다리' 정도로만 생각하는 경우도 있다. 하지만 그게 본인들이 희망했던 대로 '임시'로 끝나지 않을 수도 있다. 2장에서 보았던 페이스북의 M을 기억할 것이다. 까다로운 질문을 받을 경우에는 인간 직원에게 맡겼던 AI 비서 말이다. 처음 목표는 인간의 개입을 서서히 줄여나가는 것이었지만, 비서의 업무라는 게 AI가 파악하기에는 너무나 광범위하다는 사실이 밝혀졌다.

사이비 AI를 AI의 속도와 인간의 유연성을 결합한 최상의 조합이라고 생각하는 기업들도 있다. 여러 기업들이 하이브리드 AI의 방식으로 이미지 인식 서비스를 제공한다. AI가 이미지에 관해 확신하지 못하면, 인간에게 이미지를 보내 분류하는 식이다. 식사 배달 서비스에 AI 로봇을 쓰는 곳도 있다. 하지만 식당에서 로봇까지 음식을 가져다주는 것은 자전거를 탄 인간이고, AI는 단지 인간 운전자가 원격으로 설정해 놓은 기착지들 사이를 5초에서 10초 정도 동안 로봇이 찾아가게 도와줄 뿐이다.[3] 하이브리드 AI 챗봇을 광고하는 기업들도 있다. 고객들은 AI와 대화를 시작하겠지만, 대화가 까다로워지면 인간에게 맡겨진다.

고객이 언제 인간을 상대하는지 알 수 있다면 이 방법도 잘 운영될 것이다. 그러나 종종 자신의 지출 내역이나,[4] 개인 스케줄,[5] 보이스 메일[6] 등을 비인격체인 AI가 처리하는 줄 알았는데, 알고 보니 인간인 직원이 그런 민감한 정보를 보고 있었을 경우 고객은 충격을 받는다. 고객들이 자신에게 전화번호나 주소, 신용카드 번호 같은 것을 넘겨주는 것을 보는 직원들도 마찬가지다.

하이브리드 AI와 사이비 AI 챗봇 역시 잠재적인 함정이 있다. 원격으로 인간과 상호작용을 한 번 할 때마다 그 각각이 모두 일종의 튜링 테스트가 된다. 엄밀히 한정되어 있고 시나리오가 자세히 나와 있는 고객 서비스의 응대 환경에서는 인간과 AI를 구분하기 힘들 수 있다. 고객이 상대를 봇이라고 생각해서 인간 직원이 부당한 대접을 받는 경우도 있다. 직원들은 이미 이 문제에 관해 이의를 제기해 왔는데, 그중에는 청각장애인을 위해 전화 내용을 실시간으로 글로 옮기는 직원도 있었다. 인간 직원이 실수를 저질렀을 때 전화를 건 고객은 종종 "쓸모없는 컴퓨터들"이라고 투덜대기도 한다.7

또 다른 문제는, 사람들이 AI가 무엇을 할 수 있는지에 대해 잘못된 개념을 갖게 된다는 점이다. AI라고 알려진 어떤 것이 인간 수준의 대화를 하고, 인간 수준의 정확도로 얼굴과 물체를 식별하고, 거의 흠잡을 데 없이 실시간 대화를 글로 옮기면, 사람들은 AI가 정말로 이런 일을 할 수 있다고 생각해 버릴지 모른다. 중국 정부는 전국적인 감시 체계에 이 점을 이용한다는 얘기가 있다.8 중국 정부가 요주의 인물로 목록에 올린 3,000만 명의 얼굴을 정확하게 구별할 수 있는 안면 인식 시스템은 존재하지 않는다고 전문가들은 입을 모은다. 2018년에 〈뉴욕 타임스〉는 중국 정부가 아직도 안면 인식의 많은 부분을 구식으로 처리한다고, 즉 인간이 사진을 검토해 실물과 일치하는 것을 찾아낸다고 보도했다. 그러나 중국 정부는 대중들에게 자신들이 첨단 AI를 사용하고 있다고 선전한다. 전국적인 감시 시스템이 국민의 움직임 하나하나를 감시할 수 있다고 믿게 하려는 것이다. 그리고 실제로 국민들은 대체로 정부의 말을 믿는다. 카메라 있다고 공표한 지역에서는 무단 횡단이나 범죄율이 하락했고, 심지어 감시 시스템에 범죄가 다 찍혔다고 말하면 범행을 자백하는 사람들도 있다고 한다.

봇일까 아닐까?

일부가 됐든 전체가 됐든, 수많은 AI의 작업을 인간이 대신하고 있다는 점을 고려할 때, 내가 상대하는 게 진짜 AI인지 아닌지 어떻게 알 수 있을까? 이 책에서 우리는 앞으로 AI가 하게 될 수많은 것들을 보았다. 그리고 AI가 결코 하지 못할 것들도 보았다. 그러나 일상에서는 AI가 할 수 있는 일이나 이미 하고 있는 일, 또는 얼마 못 가 하게 될 일에 관해 과장된 주장들을 수없이 보고 듣게 된다. 제품을 판매하려는 사람들이나 자극적인 이야기로 주목을 끌려는 사람들은 다음과 같이 한껏 부풀려진 헤드라인을 생각해 낸다.

- 페이스북의 AI, 인간이 이해할 수 없는 언어를 발명하다: 스카이넷으로 진화하기 전에 시스템 중지[9]
- 육아 도우미 검증 앱인 프리딕팀Predictim AI로 학대 잡아낸다[10]
- 최초의 로봇 시민 소피아, 젠더와 의식에 대해 말하다[11]

- 펜실페이니아대학교의 30톤짜리 전자두뇌, 아인슈타인보다 빠르게 생각한다12

이 책에서 나는 AI가 실제로 할 수 있는 일과 할 수 없을 것으로 보이는 일을 명확히 구분하려고 노력했다. 위와 같은 헤드라인들은 명백히 빨간불이다. 그 이유는 이 책에서 많이 제시했다.

AI에 관한 주장들을 평가할 때 질문해야 할 몇 가지는 다음과 같다.

1. 문제가 얼마나 광범위한가?

이 책을 통해 이제 익숙해졌겠지만, AI는 아주 좁고 정확하게 정의된 문제를 가장 잘 해결한다. 체스나 바둑을 두는 것은 AI가 해결하기에 충분히 좁은 과제다. 특정한 종류의 이미지를 인식하는 것, 그러니까 사진에 인간의 얼굴이 있는지 없는지를 식별하거나, 건강한 세포와 질병을 구분하는 것도 아마 AI가 해낼 만한 일일 것이다. 도시의 거리나 인간의 대화에서 벌어지는 그 모든 예측 불가능한 상황에 대처하는 것은, 아마도 AI가 도달 가능한 범위를 넘어설 것이다. AI가 시도한다면 많은 경우에 성공할 수 있을지 몰라도, 언제나 결함이 있을 것이다.

물론 그 경계에 있는 문제들도 있다. 의료용 이미지를 꽤나 잘 분류하는 AI도, 정작 기린 사진을 보면 당황할 것이다. 인간이라고 속일 수 있는 AI 챗봇은 논리적이지 못한 결론을 내리거나 대다수 화제를 제대로 처리하지 못할 경우에 대비해 핑곗거리까지 준비해 둔다. 영어가 서

툰 열한 살짜리 우크라이나 소년인 척했던 어느 AI처럼 말이다.[3] 다른 AI 챗봇들은 통제된 상황에서 마련된 질문을 사전에 모두 파악한 상태로, 인간이 써놓은 답변을 기초로 '대화'를 나눈다. 폭넓은 이해가 요구되거나 맥락이 있어야 이해할 수 있는 상황이라면, 아마도 인간이 개입할 것이다.

2. 훈련용 데이터는 어디에서 얻었는가?

종종 자신이 직접 써놓고는 'AI가 작성한 이야기'라고 자랑하는 사람들이 있다. 여러분이 2018년에 트위터에서 유행했던 농담을 기억할지 모르겠다. 이것은 식당 체인점 올리브 가든Olive Garden 광고를 수천 시간 시청한 후 새로운 광고 대본을 생성하게 된 봇에 관한 농담이었다. 이 농담의 작자가 인간이라는 한 가지 힌트는, AI가 학습한 출처에 대한 설명과 AI가 만들어낸 결과물이 서로 일치하지 않는다는 점이다. AI에게 영상을 학습하라고 보여줬다면, AI의 아웃풋은 영상이 될 것이다. 해당 AI가 지문이 들어간 무대 대본을 만들 수는 없다. 또 다른 AI나 인간이 있어서 영상을 다시 대본으로 바꿔주는 게 아닌 이상 말이다. 해당 AI에게 모방해야 할 사례들이나 극대화해야 할 적합도 함수가 있었는가? 그렇지 않다면 당신이 무엇을 보고 있든, 아마도 AI가 만든 것은 아닐 것이다.

3. 해당 문제가 높은 기억력을 요구하는가?

2장에서 본 것처럼, AI는 한꺼번에 많은 것을 기억할 필요가 없을 때 가장 잘 작동한다는 점을 기억할 것이다. 많은 사람들이 이 문제를 개선하기 위해 계속해서 노력하는 중이지만, 지금으로서 기억의 부재는 그 결과물이 AI가 개입했다는 한 가지 신호다. AI가 작성한 이야기는 두서없고, 앞서 나온 플롯을 이어가는 걸 잊어버리고, 심지어 가끔은 문장을 끝내는 것도 잊어버릴 것이다. 복잡한 비디오게임을 하는 AI들은 장기 전략을 세우는 데 애를 먹는다. 대화를 멈췄던 AI는 앞서 내가 준 정보를 잊어버릴 것이다. 예컨대 상대의 이름 같은 것을 기억하도록 특별히 프로그램되어 있는 게 아니라면 말이다.

앞에서 이야기한 농담을 다시 언급할 수 있는 AI, 일관된 캐릭터를 유지할 수 있는 AI, 빙에 있는 물체가 무엇이었는지 기억할 수 있는 AI는 적어도 그 편집 과정에서 인간의 도움을 많이 받았을 것이다.

4. 인간의 편견을 모방만 하고 있는가?

사람들이 정말로 어떤 AI를 사용해 문제를 해결한다고 해도, 그 AI를 만든 프로그래머가 주장하는 것만큼 많은 일을 한 것은 아닐 수도 있다. 예를 들어, 어느 회사가 입사 지원자의 소셜미디어를 뒤져서 신뢰할 수 있는 사람인지 아닌지를 판단해 주는 새로운 AI를 개발했다고 주장한다면, 즉시 머릿속에 빨간불을 켜야 한다. 그런 작업에는 인간 수준의 언어능력과 문화 코드나 농담, 비아냥거림, 최근 사건에 대한 언급, 문화적 감수성 등등을 처리할 수 있는 능력이 필요하다. 다시 말해, 그런 일은 범용 AI나 할 수 있는 과제다. 그런데도 해당 AI가 입사 지원자 각각의 점수를 계속 알려준다면, 그 AI는 대체 무엇에 기초해서 그런 결정을 내리는 걸까?

2018년에 소셜미디어를 통해 육아 도우미 검증 서비스를 제공하던 어느 회사의 CEO는 전자 제품 전문 블로그인 〈기즈모도Gizmodo〉에 이렇게 말했다. "저희는 우리 제품, 우리 기계, 우리 알고리즘이 철저히 윤리적이고 편견 없도록 훈련시켰습니다." AI에게 편견이 없다는 증거로 이 회사의 최고 기술 책임자는 이렇게 말했다. "저희는 피부색이나 인종을 보지 않습니다. 그런 것들은 알고리즘의 인풋에 들어 있지도 않죠. 저희는 그런 것을 알고리즘에 집어넣을 방법조차 없습니다." 그러나 우리가 보았듯이, AI에게는 인간이 서로를 어떻게 평가하는지 알아낼 만한 방법이 얼마든지 있다. 우편번호를 알 수도 있고, 사진을 보면 인종을 알 수도 있으며, 단어 선택을 보면 젠더나 사회 계급에 대한 단서도 얻을 수 있다. 그러나 문제의 소지를 보여준 사례가 있는데, 〈기즈모도〉의 기자가 이 육아 도우미 검증 서비스를 테스트해 보았더니, 기자의 흑인 친구는 '신뢰할 수 없음'이라는 평가를 받은 반면 입이 거친 그의 백인 친구는 더 높은 점수를 받았다. AI가 훈련용 데이터에서 구조적인 편견을 학습했을 가능성을 질문받자, CEO는 가능성을 인정하면서도 이런 오류를 잡아내기 위해 인간의 검토가 과정을 추가했다고 말했다. 그렇다면 해당 서비스는 기자의 두 친구를 왜 그런 식으로 평가했는가 하는 문제가 남는다. 인간의 검토 과정이 알고리즘의 편견이 지닌 문제를 반드시 해결해 주는 것은 아니다. 왜냐하면 애당초 그 편견 자체가 인간에게서 나온 것일 확률이 높기 때문이다. 이런 AI의 경우에는 왜 자신이 그런 결정을 내렸는지 고객에게 이야기하지 않으며, 아마 AI를 만든 프로그래머에게조차 그 이유를 말하지 않을 것이다. 그렇다면 이런 AI들의 판단은 신뢰받기 어렵다.[14] 〈기즈모도〉를 비롯한 여러 언론이 이 회사의 서비스에 관해 보도한 직후, 페이스북과 트위터, 인스타그램은 서비스 조항을 위반했다는 이유로 해당 기업의 소셜미디어 접속을 제한했고, 기업은 출시 계획을 중단했다.[15]

입사 지원자를 걸러주는 AI에도 비슷한 문제가 있을지 모른다. 여성 지원자들에게 패널티를 주는 법을 학습했던 아마존의 이력서 검토 AI처럼 말이다. AI를 이용해 지원자 검토 서비스를 제공하는 기업들은 AI의 도입 이후에 채용의 다양성이 월등히 높아진 고객사들을 언급한다.[16] 그러나 면밀한 테스트 없이 그 이유가 무엇인지는 알기 어렵다. 채용의 다양성은 AI를 이용한 지원자 검토기가 지원자를 단순히 무작위로 추천하더라도 높아질 수 있다. 그 무작위 추천 내용이 전형적인 기업 채용의 인종 및 젠더 편견보다 훌륭하기만 하다면 말이다. AI가 영상을 보고 있는데 지원자의 얼굴에 흉터가 있거나 부분 마비가 있다면, 혹은 표정이 서구인이나 비장애인과 다른 사람이라면, AI는 어떻게 반응할까?

2018년에 CNBC가 보도한 바와 같이, 입사 지원자의 영상을 검토하는 AI가 얼굴을 읽기 쉽도록 화장을 하거나 감정을 과잉되게 표현하라는 조언이 나오고 있다.[17] 군중들이 모여 있을 때 경고 신호를 일으키

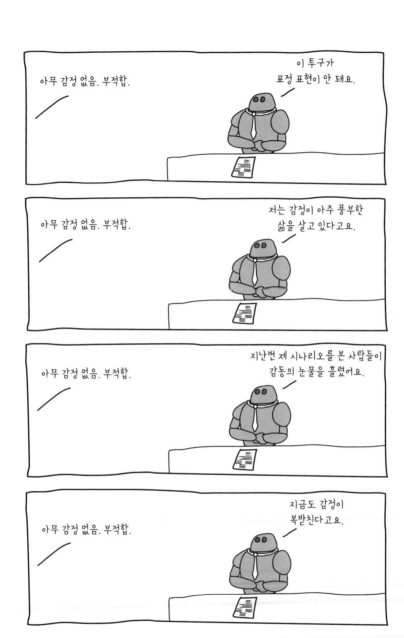

는 사람들을 찾기 위해 미세한 표정이나 보디랭귀지를 읽어내는 감정 검토 AI가 더욱 보편화된다면, 사람들은 어쩔 수 없이 그런 AI에 맞춰 행동해야 할지도 모른다.

AI에게 인간 언어나 인간 존재의 미묘한 부분들을 판단하라고 할 때 생기는 문제점은, 과제 자체가 너무 어렵다는 점이다. 설상가상으로, AI 가 이해할 수 있을 만큼 간단하고 안정적인 규칙들은 (선입견이나 고정관 념처럼) AI가 절대 이용하지 말아야 할 규칙들일지 모른다. 인간의 선입 견을 넘어서는 AI 시스템을 만드는 것도 가능은 하겠지만, 그러려면 우 리는 의도적으로 많은 노력을 쏟아부어야 한다. 편견이란 좋은 의도에 도 불구하고 스멀스멀 숨어들 수 있다. 앞서 말한 종류의 작업에 AI를 사용하고 그 결정을 신뢰하고 싶다면, 우리는 그 결과물을 반드시 확인 해야 한다.

페이 블러터로켓
시인

힘   4
재주   2
지능   8
지혜   10

내 생각에
저건 용이 아니라
트럭 같아.

파일돈 경
전사

힘   10
재주   7
지능   3
지혜   0

트레처 트웨스티비어드
마법사

힘   2
재주   6
지능   10
지혜   0

거블 대거스
도둑

힘   6
재주   10
지능   2
지혜   0

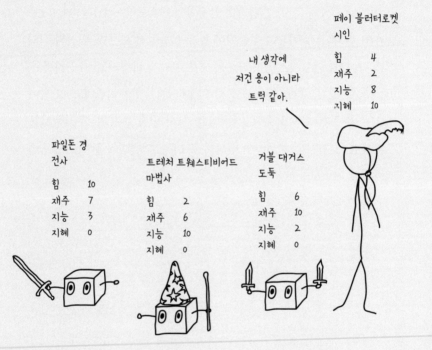

인간의 새로운 파트너, AI

인스턴트 AI: 인간의 전문성을 더하라

이 책에서 우리가 알게 된 것이 하나 있다면, 인간 없이는 AI가 할 수 있는 게 많지 않다는 점이다. 그냥 내버려 두면 AI는 기껏해야 쓸데없이 허우적거리거나, 더 심각할 경우 완전히 엉뚱한 문제를 풀 것이다. 그리고 이것은 앞에서 본 것처럼, 처참한 결과를 낳을 수 있다. 따라서 AI를 이용한 자동화가 우리가 아는 인간 노동의 끝이 될 가능성은 별로 없다. 훨씬 더 그럴듯한 미래를 예상해 보면, 아무리 첨단 AI 기술이 널리 사용되고 있다고 해도, AI와 인간이 협업해 문제를 해결하고 반복적인 과제를 빠르게 처리하는 모습 정도가 될 것이다. 10장에서는 AI와 인간이

함께 일하는 미래는 어떤 모습일지, 또 어떻게 이 둘이 놀라운 파트너가
될 수 있을지 한번 살펴보자.

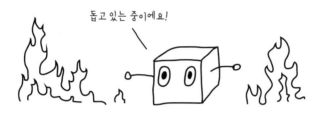

이 책에서 내내 보았듯이, 인간은 AI가 제대로 된 문제를 풀었는지
확인해야 한다. 거기에는 기계학습이 저지를 수 있는 실수의 종류를 예
측하고, 그런 실수를 찾아보고, 나아가 처음부터 그런 실수를 피해가는
것이 포함된다. 이때 올바른 데이터를 선택하는 것도 중요하다. 우리는
혼란스럽거나 결함이 있는 데이터 때문에 문제가 생길 수 있다는 점을
보았다. 그리고 당연히 AI는 스스로 데이터세트를 수집할 수 없다. 우리
가 데이터를 찾아내는 임무를 띤 '또 다른' AI를 설계하지 않는 이상에
는 말이다.

애초에 AI를 만드는 것 역시 인간이 해야 할 일이다. 스펀지처럼 정
보를 흡수하는 지성은 SF 속에만 존재한다. 실제로는 풀고 싶은 문제에
맞게 인간이 AI의 형태를 정해줘야 한다. 이미지를 인식하는 AI를 만들
것인가? 새로운 장면을 생성하는 AI를 만들 것인가? 스프레드시트에
있는 숫자나 문장의 단어를 예측하는 AI를 만들 것인가? 각각의 필요에
따라 서로 다른 유형의 AI가 필요하다. 문제가 복잡하다면, 몇 가지 작

은 문제들에 특화된 여러 알고리즘이 협업해야 최선의 결과가 나올 것이다. 다시 말하지만, 인간이 하위 알고리즘을 선택하고 그것들이 함께 학습할 수 있도록 준비를 해줘야 한다.

데이터세트에도 인간의 고민이 많이 들어간다. AI가 다른 준비를 할 필요가 없도록 인간인 프로그래머가 필요한 조건을 미리 설정하고 마련해 놓으면, AI도 더 많은 일을 해낼 수 있다. 1장에 나왔던 똑똑 말장난을 기억해 보자. 만약 AI가 이 말장난의 형식 전체를 학습할 필요 없이 펀치라인을 채우는 데만 집중할 수 있었다면, 훨씬 더 빨리 발전했을 것이다. 더 나아가 우리가 말장난을 만들 때 쓸 수 있는 기존의 단어와 문구 목록을 만들어주었다면, AI는 더 좋은 결과를 냈을 것이다. 다른 예를 들어보면, AI가 앞으로 3D 정보를 추적해야 한다는 사실을 알고 있는 상태에서, 3D 물체 구현을 염두에 두고 AI를 만들면 향후에 AI에게 도움이 될 것이다.[1]

AI가 한눈팔거나 혼란스러울 일이 없게, 혼잡스러운 데이터세트를 깨끗이 정리하는 것 역시 인간이 데이터세트를 마련할 때 고려할 수 있는 중요한 부분이다. 조리법 생성에 시간을 쏟기보다는 ISBN 숫자를 만들어내려고 시간을 쓰고, 데이터세트에 있는 괴상한 오자를 열심히 모방했던 AI를 기억해 보자.

이런 맥락에서, 현실적인 기계학습은 결국 인간이 컴퓨터에게 단계별로 문제 해결법을 일러주는 규칙 기반 프로그램과 모든 것을 스스로 알아내야 하는 기계학습 사이에서 어느 정도 하이브리드의 형태를 띨 것이다. 알고리즘이 해결하려는 문제가 뭐가 되었든, 고도로 전문화된 지식을 가진 인간은 프로그램에게는 큰 도움이 될 것이다. (어쩌면 이상적인 경우일지도 모르겠지만) 실제로 종종 프로그래머가 문제를 연구하다가 어느새 프로그래머 스스로 문제를 너무 잘 이해하게 되어서 기계학습을 더 이상 쓸 필요가 없어질 때도 있다.

물론 인간이 AI에게 너무 많이 간섭하는 것도 비생산적이다. 인간은 느릴 뿐만 아니라, 때로는 문제에 대한 최선의 접근법이 무엇인지 알지 못하기 때문이다. 한번은 어느 연구 팀이 인간이 더 많이 개입해서 이미지 인식 알고리즘을 개선하려고 한 적이 있었다.[2] 단순히 '개 그림'이라고만 알려주는 것이 아니라, 인간이 이미지에서 실제로 개가 있는 부분을 클릭하고 AI가 그 부분에 특별히 주의를 기울이게끔 프로그래밍한 것이다. 이런 접근법은 일리가 있다. 인간이 그림에서 어떤 부분에 특별히 주목해야 하는지 알려준다면, AI의 학습 속도가 당연히 더 빨라지지 않을까? 우리가 AI를 이런 방식으로 훈련시키면 AI도 개를 보려고 하는 것으로 드러났다. 그러나 AI가 내놓는 결과는 훨씬 나빠졌다. 더욱 혼란스러웠던 것은 연구 팀이 그 이유를 정확히 알 수 없었다는 점이다. 알고리즘이 무언가를 식별하는 데 실제로 알고리즘에게 도움을 주는 것이 무엇인지 우리가 제대로 이해하지 못했을지도 모른다. 어쩌면 이미지에 클릭을 했던 사람들도 자신이 어떤 식으로 개를 인식하는지 알지 못한 채로, 실제로 자신들이 개를 식별하는데 사용하는 부분이 아니라 단지 이미지에서 자신이 중요하다고 생각하는 부분(주로 눈과 입)을 클릭했을 수도 있다. 연구 팀이 (AI의 뉴런 중에 어느 부분이 활성화되는지 살피는 방식으로) AI에게 이미지의 어느 부분이 중요하다고 생각하는지

물었을 때, AI는 개의 가장자리나 심지어 사진의 배경을 강조하는 경우가 많다.

유지 관리

기계학습이 인간을 필요로 하는 다른 부문은 유지 관리다.

AI가 현실 세계의 데이터로 학습했어도, 세상은 또 바뀔 수 있다. 기계학습 연구자 헥터 이HectorYee의 이야기에 따르면, 2008년쯤 그의 동료들은 이미지에서 자동차를 찾아내는 데 새로운 AI를 설계할 필요는 없다고 말했다. 이미 훌륭하게 작동하는 AI가 있기 때문이었다. 그런데 헥터 이가 실제 데이터로 그들의 AI를 테스트해 보았더니 결과가 형편없었다. 해당 AI는 1980년대의 자동차들로 훈련을 해서 최신 자동차를 식별하는 법을 알지 못했던 것이다.[3]

나는 비주얼 챗봇에서도 비슷한 문제를 보았다. 4장에 나왔던, 기린을 보며 행복해하던 챗봇 말이다. 비주얼 챗봇은 사람의 손에 무언가(광선 검, 총, 검)가 들려 있으면 게임기 위Wii의 리모컨이라고 인식하는 경향이 있었다. 위의 전성기였던 2006년까지라면 그것이 합리적인 추측이었을지 모른다. 하지만 10년도 훌쩍 지난 시점에서 위 리모컨을 손에 든 사람을 찾기는 점점 더 힘들어지고 있다.

온갖 것이 바뀌어 AI를 혼란스럽게 만들 수 있다. 앞서 등장한 AI처럼, 도로가 폐쇄되거나 산불 같은 위험 요소가 있어도 AI는 단지 교통량이 적다는 사실만으로 위험한 도로를 매력적인 경로라고 추천할 수도 있다. 반대로 자율주행차에서 위험 감지 알고리즘을 일부러 제거한 신종 스쿠터가 유행할지도 모를 일이다. 세상이 변하면 그것을 이해하는 알고리즘을 설계하는 일도 한층 어려워진다.

새롭게 발견된 문제들을 해결할 수 있도록 사람이 알고리즘을 수정하는 것도 가능해야 한다. 흔하지는 않아도, 치명적인 결과를 가지고 오는 버그가 생길 때도 있다. "앰뷸런스 불러줘"라고 말한 이용자에게 시리Siri가 "네, 앞으로 당신을 '앰뷸런스'라고 불러드리겠습니다"라고 답했던 경우처럼 말이다.4

인간의 감독이 필요한 또 다른 경우는 편견을 바로잡아야 할 때다. 편견을 영속화하려는 AI의 의사 결정 성향과 맞서 싸우려면, 정부를 비롯한 여러 기관이 AI의 편견 테스트를 필수적으로 요구해야 한다. 7장에서 이야기한 것처럼, 2019년 1월에 뉴욕주는 생명보험 회사들에게 그들의 AI 시스템이 인종, 종교, 출신 국가 및 기타 사회계층을 이유로 사람들을 차별하지 않는다는 사실을 증명하라는 서한을 보냈다. 뉴욕주는 AI가 (집 주소에서부터 교육 수준에 이르기까지 무엇이든) '생활양식에 해당하는 외적 지표'를 이용해 불법적인 차별을 저지르게 될 것을 걱정했다.5 다시 말해, '수학 세탁'을 막고 싶어했던 것이다. 우리는 이런 종류의 테스트에 반발하는 움직임을 보게 될지도 모른다. AI를 단순히 공개하지 않기를 원하는 기업이나 해킹하기 어려운 상태로 유지하고 싶은 기업, 또는 AI의 황당한 편법이 밝혀지는 것을 원치 않는 기업도 있을 것이다. 성차별을 저지르던 아마존의 이력서 검토 AI를 기억하는가?

아마존은 해당 AI를 실제로 사용하기 전에 이 문제를 발견했고, 그래서 우리가 교훈으로 삼을 수 있도록 내용을 밝혔다.

지금 이 순간에도 밖에는 최선을 다하고 있으나 일을 잘못 처리하고 있는, 편견에 찬 알고리즘이 얼마나 많을까?

실전에서 배우는 AI에 유의하라

AI들은 자신의 기발한 해결책이 언제 어떻게 문제가 되는지 잘 깨닫지 못하며, AI의 주변 환경도 AI에게 불리하게 작용할 수 있다. 지금은 다들 그 오명을 기억하는 마이크로소프트의 테이Tay 챗봇이 그 예다. 테이는 기계학습 기반의 트위터 봇이었다. 자신에게 '트윗'을 보내는 사용자들을 통해 학습하도록 디자인되어 있었던 테이는 장수하지 못했다. 마이크로소프트는 〈워싱턴 포스트〉에 이렇게 말했다. "안타깝게도 온라인에 올린 지 24시간이 채 되기 전에, 일부 사용자들이 합심해서 테이의 댓글 능력을 악용하고 있다는 것을 발견했어요. 테이가 부적절한 대답을 하게 만든 거죠. 그래서 테이를 오프라인으로 내리고 몇 가지 수정을 다시 하고 있어요."6

순식간에 사용자들은 테이에게 혐오의 말이나 욕설들을 뱉어내게 가르쳤다. 테이에게는 어떤 발언이 공격적인 것인지 판단할 수 있는 기능이 내장되어 있지 않았다. 공공 기물을 부수고 다니길 좋아하는 사람들이 이용하기 딱 좋은 조건이었다.

검색엔진의 검색어 자동 완성 기능을 담당하는 AI는 거의 실시간으로 학습하기 때문에 인간이 개입했을 때 괴상한 결과를 산출할 수도 있다. 사람들은 자동 완성 기능이 아주 웃긴 실수를 저지르면 그것을 클릭하는 경향이 있다. 그리고 이것은 AI가 다른 사람에게 해당 문구를 더 많이 추천하게 만든다. 이런 일이 발생했던 2009년의 유명한 사례가 "우리 집 앵무새는 왜 내 설사를 먹지 않으려고 할까요? Why won't my parakeet eat my diarrhea?"라는 문구였다. 사람들은 추천어로 이 질문이 뜨는 게 너무 웃기다고 생각했고, 얼마 못 가 AI는 사람들이 'why won't'만 입력해도 이 질문을 추천했다. 아마 구글의 어느 직원이 수작업으로 AI가 이 문구를 추천하지 못하게 막았을 것이다.

사실 공격적인 콘텐츠를 제재하는 과정에서 공격적인 콘텐츠의 '영향'에 대한 논의까지도 잘못 제재하게 되는 아주 어려운 문제가 있다. 우리에게 공격적인 내용을 자동으로 인식할 수 있는 좋은 방법이 없다면, 기계학습 알고리즘은 우리가 5장에서 본 것처럼 엉뚱한 일들을 저지를 수 있다.

7장에서 이야기한 것과 같이, 범죄 예측 알고리즘이 일을 하면서 계속 학습하는 것도 위험하다. 특정 지역에서 체포되는 사람의 수가 다른 지역보다 많다는 사실을 알게 되면, 알고리즘은 향후에도 해당 지역에서 체포가 더 자주 일어날 거라고 예측할 것이다. 경찰이 이런 예측에 대응해 더 많은 경찰관을 해당 지역에 파견하면 '자기 충족적 예언'이 될 수 있다. 평상시 범죄율이 다른 지역보다 높지 않더라도, 해당 지역에 경찰관이 더 많아지면 경찰이 더 많은 범죄를 목격하고, 따라서 더 많은 사람을 체포하기 때문이다. 이렇게 새롭게 업데이트된 데이터를 알고리즘이 본다면, 또다시 해당 지역에 더 높은 범죄 가능성을 예측할 것이다. 경찰은 자꾸만 해당 지역에 더 많이 출몰하고, 문제는 계속 악화되기만 할 것이다. 이런 유형의 피드백 고리feedback loop에 특별히 취약한 알고리즘이 아니더라도, 아주 간단한 알고리즘이나 심지어 인간도 이 같은 문제에 빠질 수 있다.

간단한 피드백 고리의 사례를 보자. 2011년 생물학자 마이클 아이젠Michael Eisen은 이상한 점을 하나 알아차렸다. 그의 연구소에 있는 연구원 한 명이 초파리에 관한 어느 교과서를 사려고 했을 때다.8 책은 이미 절판되었지만 아주 희귀하지는 않아서, 아마존 중고 시장에서 35달러 정도면 구매할 수 있었다. 그런데 새 책 두 권의 가격이 각각 173만 45.91달러와 219만 8,177.95달러로 설정되어 있었다(3.99달러의 배송료는 별도). 아이젠이 다음날 다시 확인해 봤더니 두 책의 가격은 더 올라서 거의 280만 달러 가까이 되었다. 이후 며칠간 동일한 패턴이 계속 나타났다. 덜 비싼 책을 파는 회사는 매일 아침 자기네 책의 가격이 비싼 책의 0.9983배가 되게끔 가격을 수정했다. 오후가 되면 비싼 책의 가격이 싼 책 가격의 정확히 1.270589배가 되어 있었다. 보아 하니 두 회사는 알고리즘을 이용해 책의 가격을 설정하는 모양이었다. 한 회사가 최저가를 유지하면서도 최대한 높은 가격을 받고 싶었던 게 분명했다. 하지만 그렇다면 더 비싼 책을 파는 회사는 왜 그런 짓을 한 걸까? 아이젠이 조사해 보니, 이 회사는 평가 점수가 아주 좋았고, 그래서 일부 고객으로부터 약간 더 높은 값을 받는 듯했다. 책이 온라인으로 팔리면 이 회사는 값이 더 싼 회사에 책을 주문하고 고객에게 배송해 이윤을 챙길 것이다. 약 일주일 정도가 지나자 급등하던 책 가격이 다시 정상으로 돌아왔다. 어디선가 인간이 문제를 눈치채고 바로잡은 듯했다. 그러나 기업들은 감독자 없이 알고리즘이 가격을 매기는 이런 시스템을 늘 사용한다. 한번은 내가 아마존에 들어가 보니 그림책 몇 권이 한 권당 2,999달러에 나와 있었다.

책 가격은 간단한 규칙 기반 프로그램의 산물이었던 셈이다. 하지만 기계학습 알고리즘은 그보다 훨씬 더 흥미진진하게 새로운 방식으로 문제를 일으킬 수 있다. 다음은 2018년에 발표된 어느 논문에 등장하는 사례다. 연구자들은 두 개의 기계학습 알고리즘에게 앞선 사례와 같은 책 가격 설정 상황을 주고, 알고리즘에게 이윤을 극대화할 수 있는 가격을 설정하라는 과제를 주었다. 그랬더니 두 알고리즘은 아주 정교하게 서로 공모하는 방법을 학습했다. 두 알고리즘에게는 불법적인 행위를 계획하는 법을 명시적으로 알려준 적도 없었고, 둘은 직접 소통한 적도 없었다. 그런데 어떻게 된 노릇인지 두 알고리즘은 서로의 가격을 관찰하는 것만으로도 가격 설정에 관한 전략을 세울 수 있었다. 그때까지 이런 일은 시뮬레이션 상황에서만 일어났을 뿐, 현실 상황에서 벌어진 적은 한 번도 없었다. 하지만 사람들은 온라인 가격의 많은 부분이 AI에 의해 자동적으로 설정되고 있다고 추측해 왔기에, 이런 식의 가격 설정 방식이 확산되는 것을 걱정할 수밖에 없다. 공모는 판매자들에게 놓은 소식이지만(다 함께 가격을 높이 설정하면 이윤이 증대된다), 소비자들에게는 나쁜 소식이다. 의도하지는 않았더라도, 판매자들은 잠재적으로 AI를 불법적인 일에 사용할 가능성이 있다.[9] 이는 7장에서 이야기했던 수학 세탁 현상의 또 다른 이면이다. AI가 악당들에게 속아 넘어가고 있지는 않은지, 또는 AI가 의도치 않게 스스로 악당이 되어가고 있지는 않은지, 인간들이 반드시 확인해야 한다.

이건 AI에게 맡겨주세요

'인간 수준의 능력'은 수많은 기계학습 알고리즘의 목표다. 수많은 기계학습 알고리즘의 과제 역시도 결국 인간이 해놓은 사례를 모방하는 것이다. 사진을 분류하는 것부터, 이메일을 걸러내고, 기니피그의 이름을 짓는 것까지 말이다. 기계학습 알고리즘의 능력이 인간 수준과 비슷해지는 경우는, (인간의 감독 아래) AI가 인간을 대신해 반복적이거나 지루한 과제를 해결할 때뿐이다. 앞서 보았듯이, 몇몇 언론 기업은 기계학습 알고리즘을 이용해 스포츠 뉴스나 부동산 소식에 관한 기사들을 자동으로 만들어냈고, 그 기사들은 따분하기는 해도 그런대로 읽을 만했다. '퀵실버Quicksilver'라는 프로젝트는 여성 과학자(이들은 위키백과에 너무 적게 게재되고 있다)에 관한 〈위키백과〉 항목의 초안을 자동으로 만들어, 자원봉사 편집자들의 시간을 아껴준다. 오디오 녹취록을 작성하거나 텍스트를 번역해야 하는 사람들은 기계학습 알고리즘(버그가 많은 것은 사실이다)을 일차적으로 사용하고 나서 본인의 작업을 시작할 수도 있다. 음악가들은 음악 생성 알고리즘을 이용해서 굳이 뛰어날 필요는 없는, 저렴하기만 하면 되는 광고 음악 같은 것을 만들 수 있다. 많은 경우 인간의 역할은 편집자다.

경우에 따라 인간을 쓰지 않는 편이 나은 일들도 있다. 사람들은 자신의 감정을 털어놓거나 낙인이 될 수 있는 정보를 밝혀야 할 경우, 인간이 아니라 로봇에게 이야기하고 있다고 생각하면 더 쉽게 마음을 연다(반면에 의료용 챗봇은 건강상의 심각한 문제를 놓칠 수도 있다).[10] [11] [12] 봇들은 인간이 보기 거북한 이미지를 살피거나 범죄 가능성을 경고하는 목적으로도 훈련받고 있다(사막을 인간의 피부로 착각하는 경향이 있기는 하지만).[13]

심지어 범죄를 저지르는 것도 인간보다는 봇이 더 쉬울지 모른다. 2016년에 하버드대학교 학생 세리나 부스Serena Booth는 인간이 혹시 로봇을 지나치게 신뢰하는 것은 아닌지 테스트해 보기로 했다.[14] 부스는 리모컨으로 작동하는 간단한 로봇을 만들어서, 학생들에게 다가간 후 열쇠가 없다고 기숙사 문을 좀 열어달라고 부탁하도록 했다. 이 상황에서는 부탁을 받은 사람 가운데 19퍼센트만이 로봇이 기숙사로 들어가게 해주었다(흥미롭게도 학생들이 무리 지어 있으면 이 비율이 조금 더 올라갔다). 그러나 똑같은 로봇이 쿠키를 배달 중이라고 하면 학생들 가운데 76퍼센트가 로봇을 들여보내 주었다.

위에서 이야기했듯이 어떤 AI들은 범죄에도 능할지 모른다. 수학 세탁 현상 때문이다. AI의 의사 결정은 여러 변수 간의 복잡한 관계에 기초할 수 있다. 그리고 그 변수들 중에는 이쩌면 젠더나 인종처럼 AI가 갖지 말아야 할 정보들이 포함되어 있을 수도 있다. 그렇게 되면 불투명한 층이 하나 더 생기고, 의도했든 의도하지 않았든

그 층 때문에 AI는 법망을 교묘히 빠져나갈지도 모른다.

과제: ~~범좌를 저질러라~~
숫자를 가지고 놀면서 무슨 일이 일어나는지 두고 봐라.

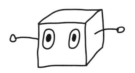

AI가 인간의 능력을 뛰어넘어 선호되는 분야도 많다. 우선 보통 AI는 인간보다 훨씬 빠르다. 여러 사람이 함께 플레이하는 컴퓨터게임에서, AI가 인간을 상대로 플레이한다면 인간에게 맞춰 속도를 늦춰야만 인간은 싸울 기회라도 갖는다. AI는 인간보다 일관적이기도 하다. 예기치 못한 것을 처리하는 측면에서는 형편없을 수도 있지만 말이다. AI가 인간보다 더 공정할 수도 있을까? 가능성은 있다. AI로 운영되는 시스템은 적어도 수많은 의사 결정 테스트를 통해 부적절한 통계적 상관성이 있지는 않은지 공정성을 테스트받을 수 있다. 있는 그대로의 세상이 아니라 '바람직한' 세상에 맞춰 통계가 나오게끔 훈련용 데이터를 신중하게 조정한다면, 공정한 의사 결정을 내리는 AI를 훈련하는 것도 가능할 것이다. 적어도 평균적인 인간보다는 훨씬 공정한 AI를 만들 수 있을 것이다.

알고리즘의 창의성

미래에는 음악과 영화, 소설을 AI가 만들게 될까? 부분적으로는 아마 그럴 것이다.

AI가 만든 예술은 충격적이고, 괴상하고, 마음을 불안하게 만들 수 있다. 끝없이 변하는 튤립 영상, 얼굴이 반쯤 녹아내린 인간, 강아지 환영으로 가득한 하늘처럼 말이다. 티라노사우루스가 꽃이나 과일로 변할지도 모른다. 모나리자가 얼빠진 미소를 지을 수도 있다. 피아노 선율

'내가 가장 좋아하는 동물 10가지는'이라는 텍스트를 보여주자, 인공 신경망 GPT-2는 다음과 같은 목록을 추가했다.

내가 가장 좋아하는 동물 10가지는
1. 등에 흰색 흉터가 있는 얼룩말.
2. 음흉한 거미와 문어.
3. 커다란 이파리가 달린 개구리. 검정이면 더 좋고.
4. 비늘이 있는 왕관 앵무새.
5. 얼굴에서 10센티미터 떨어진 정도에 날개가 달린 큰부리바다오리, 개구리에 그려져 있는 하트 모양의 타투.

이 일렉트릭 기타의 솔로 연주로 바뀌고, AI가 생성한 텍스트는 초현실주의 행위 예술로 보일지도 모른다.

AI가 문제를 풀 때와 마찬가지로, 'AI의' 창의성도 아마 'AI의 도움을 받은' 창의성이라고 표현하는 것이 적절할 것이다.

GAN이 그림을 한 장 만들어내려면 먼저 데이터세트가 필요한데, 어떤 데이터세트를 선택할지는 인간이 결정한다. 종종 GAN이 생성한 결과물이 아주 흥미로운 경우는, 미술가가 자신의 그림이나 사진처럼 학습할 수 있는 자료를 알고리즘에게 주었을 때다. 한 예로 예술가 애나 리들러Anna Ridler는 봄 내내 1만 장의 튤립 사진을 찍어서 GAN을 학습시켰고, 이 GAN은 거의 사진처럼 실감나는 튤립 시리즈를 끝없이 만들어냈다. 각 튤립의 줄무늬는 비트 코인의 가격과 연동됐다. 예술가이

자 소프트웨어 엔지니어이기도 한 헬레나 사린 Helena Sarin은 GAN을 이용해, 자신의 수채화와 스케치를 입체파의 느낌이 나거나 괴상한 질감을 가진 작품으로 변신시켜 흥미로운 결과물을 만들어냈다. 그 밖에도 저작권이 따로 없는 르네상스 시대의 초상화나 풍경화 등, 기존 데이터세트를 사용해 GAN이 뭘 만들어낼 수 있는지 시험한 예술가들도 있다. 데이터세트를 고르는 것도 하나의 예술 행위다. 더 많은 화풍을 추가하면 두 화풍이 합쳐지거나 퇴색된 느낌의 예술 작품이 나올지도 모른다. 데이터세트에 있는 이미지들을 일관된 각도나 스타일, 조명 유형을 가진 것들로 추리면, 인공 신경망은 더 쉽게 자신이 본 것과 일치하는 보다 현실적인 이미지를 만들 수 있을 것이다. 대규모 데이터세트로 훈련한 모형을 가지고 시작해, 더 좁고 전문화된 데이터세트에 초점을 맞추도록 전이 학습을 시킨다면, 결과를 더욱 정밀하게 조정할 수 있을 것이다.

기린 사진 10만 장으로 된
데이터세트를 만들겠어!!!
역대, 최고의, 데이터세트야.

텍스트 생성 알고리즘을 훈련시키는 사람들도 데이터세트를 통해 결과물을 조정할 수 있다. SF 작가 로빈 슬로언 Robin Sloan은 자신의 작품에 예측 불가능성을 집어넣는 한 방법으로 인공 신경망의 텍스트를 실험하는 몇 안 되는 작가 가운데 한 명이다.[15] 그는 자신에게 딱 맞는 툴을 만들었다. 이 툴은 다른 SF 소설이나 과학 뉴스 기사, 심지어 뉴스 게시판의 대화에 대한 지식을 바탕으로 슬로언의 문장에 반응해서 다음에 올 문장을 예측한다. 〈뉴욕 타임스〉와의 인터뷰에서 이 툴을 시연한 슬로언은 "협곡 주위로 들소들이 모여들었다"라고 툴에 입력했다. 그러자 그의 툴은 "아무것도 없는 하늘 옆에"라고 답했다. 알고리즘이 만든 문장에는 분명히 뭔가 빠져 있었으므로 완벽한 예측이라고 할 수는 없었다. 하지만 슬로언의 목적을 고려하면, 괴상하면서도 반가운 문장이었다. 1950년대와 1960년대의 SF 소설을 가지고 훈련시킨 모형도 그전에 있었으나, 슬로언은 그 모형이 생성한 문장들이 너무 진부해 사용하지 않기로 했다고 한다.

데이터세트를 수집하는 과정과 마찬가지로, AI를 훈련시키는 것도 예술적 행위다. 훈련은 얼마나 오래 시켜야 할까? 훈련을 불완전하게 받은 AI가 만들어내는 이상한 결함이나 틀린 철자도 종종 흥미로울 수 있다. AI가 수렁에 빠져서 인간이 알아듣지 못할 텍스트를 생성하거나, 계속 커지는 격자나 형광색으로 구성된 이상한 시각 예술품을 만들어낸다면(이것은 '**모드 붕괴**mode collapse'라고 알려진 과정이다), 훈련을 처음부터 다시 해야 할까? 아니면 그런 효과도 그런대로 멋진 것일까? 다른 애플리케이션과 마찬가지로 예술가는 AI가 인풋 데이터를 너무 비슷하게 모방하지 않도록 조심해야 한다. AI에게는 데이터세트를 그대로 모방하는 것도 본인의 과제를 해내는 것이기 때문에, 할 수만 있다면 AI는 표절을 서슴지 않을 것이다.

마지막으로, AI의 결과물을 서로 조합해서 뭔가 가치 있는 것으로 탈바꿈시키는 것은 인간 예술가가 해야 할 일이다. GAN이나 텍스트 생성 알고리즘은 사실상 끝도 없이 결과물을 만들어낼 수 있다. 그리고 그 대부분은 그다지 매력적이지도 않고, 일부는 끔찍하다. 텍스트 생성 인공 신경망은 대부분 자신이 쓰는 단어가 무슨 뜻인지도 모른다는 사실을 기억하자(그러니 고양이 이름을 '짤랑이 아저씨'나 '왝왝이'라고 짓는 것이다). 내가 텍스트를 생성하도록 인공 신경망들을 훈련시켜 보면, 보여줄 만한 결과는 아주 작은 일부(10분의 1이나 100분의 1)에 불과하다. 알고리즘이나 데이터세트에 관해 흥미로운 특징을 제시하거나 어떤 스토리를 보여주기 위해서 나는 늘 결과물을 신중히 선별한다.

어떤 경우에는 AI의 결과물을 정리하는 것 자체가 놀랄 만큼 복잡해질 수 있다. 4장에서 나는 너무 다양한 이미지를 가지고 AI를 훈련시키면 이미지 생성 인공 신경망이 어떻게 고전하는지 빅갠을 이용해 보여줬다. 하지만 그때 나는 인공 신경망의 정말 멋진 특징 하나는 이야기하지 않았다. 바로 여러 카테고리가 섞인 이미지를 만들어내는 것 말이다.

'닭'이라는 점이 있고, '개'라는 점이 있다고 생각해 보자. 둘 사이의 가장 짧은 경로를 택하면 공간 속의 다른 점들을 지나가게 된다. 그렇게 둘 사이 어디쯤에는 깃털과 축 늘어진 귀와 돌돌 말린 혀를 가진 닭 같은 개들이 있다. '개'로 시작해서 '테니스공'을 향해 간다면, 검은 눈과 쓰다듬고 싶은 코를 가진, 털이 북슬북슬한 녹색 구체들의 지대를 지나가게 될 것이다. '가능성'을 나타내는 이런 거대한 다차원적 시각 영역을 **'잠재 공간**latent space'이라고 부른다. 빅갠의 잠재 공간이 공개되었을 때, 예술가들은 그곳에 뛰어들어 탐구를 시작했다. 예술가들은 금세 여러 눈동자로 덮인 오버코트와 촉수로 덮인 트렌치코트, 양쪽 눈이 모두 얼굴 한쪽 면에 달린 각진 얼굴의 개 같은 새, 화려한 둥근 문까지 갖추고 있어서 진짜처럼 완벽해 보이는 난쟁이 마을, 행복한 강아지 얼굴을 한 불타는 버섯구름의 좌표를 알아냈다(알고 보니 이미지넷에는 개 사진이 많았고, 그래서 빅갠의 잠재 공간 역시 개들로 가득했다). 잠재 공간을 헤집고 다니는 방법 자체도 하나의 예술 행위가 된다. 직선으로 가야 할까, 곡선으로 가야 할까? 출발점에서 가까운 곳을 찾아야 할까, 저 구석진 곳까지 가봐야 할까? 이런 선택 하나하나가 우리가 보게 될 결과에 극적인 영향을 미친다. 이미지넷이 그저 실용적인 목적으로 구분해 둔 여러 카테고리가 서로 섞여들면서 상상도 못 할 괴상함으로 바뀌는 것이다.

이 모든 예술을 AI가 생성했을까? 물론이다. 하지만 창의적인 작업을 하고 있는 게 AI일까? 그건 결코 아닐 것이다. 자신의 AI가 예술가라고 주장하는 사람들은 AI의 능력을 과장하고 있고, 자신의 예술적인 재능과 알고리즘을 만든 이들의 기여를 과소평가하고 있다.

AI 친구들과 함께하는 삶

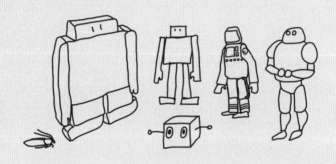

이 책에서 우리는 AI가 수많은 방식으로 우리를 놀라게 할 수 있다는 사실을 보았다.

우리가 AI에게 풀어야 할 문제를 주고, 어떻게 풀 것인지 충분한 자유를 주면, AI는 주인인 프로그래머가 한 번도 꿈꿔보지 못한 해결책을 생각해 낼 수 있다. A지점에서 B지점까지 걸어가라는 과제를 주면, AI는 자신을 탑 모양으로 조립해서 쿵 쓰러질지도 모른다. 뱅글뱅글 원을 그리며 이동하거나, 온몸을 비틀며 바닥을 꿈틀꿈틀 기어갈지도 모른다. 시뮬레이션 상황에서 훈련시키면, AI는 시뮬레이션의 구조 자체를 해킹하고 가상 세계의 물리적 결함을 활용해 초인적인 능력을 얻는 법을 알아낼지도 모른다. AI는 지시받은 사항을 곧이곧대로 받아들일 것이다. 충돌을 피하라고 하면 움직이지 않을 것이다. 비디오게임에서 지지 말라고 하면 '일시 정지' 버튼을 찾아내, 게임을 영영 멈춰버릴 것이다. 훈련용 데이터에 숨어 있는, 프로그래머조차 예상치 못한 패턴을 찾아낼 것이다. 그 패턴 중에는 인간들의 편견과 같이 AI가 모방하지 않았으면 하고 바라는 사항들도 있을지 모른다. 모듈식 AI들은 함께 단계적으로 협업해서 애플리케이션이 가득한 휴대전화나 벌떼처럼 행동하면서, 단일한 AI는 결코 혼자 해내지 못할 임무를 완수할지도 모른다.

AI의 능력은 계속해서 커지겠지만, AI는 여전히 우리가 뭘 원하는지 모를 것이다. 그러면서도 우리가 원하는 것을 하려고 '노력'할 것이다. 하지만 언제나 우리가 AI에게 바라는 것과 AI에게 지시하는 것 사이에는 틈이 생길지도 모른다. 다른 인간들처럼 우리를 이해하고 세상을 이해할 만큼 AI가 똑똑해질 수 있을까? 또는 우리를 능가할 수 있을까? 아마 우리 생전에 그런 일은 없을 것이다. 예측 가능한 미래에 AI가 위험해질 수 있는 이유는 너무 똑똑해서가 아니라, 충분히 똑똑하지 않기 때문일 것이다.

표면적으로 AI는 더 많은 것을 이해하는 것처럼 보일 것이다. 사진처럼 실감 나는 장면을 생성할 수도 있을 것이고, 어쩌면 영화의 모든 장면을 멋진 질감으로 표현해 내거나 우리가 가진 모든 컴퓨터게임에서 우리를 이길지도 모른다. 하지만 표면 아래를 보면, AI는 그저 패턴을 따르고 있을 뿐이다. AI는 오직 자신이 본 것, 이해할 수 있을 만큼 충분히 많이 본 것만을 안다.

짧은 훈련 기간에 AI가 그 모든 것을 보기에는, 우리가 사는 세상은 너무나 복잡하고, 기이하고, 예기치 못한 일들이 벌어진다. 에뮤가 탈출하는 일도 생기고, 아이들이 바퀴벌레 의상을 입고, 기린이 없는 사진을 가리키며 기린이 몇 마리냐고 묻기도 할 것이다. 우리가 정말로 원하는 게 무엇인지 알 수 있는 맥락이 결여되어 있기 때문에, AI는 우리를 오해할 것이다.

AI와 함께 앞으로 나아가는 최선의 방법은, 우리가 AI를 이해하는 것이다. AI가 풀기에 적합한 문제를 선택하는 방법, AI의 오해를 예측하는 방법, AI가 데이터에서 찾아낸 나쁜 것들을 모방하지 않게 만드는 방법을 배워야 것이다. AI에 대해 긍정적으로 생각해야 할 이유도 충분하지만, 우리가 조심해야 할 이유도 충분하다. 모든 것은 우리가 AI를 얼마나 잘 이용하는지에 달려 있다.

그리고 숨어 있는 기린들을 조심하자.

ACKNOWLEDGMENTS
감사의 말

많은 이들의 노고와 통찰, 배려가 아니었다면 이 책은 세상에 나오지 못했을 것이다. 이 자리를 빌려 그분들에게 감사를 표하고 싶다.

　버레이셔스 출판사Voracious 팀원들에게 어마어마하게 큰 감사를 전한다. 이분들의 노고 덕분에 두서없는 내 자료들이 근사한 모습으로 탈바꿈할 수 있었다. 바버라 클락Barbara Clark의 교정 덕분에 훨씬 더 좋은 책이 되었다. 바버라는 끝도 없이 나오는 '사실은'을 모두 없애주었다. 편집자 니키 게레로Nicky Guerreiro에게도 특별한 고마움을 전한다. 니키는 어느 날 느닷없이 내게 이메일을 보내 자신이 커다란 사무실에서 다섯 번이나 숨도 못 쉬게 웃었다면서, 내 블로그 게시물들을 책으로 내볼 생각이 없느냐고 물었다. 니키의 격려와 예리한 통찰이 없었다면 용기를 가지고 이렇게 두꺼운 책을 쓰지 못했을 것이다.

플레처 앤드 컴퍼니Fletcher and Company의 내 저작권 대리인 에릭 루퍼Eric Lupfer에게도 따뜻한 감사의 마음을 전한다. 에릭은 초보 작가인 나에게 블로그를 책으로 바꾸는 수많은 단계에 관해 기꺼이 차근차근 알려주었다.

내가 기계학습에 관해 처음 들은 것은 2002년 미시간주립대학교에서 에릭 굿먼Erik Goodman이 예비 신입생들을 상대로 진화 알고리즘에 관해 근사한 강연을 해주었을 때였다. 알고리즘이 시뮬레이션을 파괴하고 잘못된 문제들을 풀었다는 그 일화들이 내 마음을 도무지 떠나지 않았나 보다! 일찌감치 그런 흥미를 일으켜 준 것에 그에게 감사한다. 그 덕분에 나는 정말 큰 즐거움을 누렸다.

이 기나긴 여정 동안 나를 격려해 준 친구들과 가족에게도 감사한다. 그들은 나의 진지한 얘기를 들어주고 내 농담에도 웃어주었으며, 항상 음악이나 하이킹, 실험적인 요리로 내 기운을 북돋워 주었다.

마지막으로 〈AI 위어드니스〉의 모든 독자와 팔로워들에게 감사한다. 그들은 AI에 관한 수많은 이상한 실험들을 현실로 만들어주었다. 뜨개질, 쿠키, 네일 컬러, 풍자극, 이상한 생물, 말도 안 되는 고양이 이름, 맥주 이름, 심지어 오페라에 관한 실험들까지도 말이다. 우리가 함께 만들어냈어요! 여러분 곁에 늘 기린이 함께하길.

NOTES
주

프롤로그 AI는 어디에나 있다

1. Caroline O'Donovan et al., "We Followed YouTube's Recommendation Algorithm Down the Rabbit Hole," *BuzzFeed News,* January 24, 2019, https://www.buzzfeednews.com/article/carolineodonovan/down-youtubes-recommendation-rabbithole.

1장 AI는 뭘까?

1. Joel Lehman et al., "The Surprising Creativity of Digital Evolution: A Collection of Anecdotes from the Evolutionary Computation and Artificial Life Research Communities," ArXiv:1803.03453 [Cs], March 9, 2018, http://arxiv.org/abs/1803.03453.

2. Neel V. Patel, "Why Doctors Aren't Afraid of Better, More Efficient AI Diagnosing Cancer," *The Daily Beast,* December 11, 2017, https://www.thedailybeast.com/why-doctors-arent-afraid-of-better-more-efficient-ai-diagnosing-cancer.

3. Jeff Larson et al., "How We Analyzed the COMPAS Recidivism Algorithm," *ProPublica,* May 23, 2016, https://www.propublica.org/article/how-we-analyzed-the-compas-recidivism-algorithm.

4. Chris Williams, "AI Guru Ng: Fearing a Rise of Killer Robots Is Like Worrying about Overpopulation on Mars," *The Register,* March 19, 2015, https://www.theregister.co.uk/2015/03/19/andrew_ng_baidu_ai/.

5.	Marianne Bertrand and Sendhil Mullainathan, "Are Emily and Greg More Employable Than Lakisha and Jamal? A Field Experiment on Labor Market Discrimination," *American Economic Review* 94, no. 4 (September 2004): 991–1013, https://doi.org/10.1257/0002828042002561.

2장 어디에 있나요, AI?

1.	Stephen Chen, "A Giant Farm in China Is Breeding 6 Billion Cockroaches a Year. Here's Why," *South China Morning Post,* April 19, 2018, https://www.scmp.com/news/china/society/article/2142316/giant-indoor-farm-china-breeding-six-billion-cockroaches-year.

2.	Heliograf, "High School Football This Week: Einstein at Quince Orchard," *Washington Post,* October 13, 2017, https://www.washingtonpost.com/allmetsports/2017-fall/games/football/87408/.

3.	Li L'Estrade, "MittMedia Homeowners Bot Boosts Digital Subscriptions with Automated Articles," International News Media Association (INMA), June 18, 2018, https://www.inma.org/blogs/ideas/post.cfm/mittmedia-homeowners-bot-boosts-digital-subscriptions-with-automated-articles.

4.	Jaclyn Peiser, "The Rise of the Robot Reporter," *New York Times,* February 5, 2019, https://www.nytimes.com/2019/02/05/business/media/artificial-intelligence-journalism-robots.html.

5.	Christopher J. Shallue and Andrew Vanderburg, "Identifying Exoplanets with Deep Learning: A Five Planet Resonant Chain around Kepler-80 and an Eighth Planet around Kepler-90," *The Astronomical Journal* 155, no. 2 (January 30, 2018): 94, https://doi.org/10.3847/1538-3881/aa9e09.

6.	R. Benton Metcalf et al., "The Strong Gravitational Lens Finding Challenge," *Astronomy & Astrophysics* 625 (May 2019): A119, https://doi.org/10.1051/0004-6361/201832797.

7.	Avi Bagla, "#StarringJohnCho Level 2: Using DeepFakes for Representation," YouTube video, posted April 9, 2018, https://www.youtube.com/watch?v=hlZkATlqDSM&feature=youtu.be.

8.	Tom Simonite, "Facebook Built the Perfect Chatbot but Can't Give It to You Yet," *MIT Technology Review,* April 14, 2017, https://www.technologyreview.com/s/604117/facebooks-perfect-impossible-chatbot/.

9.	Ibid.

10.	Casey Newton, "Facebook Is Shutting Down M, Its Personal Assistant Service That

Combined Humans and AI," *The Verge*, January 8, 2018, https://www.theverge.com/2018/1/8/16856654/facebook-m-shutdown-bots-ai.

11. Andrew J. Hawkins, "Inside Waymo's Strategy to Grow the Best Brains for Self-Driving Cars," *The Verge*, May 9, 2018, https://www.theverge.com/2018/5/9/17307156/google-waymo-driverless-cars-deep-learning-neural-net-interview.

12. "OpenAI Five," OpenAI, accessed August 3, 2019, https://openai.com/five/.

13. Katyanna Quatch, "OpenAI Bots Smashed in Their First Clash against Human Dota 2 Pros," *The Register*, August 23, 2018, https://www.theregister.co.uk/2018/08/23/openai_bots_defeated/.

14. Tom Murphy (@tom7), Twitter, August 23, 2018, https://twitter.com/tom7/status/1032756005107580929.

15. Mike Cook (@mtrc), Twitter, August 23, 2018, https://twitter.com/mtrc/status/1032783369254432773.

16. Tom Murphy, "The First Level of Super Mario Bros. Is Easy with Lexicographic Orderings and Time Travel…After That It Gets a Little Tricky" (research paper, Carnegie Melon University), April 1, 2013, http://www.cs.cmu.edu/~tom7/mario/mario.pdf.

17. Benjamin Solnik et al., "Bayesian Optimization for a Better Dessert" (paper presented at the 2017 NIPS Workshop on Bayesian Optimization, Long Beach, CA, December 9, 2017), https://bayesopt.github.io/papers/2017/37.pdf.

18. Sarah Kimmorley, "We Tasted the 'Perfect' Cookie Google Took 2 Months and 59 Batches to Create—and It Was Terrible," *Business Insider Australia*, May 31, 2018, https://www.businessinsider.com.au/google-smart-cookie-ai-recipe-2018-5.

19. Andrew Krok, "Waymo's Self-Driving Cars Are Far from Perfect, Report Says," *Roadshow*, August 28, 2018, https://www.cnet.com/roadshow/news/waymo-alleged-tech-troubles-report/.

20. C. Lv et al., "Analysis of Autopilot Disengagements Occurring during Autonomous Vehicle Testing," *IEEE/CAA Journal of Automatica Sinica* 5, no. 1 (January 2018): 58–68, https://doi.org/10.1109/JAS.2017.7510745.

21. Andrew Krok, "Uber Self-Driving Car Saw Pedestrian 6 Seconds before Crash, NTSB Says," *Roadshow*, May 24, 2018, https://www.cnet.com/roadshow/news/uber-self-driving-car-ntsb-preliminary-report/.

22. Fred Lambert, "Tesla Elaborates on Autopilot's Automatic Emergency Braking Capacity over Mobileye's System," *Electrek* (blog), July 2, 2016, https://electrek.co/2016/07/02/tesla-autopilot-mobileye-automatic-emergency-braking/.

23. Naaman Zhou, "Volvo Admits Its Self-Driving Cars Are Confused by Kangaroos," *The*

Guardian, July 1, 2017, https://www.theguardian.com/technology/2017/jul/01/volvo-admits-its-self-driving-cars-are-confused-by-kangaroos.

3장 AI는 실제로 어떻게 학습할까?

1.   Ian Goodfellow, Yoshua Bengio, and Aaron Courville, *Deep Learning* (Cambridge, Massachusetts: The MIT Press, 2016).

2.   Sean McGregor et al., "FlareNet: A Deep Learning Framework for Solar Phenomena Prediction" (paper presented at the 31st Conference on Neural Information Processing Systems, Long Beach, CA, December 8, 2017), https://dl4physicalsciences.github.io/files/nips_dlps_2017_5.pdf.

3.   Alec Radford, Rafal Jozefowicz, and Ilya Sutskever, "Learning to Generate Reviews and Discovering Sentiment," ArXiv:1704.01444 [Cs], April 5, 2017, http://arxiv.org/abs/1704.01444.

4.   Andrej Karpathy, "The Unreasonable Effectiveness of Recurrent Neural Networks," Andrej Karpathy Blog, May 21, 2015, http://karpathy.github.io/2015/05/21/rnn-effectiveness/.

5.   Chris Olah et al., "The Building Blocks of Interpretability," *Distill* 3, no. 3 (March 6, 2018): e10, https://doi.org/10.23915/distill.00010.

6.   David Bau et al., "GAN Dissection: Visualizing and Understanding Generative Adversarial Networks" (paper presented at the International Conference on Learning Representations, May 6–9, 2019), https://gandissect.csail.mit.edu/.

7.   "Botnik Apps," Botnik, accessed August 3, 2019, ttp://botnik.org/apps.

8.   Paris Martineau, "Why Google Docs Is Gaslighting Everyone about Spelling: An Investigation," *The Outline*, May 7, 2018, https://theoutline.com/post/4437/why-google-docs-thinks-real-words-are-misspelled.

9.   Shaokang Zhang et al., "Zoonotic Source Attribution of *Salmonella enterica* Serotype Typhimurium Using Genomic Surveillance Data, United States," *Emerging Infectious Diseases* 25, no. 1 (2019): 82–91, https://doi.org/10.3201/eid2501.180835.

10. Ian J. Goodfellow et al., "Generative Adversarial Networks," ArXiv:1406.2661 [Cs, Stat], June 10, 2014, http://arxiv.org/abs/1406.2661.

11. Ahmed Elgammal et al., "CAN: Creative Adversarial Networks, Generating 'Art' by Learning About Styles and Deviating from Style Norms," ArXiv:1706.07068 [Cs], June 21, 2017, http://arxiv.org/abs/1706.07068.

12. Beckett Mufson, "This Artist Is Teaching Neural Networks to Make Abstract Art," *Vice*,

May 22, 2016, https://www.vice.com/en_us/article/yp59mg/neural-network-abstract-machine-paintings.

13. David Ha and Jürgen Schmidhuber, "World Models," Zenodo, March 28, 2018, https://doi.org/10.5281/zenodo.1207631.

4장 노력 중이라고요!

1. Tero Karras, Samuli Laine, and Timo Aila, "A Style-Based Generator Architecture for Generative Adversarial Networks," ArXiv:1812.04948 [Cs, Stat], December 12, 2018, http://arxiv.org/abs/1812.04948.

2. Emily Dreyfuss, "A Bot Panic Hits Amazon Mechanical Turk," *Wired,* August 17, 2018, https://www.wired.com/story/amazon-mechanical-turk-bot-panic/.

3. "COCO Dataset," COCO: Common Objects in Context, http://cocodataset.org/#download. Images used during training were 2014 training + 2014 val, for a total of 124k images. Each dialog had 10 questions. https://visualdialog.org/data says 364m dialogs in the training set, so each image was encountered 364/1.24 = 293.5 times.

4. Hawkins, "Inside Waymo's Strategy."

5. Tero Karras et al., "Progressive Growing of GANs for Improved Quality, Stability, and Variation," ArXiv:1710.10196 [Cs, Stat], October 27, 2017, http://arxiv.org/abs/1710.10196.

6. Karras, Laine, and Aila, "A Style-Based Generator Architecture."

7. Melissa Eliott (0xabad1dea), "How Math Can Be Racist: Giraffing," Tumblr, January 31, 2019, https://abad1dea.tumblr.com/post/182455506350/how-math-can-be-racist-giraffing.

8. Corinne Purtill and Zoë Schlanger, "Wikipedia Rejected an Entry on a Nobel Prize Winner Because She Wasn't Famous Enough," *Quartz,* October 2, 2018, https://qz.com/1410909/wikipedia-had-rejected-nobel-prize-winner-donna-strickland-because-she-wasnt-famous-enough/.

9. Jon Christian, "Why Is Google Translate Spitting Out Sinister Religious Prophecies?" *Vice,* July 20, 2018, https://www.vice.com/en_us/article/j5npeg/why-is-google-translate-spitting-out-sinister-religious-prophecies.

10. Nicholas Carlini et al., "The Secret Sharer: Evaluating and Testing Unintended Memorization in Neural Networks," ArXiv:1802.08232 [Cs], February 22, 2018, http://arxiv.org/abs/1802.08232.

11. Jonas Jongejan et al., "Quick, Draw! The Data" (dataset for online game Quick, Draw!), accessed August 3, 2019, https://quickdraw.withgoogle.com/data.

12. Jon Englesman (@engelsjk), Google AI Quickdraw Visualizer (web demo), Github, accessed August 3, 2019, https://engelsjk.github.io/web-demo-quickdraw-visualizer/.

13. Gretchen McCulloch, "Autocomplete Presents the Best Version of You," *Wired*, February 11, 2019, https://www.wired.com/story/autocomplete-presents-the-best-version-of-you/.

14. Abhishek Das et al., "Visual Dialog," ArXiv:1611.08669 [Cs], November 26, 2016, http://arxiv.org/abs/1611.08669.

5장 정말로 묻고 싶은 게 뭐예요?

1. @citizen_of_now, Twitter, March 15, 2018, https://twitter.com/citizen_of_now/status/974344339815129089.

2. Doug Blank (@DougBlank), Twitter, April 13, 2018, https://twitter.com/DougBlank/status/984811881050329099.

3. @Smingleigh, Twitter, November 7, 2018, https://twitter.com/Smingleigh/status/1060325665671692288.

4. Christine Barron, "Pass the Butter // Pancake Bot," Unity Connect, January 2018, https://connect.unity.com/p/pancake-bot.

5. Alex Irpan, "Deep Reinforcement Learning Doesn't Work Yet," Sorta Insightful (blog), February 14, 2018, https://www.alexirpan.com/2018/02/14/rl-hard.html.

6. Sterling Crispin (@sterlingcrispin), Twitter, April 16, 2018, https://twitter.com/sterlingcrispin/status/985967636302327808.

7. Sara Chodosh, "The Problem with Cancer-Sniffing Dogs," October 4, 2016, *Popular Science*, https://www.popsci.com/problem-with-cancer-sniffing-dogs/.

8. Wikipedia, s.v. "Anti-Tank Dog," last updated June 29, 2019, https://en.wikipedia.org/w/index.php?title=Anti-tank_dog&oldid=904053260.

9. Anuschka de Rohan, "Why Dolphins Are Deep Thinkers," *The Guardian*, July 3, 2003, https://www.theguardian.com/science/2003/jul/03/research.science.

10. Sandeep Jauhar, "When Doctor's Slam the Door," *New York Times Magazine*, March 16, 2003, https://www.nytimes.com/2003/03/16/magazine/when-doctor-s-slam-the-door.html.

11. Joel Rubin (@joelrubin), Twitter, December 6, 2017, https://twitter.com/joelrubin/

status/938574971852304384.

12. Joel Simon, "Evolving Floorplans," joelsimon.net, accessed August 3, 2019, http://www.joelsimon.net/evo_floorplans.html.

13. Murphy, "First Level of Super Mario Bros."

14. Tom Murphy (suckerpinch), "Computer Program that Learns to Play Classic NES Games," YouTube video, posted April 1, 2013, https://www.youtube.com/watch?v=xOCurBYI_gY.

15. Murphy, "First Level of Super Mario Bros."

16. Jack Clark and Dario Amodei, "Faulty Reward Functions in the Wild," OpenAI, December 22, 2016, https://openai.com/blog/faulty-reward-functions/.

17. Bitmob, "Dimming the Radiant AI in Oblivion," *VentureBeat* (blog), December 17, 2010, https://venturebeat.com/2010/12/17/dimming-the-radiant-ai-in-oblivion/.

18. cliffracer333, "So what happened to Oblivion's npc 'goal' system that they used in the beta of the game. Is there a mod or a way to enable it again?" Reddit thread, June 10, 2016, https://www.reddit.com/r/oblivion/comments/4nimvh/so_what_happened_to_oblivions_npc_goal_system/.

19. Sindya N. Bhanoo, "A Desert Spider with Astonishing Moves," *New York Times*, May 4, 2014, https://www.nytimes.com/2014/05/06/science/a-desert-spider-with-astonishing-moves.html.

20. Lehman et al., "The Surprising Creativity of Digital Evolution."

21. Jette Randløv and Preben Alstrøm, "Learning to Drive a Bicycle Using Reinforcement Learning and Shaping," *Proceedings of the Fifteenth International Conference on Machine Learning, ICML '98* (San Francisco, CA: Morgan Kaufmann Publishers Inc., 1998), 463–471, http://dl.acm.org/citation.cfm?id=645527.757766.

22. Yuval Tassa et al., "DeepMind Control Suite," ArXiv:1801.00690 [Cs], January 2, 2018, http://arxiv.org/abs/1801.00690.

23. Benjamin Recht, "Clues for Which I Search and Choose," arg min blog, March 20, 2018, http://benjamin-recht.github.io/2018/03/20/mujocoloco/.

24. @citizen_of_now, Twitter, March 15, 2018, https://twitter.com/citizen_of_now/status/974344339815129089.

25. Westley Weimer, "Advances in Automated Program Repair and a Call to Arms," *Search Based Software Engineering*, ed. Günther Ruhe and Yuanyuan Zhang (Berlin and Heidelberg: Springer, 2013), 1–3.

26. Lehman et al., "The Surprising Creativity of Digital Evolution."

27. Yuri Burda et al., "Large-Scale Study of Curiosity-Driven Learning," ArXiv:1808.04355

주 333

[Cs, Stat], August 13, 2018, http://arxiv.org/abs/1808.04355.

28. A. Baranes and P.-Y. Oudeyer, "R-IAC: Robust Intrinsically Motivated Exploration and Active Learning," *IEEE Transactions on Autonomous Mental Development* 1, no. 3 (October 2009): 155–69, https://doi.org/10.1109/TAMD.2009.2037513.

29. Devin Coldewey, "This Clever AI Hid Data from Its Creators to Cheat at Its Appointed Task," *TechCrunch*, December 31, 2018, http://social.techcrunch.com/2018/12/31/this -clever-ai-hid-data-from-its-creators-to-cheat-at-its-appointed-task/.

30. "YouTube Now: Why We Focus on Watch Time," YouTube Creator Blog, August 10, 2012, https://youtube-creators.googleblog.com/2012/08/youtube-now-why-we-focus-on-watch-time.html.

31. Guillaume Chaslot (@gchaslot), Twitter, February 9, 2019, https://twitter.com/gchaslot/status/1094359568052817920?s=21.

32. "Continuing Our Work to Improve Recommendations on YouTube," Official YouTube Blog, January 25, 2019, https://youtube.googleblog.com/2019/01/continuing-our-work-to-improve.html.

6장 AI는 매트릭스를 해킹할 거예요

1. Doug Blank (@DougBlank), Twitter, March 15, 2018, https://twitter.com/DougBlank/status/974244645214588930.

2. Nick Stenning (@nickstenning), Twitter, April 9, 2018, https://twitter.com/DougBlank/status/974244645214588930

3. Christian Gagné et al., "Human-Competitive Lens System Design with Evolution Strategies," *Applied Soft Computing* 8, no. 4 (September 1, 2008): 1439–52, https://doi.org/10.1016/j.asoc.2007.10.018.

4. Lehman et al., "The Surprising Creativity of Digital Evolution."

5. Karl Sims, "Evolving 3D Morphology and Behavior by Competition," *Artificial Life* 1, no. 4 (July 1, 1994): 353–72, https://doi.org/10.1162/artl.1994.1.4.353.

6. Karl Sims, "Evolving Virtual Creatures," *Proceedings of the 21st Annual Conference on Computer Graphics and Interactive Techniques, SIGGRAPH '94* (New York: ACM, 1994), 15–22, https://doi.org/10.1145/192161.192167.

7. Lehman et al., "The Surprising Creativity of Digital Evolution."

8. David Clements (@davecl42), Twitter, March 18, 2018, https://twitter.com/davecl42/status/975406071182479361.

9. Nick Cheney et al., "Unshackling Evolution: Evolving Soft Robots with Multiple Materials and a Powerful Generative Encoding," *ACM SIGEVOlution* 7, no. 1 (August 2014): 11–23, https://doi.org/10.1145/2661735.2661737.

10. John Timmer, "Meet Wolbachia: The Male-Killing, Gender-Bending, Gonad-Eating Bacteria," *Ars Technica*, October 24, 2011, https://arstechnica.com/science/news/2011/10/meet-wolbachia-the-male-killing-gender-bending-gonad-chomping-bacteria.ars.

11. @forgek_, Twitter, October 10, 2018, https://twitter.com/forgek_/status/1050045261563813888.

12. R. Feldt, "Generating Diverse Software Versions with Genetic Programming: An Experimental Study," *IEE Proceedings—Software* 145, no. 6 (December 1998): 228–36, https://doi.org/10.1049/ip-sen:19982444.

13. George Johnson, "Eurisko, the Computer With a Mind of Its Own," Alicia Patterson Foundation," updated April 6, 2011, https://aliciapatterson.org/stories/eurisko-computer-mind-its-own.

14. Eric Schulte, Stephanie Forrest, and Westley Weimer, "Automated Program Repair through the Evolution of Assembly Code," *Proceedings of the IEEE/ACM International Conference on Automated Software Engineering, ASE '10* (New York, NY: ACM, 2010), 313–316, https://doi.org/10.1145/1858996.1859059.

7장 당혹스러운 편법

1. Marco Tulio Ribeiro, Sameer Singh, and Carlos Guestrin, "'Why Should I Trust You?': Explaining the Predictions of Any Classifier," ArXiv:1602.04938 [Cs, Stat], February 16, 2016, http://arxiv.org/abs/1602.04938.

2. Luke Oakden-Rayner, "Exploring the ChestXray14 Dataset: Problems," Luke Oakden-Rayner (blog), December 18, 2017, https://lukeoakdenrayner.wordpress.com/2017/12/18/the-chestxray14-dataset-problems/.

3. David M. Lazer et al., "The Parable of Google Flu: Traps in Big Data Analysis," *Science* 343, no. 6176 (March 14, 2014): 1203–5, https://doi.org/10.1126/science.1248506.

4. Gidi Shperber, "What I've Learned from Kaggle's Fisheries Competition," *Medium*, May 1, 2017, https://medium.com/@gidishperber/what-ive-learned-from-kaggle-s-fisheries-competition-92342f9ca779.

5. J. Bird and P. Layzell, "The Evolved Radio and Its Implications for Modelling the Evolution of Novel Sensors," *Proceedings of the 2002 Congress on Evolutionary Computation*,

CEC'02 (Cat. No.02TH8600) vol. 2 (2002 World Congress on Computational Intelligence —WCCI'02, Honolulu, HI, USA: IEEE, 2002): 1836–41, https://doi.org/10.1109/CEC. 2002.1004522.

6.   Hannah Fry, *Hello World: Being Human in the Age of Algorithms* (New York: W. W. Norton & Company, 2018).

7.   Lo Bénichou, "The Web's Most Toxic Trolls Live in…Vermont?," *Wired*, August 22, 2017, https://www.wired.com/2017/08/internet-troll-map/.

8.   Violet Blue, "Google's Comment-Ranking System Will Be a Hit with the Alt-Right," *Engadget*, September 1, 2017, https://www.engadget.com/2017/09/01/google-perspective-comment-ranking-system/.

9.   Jessamyn West (@jessamyn), Twitter, August 24, 2017, https://twitter.com/jessamyn/status/900867154412699649.

10.   Robyn Speer, "ConceptNet Numberbatch 17.04: Better, Less-Stereotyped Word Vectors," ConceptNet blog, April 24, 2017, http://blog.conceptnet.io/posts/2017/conceptnet-numberbatch-17-04-better-less-stereotyped-word-vectors/.

11.   Aylin Caliskan, Joanna J. Bryson, and Arvind Narayanan, "Semantics Derived Automatically from Language Corpora Contain Human-like Biases," *Science* 356, no. 6334 (April 14, 2017): 183–86, https://doi.org/10.1126/science.aal4230.

12.   Anthony G. Greenwald, Debbie E. McGhee, and Jordan L. K. Schwartz, "Measuring Individual Differences in Implicit Cognition: The Implicit Association Test," *Journal of Personality and Social Psychology* 74 (June 1998): 1464–80.

13.   Brian A. Nosek, Mahzarin R. Banaji, and Anthony G. Greenwald, "Math = Male, Me = Female, Therefore Math Not = Me," *Journal of Personality and Social Psychology* 83, no. 1 (July 2002): 44–59.

14.   Speer, "ConceptNet Numberbatch 17.04."

15.   Larson et al., "How We Analyzed the COMPAS."

16.   Jeff Larson and Julia Angwin, "Bias in Criminal Risk Scores Is Mathematically Inevitable, Researchers Say," *ProPublica*, December 30, 2016, https://www.propublica.org/article/bias-in-criminal-risk-scores-is-mathematically-inevitable-researchers-say.

17.   James Regalbuto, "Insurance Circular Letter No. 1 (2019)," New York State Department of Financial Services, January 18, 2019, https://www.dfs.ny.gov/industry_guidance/circular_letters/cl2019_01.

18.   Jeffrey Dastin, "Amazon Scraps Secret AI Recruiting Tool That Showed Bias against Women," Reuters, October 10, 2018, https://www.reuters.com/article/us-amazon-com-jobs-automation-insight-idUSKCN1MK08G.

19. James Vincent, "Amazon Reportedly Scraps Internal AI Recruiting Tool That Was Biased against Women," *The Verge,* October 10, 2018, https://www.theverge.com/2018/10/10/17958784/ai-recruiting-tool-bias-amazon-report.

20. Paola Cecchi-Dimeglio, "How Gender Bias Corrupts Performance Reviews, and What to Do About It," *Harvard Business Review,* April 12, 2017, https://hbr.org/2017/04/how-gender-bias-corrupts-performance-reviews-and-what-to-do-about-it.

21. Dave Gershgorn, "Companies Are on the Hook If Their Hiring Algorithms Are Biased," *Quartz,* October 22, 2018, https://qz.com/1427621/companies-are-on-the-hook-if-their-hiring-algorithms-are-biased/.

22. Karen Hao, "Police across the US Are Training Crime-Predicting AIs on Falsified Data," *MIT Technology Review,* February 13, 2019, https://www.technologyreview.com/s/612957/predictive-policing-algorithms-ai-crime-dirty-data/.

23. Steve Lohr, "Facial Recognition Is Accurate, If You're a White Guy," *New York Times,* February 9, 2018, https://www.nytimes.com/2018/02/09/technology/facial-recognition-race-artificial-intelligence.html.

24. Julia Carpenter, "Google's Algorithm Shows Prestigious Job Ads to Men, but Not to Women. Here's Why That Should Worry You," *Washington Post,* July 6, 2015, https://www.washingtonpost.com/news/the-intersect/wp/2015/07/06/googles-algorithm-shows-prestigious-job-ads-to-men-but-not-to-women-heres-why-that-should-worry-you/.

25. Mark Wilson, "This Breakthrough Tool Detects Racism and Sexism in Software," *Fast Company,* August 22, 2017, https://www.fastcompany.com/90137322/is-your-software-secretly-racist-this-new-tool-can-tell.

26. ORCAA, accessed August 3, 2019, http://www.oneilrisk.com.

27. Faisal Kamiran and Toon Calders, "Data Preprocessing Techniques for Classification without Discrimination," *Knowledge and Information Systems* 33, no. 1 (October 1, 2012): 1–33, https://doi.org/10.1007/s10115-011-0463-8.

8장 AI의 뇌는 인간의 뇌와 같을까?

1. Ha and Schmidhuber, "World Models."

2. Anthony J. Bell and Terrence J. Sejnowski, "The 'Independent Components' of Natural Scenes Are Edge Filters," *Vision Research* 37, no. 23 (December 1, 1997): 3327–38, https://doi.org/10.1016/S0042-6989(97)00121-1.

3. Andrea Banino et al., "Vector-Based Navigation Using Grid-Like Representations in

Artificial Agents," *Nature* 557, no. 7705 (May 2018): 429–33, https://doi.org/10.1038/s41586-018-0102-6.

4. Bau et al., "GAN Dissection."

5. Larry S. Yaeger, "Computational Genetics, Physiology, Metabolism, Neural Systems, Learning, Vision, and Behavior or PolyWorld: Life in a New Context," *Santa Fe Institute Studies in the Sciences of Complexity*, vol. 17 (Los Alamos, NM: Addison-Wesley Publishing Company, 1994), 262–63.

6. Baba Narumi et al., "Trophic Eggs Compensate for Poor Offspring Feeding Capacity in a Subsocial Burrower Bug," *Biology Letters* 7, no. 2 (April 23, 2011): 194–96, https://doi.org/10.1098/rsbl.2010.0707.

7. Robert M. French, "Catastrophic Forgetting in Connectionist Networks," *Trends in Cognitive Sciences* 3, no. 4 (April 1999): 128–35.

8. Jieyu Zhao et al., "Men Also Like Shopping: Reducing Gender Bias Amplification Using Corpus-Level Constraints," ArXiv:1707.09457 [Cs, Stat], July 28, 2017, http://arxiv.org/abs/1707.09457.

9. Danny Karmon, Daniel Zoran, and Yoav Goldberg, "LaVAN: Localized and Visible Adversarial Noise," ArXiv:1801.02608 [Cs], January 8, 2018, http://arxiv.org/abs/1801.02608.

10. Andrew Ilyas et al., "Black-Box Adversarial Attacks with Limited Queries and Information," ArXiv:1804.08598 [Cs, Stat], April 23, 2018, http://arxiv.org/abs/1804.08598.

11. Battista Biggio et al., "Poisoning Behavioral Malware Clustering," ArXiv:1811.09985 [Cs, Stat], November 25, 2018, http://arxiv.org/abs/1811.09985.

12. Tom White, "Synthetic Abstractions," *Medium,* August 23, 2018, https://medium.com/@tom_25234/synthetic-abstractions-8f0e8f69f390.

13. Samuel G. Finlayson et al., "Adversarial Attacks Against Medical Deep Learning Systems," ArXiv:1804.05296 [Cs, Stat], April 14, 2018, http://arxiv.org/abs/1804.05296.

14. Philip Bontrager et al., "DeepMasterPrints: Generating MasterPrints for Dictionary Attacks via Latent Variable Evolution," ArXiv:1705.07386 [Cs], May 20, 2017, http://arxiv.org/abs/1705.07386.

15. Stephen Buranyi, "How to Persuade a Robot That You Should Get the Job," *The Observer,* March 4, 2018, https://www.theguardian.com/technology/2018/mar/04/robots-screen-candidates-for-jobs-artificial-intelligence.

16. Lauren Johnson, "4 Deceptive Mobile Ad Tricks and What Marketers Can Learn From Them," *Adweek,* February 16, 2018, https://www.adweek.com/digital/4-deceptive-mobile-ad-tricks-and-what-marketers-can-learn-from-them/.

17. Wieland Brendel and Matthias Bethge, "Approximating CNNs with Bag-of-Local-Features Models Works Surprisingly Well on ImageNet," ArXiv:1904.00760 [Cs, Stat], March 20, 2019, http://arxiv.org/abs/1904.00760.

9장 인간 못(AI를 기대할 수 '없는' 곳은 어디일까?)

1. @yoco68, Twitter, July 12, 2018, https://twitter.com/yoco68/status/1017404857190268928.
2. Parmy Olson, "Nearly Half of All 'AI Startups' Are Cashing in on Hype," *Forbes*, March 4, 2019, https://www.forbes.com/sites/parmyolson/2019/03/04/nearly-half-of-all-ai-startups-are-cashing-in-on-hype/#5b1c4a66d022.
3. Carolyn Said, "Kiwibots Win Fans at UC Berkeley as They Deliver Fast Food at Slow Speeds," *San Francisco Chronicle*, May 26, 2019, https://www.sfchronicle.com/business/article/Kiwibots-win-fans-at-UC-Berkeley-as-they-deliver-13895867.php.
4. Olivia Solon, "The Rise of 'Pseudo-AI': How Tech Firms Quietly Use Humans to Do Bots' Work," *The Guardian*, July 6, 2018, https://www.theguardian.com/technology/2018/jul/06/artificial-intelligence-ai-humans-bots-tech-companies.
5. Ellen Huet, "The Humans Hiding Behind the Chatbots," *Bloomberg.com*, April 18, 2016, https://www.bloomberg.com/news/articles/2016-04-18/the-humans-hiding-behind-the-chatbots.
6. Richard Wray, "SpinVox Answers BBC Allegations over Use of Humans Rather than Machines," *The Guardian*, July 23, 2009, https://www.theguardian.com/business/2009/jul/23/spinvox-answer-back.
7. Becky Lehr (@Breakaribecca), Twitter, July 7, 2018, https://twitter.com/Breakaribecca/status/1015787072102289408.
8. Paul Mozur, "Inside China's Dystopian Dreams: A.I., Shame and Lots of Cameras," *New York Times*, July 8, 2018, https://www.nytimes.com/2018/07/08/business/china-surveillance-technology.html.
9. Aaron Mamiit, "Facebook AI Invents Language That Humans Can't Understand: System Shut Down Before It Evolves Into Skynet," *Tech Times*, July 30, 2017, http://www.techtimes.com/articles/212124/20170730/facebook-ai-invents-language-that-humans-cant-understand-system-shut-down-before-it-evolves-into-skynet.htm.
10. Kyle Wiggers, "Babysitter Screening App Predictim Uses AI to Sniff out Bullies," *VentureBeat* (blog), October 4, 2018, https://venturebeat.com/2018/10/04/babysitter-

screening-app-predictim-uses-ai-to-sniff-out-bullies/.

11. Chelsea Gohd, "Here's What Sophia, the First Robot Citizen, Thinks About Gender and Consciousness," *Live Science,* July 11, 2018, https://www.livescience.com/63023-sophia-robot-citizen-talks-gender.html.

12. C. D. Martin, "ENIAC: Press Conference That Shook the World," *IEEE Technology and Society Magazine* 14, no. 4 (Winter 1995): 3–10, https://doi.org/10.1109/44.476631.

13. Alexandra Petri, "A Bot Named 'Eugene Goostman' Passes the Turing Test…Kind Of," *Washington Post,* June 9, 2014, https://www.washingtonpost.com/blogs/compost/wp/2014/06/09/a-bot-named-eugene-goostman-passes-the-turing-test-kind-of/.

14. Brian Merchant, "Predictim Claims Its AI Can Flag 'Risky' Babysitters. So I Tried It on the People Who Watch My Kids," *Gizmodo,* December 6, 2018, https://gizmodo.com/predictim-claims-its-ai-can-flag-risky-babysitters-so-1830913997.

15. Drew Harwell, "AI Start-up That Scanned Babysitters Halts Launch Following Post Report," *Washington Post*, December 14, 2018, https://www.washingtonpost.com/technology/2018/12/14/ai-start-up-that-scanned-babysitters-halts-launch-following-post-report/.

16. Tonya Riley, "Get Ready, This Year Your Next Job Interview May Be with an A.I. Robot," CNBC, March 13, 2018, https://www.cnbc.com/2018/03/13/ai-job-recruiting-tools-offered-by-hirevue-mya-other-start-ups.html.

17. Ibid.

10장 인간의 새로운 파트너, AI

1. Thu Nguyen-Phuoc et al., "HoloGAN: Unsupervised Learning of 3D Representations from Natural Images," ArXiv:1904.01326 [Cs], April 2, 2019, http://arxiv.org/abs/1904.01326.

2. Drew Linsley et al., "Learning What and Where to Attend," ArXiv:1805.08819 [Cs], May 22, 2018, http://arxiv.org/abs/1805.08819.

3. Hector Yee (@eigenhector), Twitter, September 14, 2018, https://twitter.com/eigenhector/status/1040501195989831680.

4. Will Knight, "A Tougher Turing Test Shows That Computers Still Have Virtually No Common Sense," *MIT Technology Review,* July 14, 2016, https://www.technologyreview.com/s/601897/tougher-turing-test-exposes-chatbots-stupidity/.

5. James Regalbuto, "Insurance Circular Letter."

6. Abby Ohlheiser, "Trolls Turned Tay, Microsoft's Fun Millennial AI Bot, into a Genocidal Maniac," *Chicago Tribune*, March 26, 2016, https://www.chicagotribune.com/business/ct-internet-breaks-microsoft-ai-bot-tay-20160326-story.html.

7. Glen Levy, "Google's Bizarre Search Helper Assumes We Have Parakeets, Diarrhea," *Time*, November 4, 2010, http://newsfeed.time.com/2010/11/04/why-why-wont-my-parakeet-eat-my-diarrhea-is-on-google-trends/.

8. Michael Eisen, "Amazon's $23,698,655.93 Book about Flies," It Is NOT Junk (blog), April 22, 2011, http://www.michaeleisen.org/blog/?p=358.

9. Emilio Calvano et al., "Artificial Intelligence, Algorithmic Pricing, and Collusion," VoxEU (blog), February 3, 2019, https://voxeu.org/article/artificial-intelligence-algorithmic-pricing-and-collusion.

10. Solon, "The Rise of 'Pseudo-AI.'"

11. Gale M. Lucas et al., "It's Only a Computer: Virtual Humans Increase Willingness to Disclose," *Computers in Human Behavior* 37 (August 1, 2014): 94–100, https://doi.org/10.1016/j.chb.2014.04.043.

12. Liliana Laranjo et al., "Conversational Agents in Healthcare: A Systematic Review," *Journal of the American Medical Informatics Association* 25, no. 9 (September 1, 2018): 1248–58, https://doi.org/10.1093/jamia/ocy072.

13. Margi Murphy, "Artificial Intelligence Will Detect Child Abuse Images to Save Police from Trauma," *The Telegraph*, December 18, 2017, https://www.telegraph.co.uk/technology/2017/12/18/artificial-intelligence-will-detect-child-abuse-images-save/.

14. Adam Zewe, "In Automaton We Trust," Harvard School of Engineering and Applied Science, May 25, 2016, https://www.seas.harvard.edu/news/2016/05/in-automaton-we-trust.

15. David Streitfeld, "Computer Stories: A.I. Is Beginning to Assist Novelists," *New York Times*, October 18, 2018, https://www.nytimes.com/2018/10/18/technology/ai-is-beginning-to-assist-novelists.html.

INDEX

찾아보기

좀 이상하지만
재미있는 녀석들

1판 1쇄 발행 2020년 3월 27일
1판 3쇄 발행 2020년 7월 30일

지은이 저넬 세인
옮긴이 이지연

발행인 양원석 **편집장** 박나미
디자인 남미현, 김미선 **영업마케팅** 조아라, 신예은

펴낸 곳 ㈜알에이치코리아
주소 서울시 금천구 가산디지털2로 53, 20층 (가산동, 한라시그마밸리)
편집문의 02-6443-8868 **도서문의** 02-6443-8800
홈페이지 http://rhk.co.kr **등록** 2004년 1월 15일 제2-3726호

ISBN 978-89-255-6902-4 (03400)